中国科协学科发展研究系列报告

中国科学技术协会 / 主编

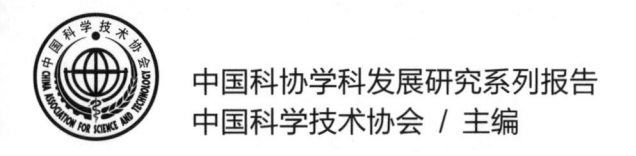

2022—2023
粮油科学技术
学科发展报告

中国粮油学会　编著

中国科学技术出版社
·北京·

图书在版编目（CIP）数据

2022—2023 粮油科学技术学科发展报告 / 中国粮油学会编著 . — 北京：中国科学技术出版社，2024.9
（中国科协学科发展研究系列报告）
ISBN 978-7-5236-0663-6

Ⅰ.①2… Ⅱ.①中… Ⅲ.①粮油工业—学科发展—研究报告—中国— 2022-2023 Ⅳ.① TS2-12

中国国家版本馆 CIP 数据核字 (2024) 第 080200 号

策　　划	刘兴平　秦德继
责任编辑	李　洁　史朋飞
封面设计	北京潜龙
正文设计	中文天地
责任校对	焦　宁
责任印制	李晓霖

出　　版	中国科学技术出版社
发　　行	中国科学技术出版社有限公司
地　　址	北京市海淀区中关村南大街16号
邮　　编	100081
发行电话	010-62173865
传　　真	010-62173081
网　　址	http://www.cspbooks.com.cn

开　　本	787mm×1092mm　1/16
字　　数	320千字
印　　张	14.75
版　　次	2024年9月第1版
印　　次	2024年9月第1次印刷
印　　刷	河北鑫兆源印刷有限公司
书　　号	ISBN 978-7-5236-0663-6 / TS·114
定　　价	88.00元

（凡购买本社图书，如有缺页、倒页、脱页者，本社销售中心负责调换）

2022—2023
粮油科学技术学科发展报告

首席科学家 　王瑞元　姚惠源

编　写　组

组　　长 　张桂凤

副 组 长 　张成志　王莉蓉　卞　科　刘元法　丁文平
　　　　　　杨晓静

成　　员 　王卫国　王平坪　王永伟　王兴国　王红英
　　　　　　王松雪　王　珂　王　莉　王晓曦　王　展
　　　　　　王　强　王满意　王殿轩　王黎明　王耀鹏
　　　　　　王　曦　木泰华　甘利平　石天玉　付鹏程
　　　　　　丛艳霞　毕艳兰　吕庆云　吕　超　朱小兵
　　　　　　任晨刚　伊庆广　向长琼　刘玉兰　刘成龙
　　　　　　刘国琴　刘　洁[1]　刘　洁[2]　刘　翀　安红周

注：刘洁[1] 河南工业大学；刘洁[2] 国家粮食和物资储备局科学研究院。

安　泰	孙红男	孙　辉	严晓平	李云霄
李丹丹	李兆丰	李军国	李　杰	李　弢
李萌萌	李　堃	李　智	杨卫民	杨玉辉
杨　东	杨　军	杨利飞	肖　乐	肖志刚
吴学友	吴建军	邱　平	何东平	位凤鲁
谷克仁	冷志杰	汪中明	汪　勇	沈　群
张　元	张世宏	张永奕	张忠杰	张维农
张　崴	张　璐	陈义强	陈　鹏	陈　鑫
邵　辉	范文海	尚艳娥	易翠平	金青哲
周丽凤	周　浩	郑召君	郑沫利	赵文红
赵会义	赵思明	赵瑾凯	郝小明	胡　东
祝　凯	秦　波	秦　璐	袁　建	袁　强
贾健斌	夏朝勇	顾正彪	徐广超	徐永安
高　兰	高建峰	郭玉婷	郭　斐	唐培安
黄海军	曹　杰	常宪辉	彭文婷	董志忠
韩　飞	惠延波	程　力	储红霞	舒在习
鲁玉杰	谢　健	谢岩黎	廖明潮	谭　斌
翟小童	冀浏果			

学术秘书组　杨晓静　陈志宁

序

　　习近平总书记强调，科技创新能够催生新产业、新模式、新动能，是发展新质生产力的核心要素。要求广大科技工作者进一步增强科教兴国强国的抱负，担当起科技创新的重任，加强基础研究和应用基础研究，打好关键核心技术攻坚战，培育发展新质生产力的新动能。当前，新一轮科技革命和产业变革深入发展，全球进入一个创新密集时代。加强基础研究，推动学科发展，从源头和底层解决技术问题，率先在关键性、颠覆性技术方面取得突破，对于掌握未来发展新优势，赢得全球新一轮发展的战略主动权具有重大意义。

　　中国科协充分发挥全国学会的学术权威性和组织优势，于 2006 年创设学科发展研究项目，瞄准世界科技前沿和共同关切，汇聚高质量学术资源和高水平学科领域专家，深入开展学科研究，总结学科发展规律，明晰学科发展方向。截至 2022 年，累计出版学科发展报告 296 卷，有近千位中国科学院和中国工程院院士、2 万多名专家学者参与学科发展研讨，万余位专家执笔撰写学科发展报告。这些报告从重大成果、学术影响、国际合作、人才建设、发展趋势与存在问题等多方面，对学科发展进行总结分析，内容丰富、信息权威，受到国内外科技界的广泛关注，构建了具有重要学术价值、史料价值的成果资料库，为科研管理、教学科研和企业研发提供了重要参考，也得到政府决策部门的高度重视，为推进科技创新做出了积极贡献。

　　2022 年，中国科协组织中国电子学会、中国材料研究学会、中国城市科学研究会、中国航空学会、中国化学会、中国环境科学学会、中国生物工程学会、中国物理学会、中国粮油学会、中国农学会、中国作物学会、中国女医师协会、中国数学会、中国通信学会、中国宇航学会、中国植物保护学会、中国兵工学会、中国抗癌协会、中国有色金属学会、中国制冷学会等全国学会，围绕相关领域编纂了 20 卷学科发展报告和 1 卷综合报告。这些报告密切结合国家经济发展需求，聚焦基础学科、新兴学科以及交叉学科，紧盯原创性基础研究，系统、权威、前瞻地总结了相关学科的最新进展、重要成果、创新方法和技术发展。同时，深入分析了学科的发展现状和动态趋势，进行了国际比较，并对学科未来的发展前景进行了展望。

报告付梓之际，衷心感谢参与学科发展研究项目的全国学会以及有关科研、教学单位，感谢所有参与项目研究与编写出版的专家学者。真诚地希望有更多的科技工作者关注学科发展研究，为不断提升研究质量、推动成果充分利用建言献策。

前　言

　　粮食安全是"国之大者"。夯实粮食安全根基是建设中国式现代化的重要保障，是新时代新征程中推进民族复兴的重要内容。近年来，在党和国家鼓励、支持、引导方针政策指引下，我国粮食产能稳步提升，粮食供给结构不断优化，但粮食安全基础仍不稳固，粮食供需仍将长期处于紧平衡状态，粮食安全形势依然严峻。当前，我国粮食产业逐步进入高质量发展阶段，科技创新成为粮食产业经济增长重要的驱动力，是加快实现粮食产业转型升级的强大动能，确保中国人的饭碗牢牢端在自己手中，必须发挥科技创新的支撑引领作用，这迫切要求我国加速粮食产业科技创新。粮油科学技术学科作为粮食产业的重要技术支撑，面临着前所未有的新机遇和新挑战。为进一步加强粮油科学技术学科建设，促进学科繁荣发展，提高科技工作者学术水平，增强科技创新能力，中国粮油学会于2022—2023年再次组织专家深入开展粮油科学技术学科发展研究工作，并撰写完成了《2022—2023粮油科学技术学科发展报告》（简称《报告》）。

　　《报告》是在2010—2011年、2014—2015年、2018—2019年《粮油科学技术学科发展报告》基础上进行的，其研究时间为2019—2023年，正值"十三五"到"十四五"两个五年规划交汇之际，我们克服了百年不遇的新冠疫情、动荡不安的世界局势及较为严重的自然灾害等多重不利影响，学科建设阔步奋进，科技创新蹄疾步稳，粮食产业提档升级。《报告》科学客观地回顾、总结和评价了粮油科学技术学科近几年的新进展、新成果、新观点、新方法、新技术和新产品，以及在学科的学术建制、人才培养、基础研究平台等方面的新进展；详细研究了国外粮油科学技术学科发展前沿情况，并深刻剖析了我国粮油科学技术与世界先进水平的差距及原因；展望了未来5年我国粮油科学技术学科发展趋势和前景。《报告》包括综合报告和粮油储藏、粮食加工、油脂加工、粮油质量安全、粮食物流、饲料加工、粮油信息与自动化、粮油营养8个专题学科发展研究报告，是粮油科学技术学科发展研究概况的重要体现，保证了报告的全面性、科学性、公正性和权威性。

为切实做好粮油科学技术学科发展研究和报告的编写工作，充分发挥专家聚集、学科多元、领域广泛、学科与产业紧密对接的优势，按照中国科协的统一部署和要求，中国粮油学会成立了以理事长牵头的组织协调小组、首席科学家、编写组和学术秘书组，加强统筹协调，周密安排部署，精心组织实施，严格时间进度，明确责任分工，抓好督促检查，定期汇报总结，组织100多位业内资深专家、召开20多次研讨会，完成了调研、报告撰写和审校等工作。专家在承担繁重的科研教学本职工作的同时倾注了大量心血，集思广益、群策群力、精益求精、凝聚共识、几易其稿，历时1年多完成了《报告》，这是集体的智慧结晶和劳动成果。此外，还有许多没有署名的专家学者也对《报告》的编写给予了大力支持，在此对大家的无私奉献和辛勤付出表示衷心的感谢。

　　《报告》的编写工作得到了中国科协、国家粮食和物资储备局的指导和帮助，得到了学会所属各分会的全力协助和广大专家学者的大力支持，在此一并表示诚挚的谢意！

　　2023年是"十四五"规划承上启下的关键之年，我们相信，《报告》的出版将为政府部门科学制定政策提供参考依据，为广大粮油企业和科技工作者科学制定发展规划、准确研判科研方向提供有益借鉴，为粮油及相关交叉领域科技创新提供支持引导，对进一步推动粮油科技工作围绕大局、服务中心，发挥优势、扬长避短，顺势而为、开拓创新具有重要的现实和长远意义。

　　由于时间和经验所限，《报告》难免存在疏漏和不足，敬请谅解和批评指正。

中国粮油学会
2023年10月

序

前言

综合报告

粮油科学技术学科发展现状与展望 / 003

  一、引言 / 003

  二、近 5 年研究进展 / 005

  三、国内外研究进展比较 / 028

  四、发展趋势及展望 / 036

专题报告

粮食储藏学科发展研究 / 051

粮食加工学科发展研究 / 073

油脂加工学科发展研究 / 100

粮油质量安全学科发展研究 / 118

粮食物流学科发展研究 / 132

饲料加工学科发展研究 / 146

粮油信息与自动化学科发展研究 / 160

粮油营养学科发展研究 / 173

ABSTRACTS

Comprehensive Report

Status and Prospects of the Development of the Discipline of
　　Grain and Oil Science and Technology / 187

Reports on Special Topics

Research on the Development of Grain Storage Discipline / 198

Research on the Development of Grain Processing Discipline / 199

Research on the Development of Oil Processing Discipline / 200

Research on the Development of Grain and Oil Quality
　　and Safety Discipline / 202

Research on the Development of Grain Logistics Discipline / 203

Research on the Development of Feed Processing Discipline / 205

Research on the Development of Grain and Oil Information
　　and Automation Discipline / 207

Research on the Development of Grain and Oil Nutrition
　　Discipline / 210

附录 / 213

索引 / 221

综合报告

粮油科学技术学科发展现状与展望

一、引言

民为国基，谷为民命。粮食事关国运民生，粮食安全是国家安全的重要基础，粮食产业是国民经济的基础性、战略性产业，加快粮食产业高质量发展是保障国家粮食安全和全面推进乡村振兴的坚实基础。党的十八大以来，以习近平同志为核心的党中央始终把粮食安全作为治国理政的头等大事，提出了"确保谷物基本自给、口粮绝对安全"的新粮食安全观，确立了以我为主、立足国内、确保产能、适度进口、科技支撑的国家粮食安全战略。粮油科学技术学科建设是深化人才供给侧结构性改革、实施创新驱动发展战略和实现高水平科技自立自强的重要载体，涵盖了粮食储藏、粮食加工、油脂加工、粮油质量安全、粮食物流、饲料加工、粮油信息与自动化、粮油营养、粮油食品智能装备、粮油营销技术等 16 个分支领域，为保障国家粮食安全、加快推进粮食产业高质量发展提供了有力的科技与人才支撑。

为深入贯彻落实党中央、国务院关于国家粮食安全的决策部署，2019—2023 年，在一系列支持粮食生产的政策举措指引下，在国家和省部级有关重大、重点科技项目支持下，我国粮油科学技术领域坚持"四个面向"，心怀"国之大者"，立足自主创新，注重交叉学科融合协作，依托"优质粮食工程"及"六大提升行动"等重大任务，大力实施科技兴粮、人才兴粮工程，培养高水平科技人才和团队，攻克多项科技难题，在粮食储藏、粮食加工、油脂加工、质量安全等分支领域科技创新成果丰硕，赋能产业发展成效显著，学科建设整体水平大幅提升，为保障国家粮食安全做出了重要贡献。

一是学科体系建设日益完善，地位和影响力显著提升。在教育部和各政府部门的大力支持下，粮油科学技术学科体系建设不断优化，并得到快速发展。目前，我国约有 140 所高校设置了粮油科学技术学科的专业课程，如粮食、油脂及植物蛋白工程、农产品加工与贮藏工程、土木工程、结构工程、粮食信息学等专业。2020 年，教育部增设饲料工程本科专业，并增设稻谷加工工艺与设备等粮食工程专业重点课程，部分高校的粮食加工专业成为国家级特色建设专业或被列入"国家卓越工程师教育培养计划"。"粮食工程"为国家级综合改革试点、卓越计划，并通过工程教育认证等。此外，粮油学科职业教育师资队伍进一步壮大，课程体系与教材进一步充实，教学条件等不断完善，拥有一批以粮食加工、粮油食品营养为优势特色学科的高校，构建了集储运、加工、装备、信息、管理等于一体的完整人才培养体系，形成了完整的粮油食品加工学科群。

二是基础研究持续加强，关键核心技术加速突破。我国粮油领域坚持以基础研究突破引领技术创新，聚力攻关"卡脖子"关键核心技术，取得了一批关键核心技术和丰硕的创新成果，自主创新能力显著提高。2019—2023年，我国粮油领域完成或承担"十三五""十四五"国家重点研发项目等40多项，获得国家级科技奖励7项，包括粮油食品品质机理研究、营养健康、质量安全、储藏保鲜等领域，取得一批自主知识产权，突破一批关键核心技术，开发一批重点新产品和新装备。例如，我国储粮害虫防治基础理论等粮油储藏基础性研究得到拓展，绿色储粮技术、储藏控温技术、信息化粮库建设等方面取得的关键性技术成果已达到国际领先水平；《大米》国家标准突出适度加工、节粮减损理念，首创"留皮度"并将其数字化，为稻米加工智能化发展奠定了基础，稻米适度加工和精准加工关键技术体系总体达到国际领先水平；油脂加工取得了油脂结晶和乳化稳定理论、结构脂质的营养学及重构机理等应用基础研究突破，其中关于精准适度加工理论的研究成为国际植物油加工理论研究的新趋势。

三是论文专利量质双提升，成果推广转化成效凸显。我国粮油领域聚焦国家发展需要和市场需求，强化科研攻关，突出成果转化，坚持把论文写在祖国大地上。2019—2023年共发表高水平学术论文2.5万多篇，其中SCI论文约7000篇，专利申请数近3.6万件，授权数2万余件。强化构建"产学研"深度融合创新体系，通过培养和依托"重点实验室、工程技术中心、研发中心、创新中心、产业园区"等科研基地与平台建设，形成加快科技研发和成果转化落地新模式。例如，小麦粉适度加工关键技术装备研发及应用等一批科研成果已在我国一批具有代表性的大中型粮油加工企业实现产业化，年产值近80亿元，带来了显著的经济效益和社会效益。

四是人才队伍建设日益壮大，教育培养重视梯队优化。我国粮油领域深入实施科教兴国、人才强国和创新驱动发展战略，积极推进"人才兴粮"实施意见，构建多层次人才培养体系，开创人才工作新局面。国家粮食和物资储备局组织开展行业领军人才计划、高级职称评审等工作，加强培育中年领军专家，为培育院士候选人奠定了基础；中国粮油学会组织实施青年人才托举工程项目、评选中国粮油学会青年科学技术奖、打造粮新青年论坛和沙龙品牌学术活动等，畅通青年英才成长成才通道，为行业"青拔"和"四青"人才选好苗"备耕"，夯实行业青年人才培养塔基工程。高等院校和科研院所通过国家"千人计划""万人计划"等，引进和培养国内外粮油领域的资深学术权威高端人才，并依托一批国家及省部级优质科技创新平台，强化高水平人才队伍建设，打造粮食领域高端人才基地。全国146所涉粮高校每年能够为粮油及相关行业输送近10万名毕业生。此外，科研院所重视高技能人才队伍建设，获批首家国家级专业技术人员继续教育基地，建立首家行业内示范性高技能人才培训基地。国家制订发布了2022版《国家职业技能标准·饲料加工工》，为国内饲料加工企业的技能人才培养、评价提供了依据。

与此同时，我国粮油科学技术领域仍存在基础研究较弱、原始创新不足，人才队伍基础薄弱、高层次人才比例低，新技术和新成果系统集成能力偏弱、推广应用不充分，关键检验仪器、粮机装备自主创新能力不强，学科融合交叉不足等问题，这些在一定程度上限制了粮食产业创新发展、转型升级和提质增效。

2022年是实施"十四五"规划承上启下的关键之年，是实现第二个百年奋斗目标的起步之年。粮油科学技术领域必须高度重视粮食产业发展的新常态与新形势，主动适应新一轮科技革命和产业变革与建设农业强国的战略部署。一是聚焦粮食科技创新和产业发展存在的主要问题和需求，努力打造以"绿色、低碳、智能"为核心产业创新增效新模式。二是聚焦学科交叉融合发展，强化多学科和工程技术领域的复合型创新人才培养，加强人才队伍建设，提升学科地位。三是聚焦基础研究和重点领域关键技术问题，提高自主创新能力，以学科建设支撑引领产业高质量发展，确保国家粮食安全。

二、近5年研究进展

（一）学科研究水平

1. 粮油储藏科技创新能力显著提高

（1）储粮害虫防治基础理论得到拓展。建立了"凭证标本—形态学鉴定—分子条码—三维数字标本"多维度鉴定技术体系和数据库。突破了储粮虫螨鉴定技术储备不足、难以快速精准鉴定的技术瓶颈，阐明了储粮害虫猖獗的生殖适应性和低氧适应性的分子调控机理，通过全面解析抗药性分子机理，为抗药性治理和害虫综合治理奠定了理论基础。

（2）储粮微生物区系和预警技术取得突破。编撰了《我国稻谷和小麦真菌图谱和信息档案》，建立了我国粮food真菌菌种资源库。开展了霉菌生长及危害等级判定模型的迭代优化，完成了"储粮霉变等危害检测预警软件"和"移动式多参数粮情检测系统（粮情助手）"的开发。

（3）稻谷储藏保质保鲜调控机理研究已有进展。研究了低温、气调等工艺作用下，储藏生物与非生物因素（温度、湿度、霉菌、水分、气体等）对稻谷品质及风味物质的影响；明确了不同储藏条件下优质稻的储存周期；研发了新型粮堆结露、结块、防控和处理模型。

（4）储粮径向混合通风技术理论基础取得突破。明确了浅圆仓径向支风道高度对径向通风流场、降温速率、降温均匀性及水分损耗的影响规律，建立了通风系统支风道高度与粮堆平均降温速率间的关系模型。

（5）粮食干燥品质调控机理有所创新。创建了粮食干燥品质定向调控方法。首次阐明了红外和微波干燥阻控稻谷产后损失的分子机制，研发了稻谷新型干燥与保鲜储藏一体化技术、稻谷产后质量智能监管技术，显著提升了稻谷干燥效率及储藏稳定性，推动了稻谷干燥的低碳化和智能化。

（6）粮食收储全链条管理方法等理论研究不断完善。提出了优质稻谷收储作业5T管理方法及技术规范。为在物联网、区块链、大数据等新一代信息技术条件下粮食精细生产管理和追溯探索了新路径。

（7）粮油储藏科技创新技术得到了切实应用。研发了适用于大型粮仓的精准通风保质技术，实现了降温通风监测系统智能化，通过构建三维立体通风传热传质模型和粮堆温度场分布云图，开发了储粮分层通风水分调控技术。研发的浅圆仓氮气气调气柱气囊缓释技术和横向通风膜分离智能充环气调储藏新工艺及气调储藏品质控制模型，提高了氮氧置换效率，有效节能降本。建立了集低温仓房典型设计、控温工艺、配套设备和智能环境控制系统于一体的区域性稻米低温储粮成套技术装备工程化应用技术支撑体系，解决了高温高湿地区控温储粮能耗高、保鲜差、智控水平低等问题。开发的墙体多孔轻质隔热板动静态隔热系统、墙体"⊥"型环流风管降温系统、双向变风量通风系统等解决了储粮"热皮"控温和保水难的问题。研发了储粮害虫基因靶向药剂和诱捕式智能虫情监测设备，集虫情实时在线检测、害虫诱捕等功能于一体，实现了储粮害虫呼吸速率与害虫密度的精确耦合，可满足实仓虫检要求的预测模型。建立了高效的害虫抗性检测技术。粮食仓储接收发放控制基本实现了机械化、自动化，品质检测基本实现自动化、信息化、操作无人化。创新研发了保温隔热气密新材料新产品——花纹铝板硬泡聚氨酯保温板，实现了浅圆仓进出仓时粉尘爆炸事故预警和预防；采用拆码垛机器人、RGV（Rail Guided Vehicle）、AGV（Automated Guided Vehicle）、往复式提升机等方案实现应急成品包装粮楼房仓的自动进出仓作业。

2. 粮食加工技术与装备水平大幅提升

（1）稻谷加工技术装备更加精准可控。研发了大米适度加工关键技术装备，利用留胚米和多等级大米的联产等技术装备，使籼米碎米率和粳米碎米率分别降低了6个百分点和3个百分点；研发了加工精度极高的控制系统和碎米率较低的控制装备，结合自动化碾米机组，可将白米留皮度和大米产品碎米量控制在设定目标的±0.5%内；开发出柔性化碾米和刷米/抛光、智能化砻谷和碾米、米粒外观品质在线检测、物料形选和质选等技术装备，其中柔性化碾米机可降低碾米工序的增碎和电耗；研发的留胚米加工关键技术装备，实现了留胚率达90%以上；研发的工业米饭专用加工技术装备，实现了低胚米留胚率小于1%。

（2）小麦加工技术实现了面制品品质的全面提升。实现了小麦粉产品出率及营养物质存留率明显提高。研制了馒头自动化生产线，开发了适宜工业化生产、高抗逆和高活性的面用酵母；企业逐步采用科学的检验方法和验收标准，保证原辅料的质量安全，部分企业开始关注原料小麦新鲜度与产品风味和品质的关系；改进了净化水质和高加水和面工艺，提高了和面设备水平，进一步提升和稳定了挂面的加工品质与食用品质；研制了高科技熟化设备，提高和巩固了面团的熟化效果；在压片、切条、干燥、切断、计量等工艺环节，开发了系列新方法、新技术和新设备，提高了挂面生产能力和产品质量；高温干燥避免淀粉糊化的同时促进了面筋蛋白交联，提升了挂面安全性及耐泡性；低温干燥工艺促进内源酶的自然微发酵，产品的风味和品质更加接近传统手工空心挂面。

（3）玉米深加工产业继续快速壮大和发展。开始向国外出口成套技术及装备，淀粉糖的国产装备自给率达90%以上；有效解决了我国玉米深加工行业面临的高能耗、高水耗、高排放和低效能等突出问题，为实现绿色低碳生产提供了有力的理论和技术支撑；突破了以食品科学、分子营养学、临床营养及医疗科学"三位一体"布局为基础的精准营养化粮食产品的研究与开发。开发了玉米淀粉及其多元化衍生产品精细化加工的成套技术。

（4）杂粮（含薯类）加工理论研究与技术并重。开发了高效低耗的杂粮精制技术与专通用装备，不同用途杂粮专用粉的制备及连续化、规模化加工成套装备，大型智能化双螺杆挤压机；明确了杂粮与主粮营养复配基础，明确了小米、青稞、绿豆、红小豆等杂粮在改善餐后血糖、调节血脂等方面的作用，发现了其中的活性成分，阐明了其中的活性成分代谢转录机制；形成了杂粮主食品品质调控、工业化加工、活性成分保持等技术，并进行产业化实施；发明了适宜薯类馒头等发酵主食生产的多菌种复合发酵剂和抗老化复合酶制剂，开发了"芽孢萌发剂+表面抑菌"新型保鲜技术，创制了发酵性能好、品质优良、货架期长的无麸质薯类发酵主食系列产品12种；研发了"酸沉结合超滤"生产天然甘薯蛋白及"热絮凝法"生产变性甘薯蛋白关键技术；创建了甘薯降压肽及抗氧化肽制备技术，发明了"微波真空干燥制粉结合精准营养复配"生产薯类高纤营养粉关键技术；研发了"物理筛分结合磷酸氢二钠"连续制备薯类膳食纤维和果胶关键技术；创建了"护色灭酶结合微波真空干燥"制备甘薯茎叶青汁粉关键技术；筛选出了适合加工薯条的国产马铃薯和甘薯品种，创建了超声协同营养液真空浸渍-微波真空干燥-油炸相结合技术，以及3D环绕式焙烤结合梯度变温冷冻工艺生产优质烤甘薯及冰烤薯新技术，创制了低油脂薯条、营养强化薯条、低血糖生成指数薯条、烤甘薯、冰烤薯、低血糖生成指数烤薯块等产品。

3. 油脂加工技术与装备全面推进

（1）精准适度加工引领科技创新。

以"提质、减损、增值、低碳"为新发展理念，针对多种油料开展了适度加工新方法建立、新技术突破、新装备保障、新产品创制和新标准引领的科技创新链条及技术规范建设。

重点突破了大宗油料气调保质、原料精选，以及大型轧胚机、调质干燥机和螺旋榨油机等核心技术，研制出世界上最大的万吨级 E 型浸出器，打破了国外垄断，预处理压榨车间智能化系统的操作更便捷、指标更可控，其综合能耗、生产稳定性、技术经济指标达到国际领先水平。水酶法、水浸法、超临界 / 亚临界萃取等技术在特色油脂制取中得到进一步推广应用。

我国精炼工艺与设备已比较成熟和完善，不断创新。酶法脱胶替代传统脱胶已从大豆油拓展至米糠油；复合吸附剂脱色、干法脱酸、纳米中和脱酸、低温短时脱臭、填料塔脱臭等技术广泛应用，达到了节能减排、提高油脂得率、抑制风险物生成的目的。

（2）食品专用油脂加工技术实现对氢化油的全面取代。

重点开发和推广大型连续化干法分提、酯交换等低反式脂肪酸、零反式脂肪酸生产技术，实现对部分氢化油的全替代。如今，我国干法分提规模居世界第一，由非氢化工艺加工的低反、零反专用油脂的市场占有率超95%，能满足各种食品加工需求。超临界 CO_2 冷冻结晶技术在专用油脂加工中得到应用。

（3）功能油脂产品走向市场。

针对特殊人群、慢病人群开展人乳替代脂、甘油二酯、MLCT 等结构脂的营养需求、构效关系、重构方法与技术、品质稳定性等研究，重点研究酶法重构脂的分子设计技术和装备，一批成果得到转化，新一代健康油脂走向市场。

（4）新油源产业化规模进一步扩大。

木本油料、小宗油料及粮油加工副产物等新油源及利用生物技术 DHA/ARA 藻油和高油酸植物油脂得到大力开发，产业化规模进一步扩大。

（5）植物蛋白资源需求量和生产量不断扩大。

植物油料蛋白产品趋向系列化，生产规模不断扩大，产量已占据国际市场近一半份额。高水分挤压 – 酶法改性联用制备植物基肉制品关键技术与装备取得突破。油料蛋白肽生产技术和装备得到规模化应用推广，采用膜分离技术显著提高了产品品质和生产效率。发酵粕类需求量和生产量不断增加，全自动化发酵工艺和设备的应用使年产能扩大至 150 万吨。

（6）油料油脂综合利用百花齐放。

磷脂、维生素 E、甾醇、角鲨烯、异黄酮、皂苷、低聚糖等天然植物基系列产品的生产实现了工业化；建立了稻谷生产和米糠制油的"吃干榨净"循环经济增值加工新模式，打造生态智慧现代工厂，践行绿色工业发展理念；中碳链油脂、月桂酸油脂等在饲养业替抗方案中扮演了重要角色；利用油脚及废弃油脂生产生物能源、绝缘油、增塑剂、润滑油、乳化剂、脂肪酸相变材料等植物油基新材料研究及应用取得突破。

（7）食用油安全控制与监管为油脂安全提供保障。

广泛研究和明确了油料油脂中内源及外源危害物的成因与变化规律，建立了劣质油、反式脂肪酸、3-氯丙醇酯/缩水甘油酯、多环芳烃、真菌毒素、矿物油、对羟基苯甲酸酯、双酚等危害物的风险评估和防控技术体系。基于光学、电化学，以及压电技术、分子印迹仿生传感器技术，实现了高灵敏度、高特异性的快速检测。黄曲霉毒素、苯并芘和地沟油标志物辣椒素单检及多合一快检卡、快检试剂盒和手持式智能检测仪实现了食用油主要危害物一步式快速检测，对食用油监管意义重大。

（8）智能化和数字化技术在油脂加工企业获得应用。

智能化、数字化技术在油脂加工企业获得应用，油脂加工业从生产到销售的各个环节积极融入并应用数字技术，大型智慧化工厂不断建成并取得相关部门的智能化工厂认证，推动了油脂加工业的高质量发展和转型升级。

（9）应用基础研究进一步细化和深入。

应用基础研究围绕精准适度加工、油脂结晶和乳化稳定、结构脂质的营养学及重构机理、凝胶油构建及形成机制和植物蛋白加工与构效关系开展了深入的理论研究，助力油脂加工技术及产品的推广、油料资源的开发与利用等。

4. 粮油质量安全标准及评价技术全面提升

（1）粮油标准体系进一步完善。

截至 2023 年 6 月，全国粮油标准化技术委员会（TC270）归口管理的粮油标准共有 673 项，其中国家标准 386 项、行业标准 287 项。共发布团体标准 164 项，涉及粮食收储、运输、加工、销售等环节。开展团体标准培优计划活动，确定 10 家社会团体和 24 项已经发布实施的团体标准，作为粮食领域团体标准培优计划对象。连续 3 年组织开展了粮油产品企业标准"领跑者"工作，104 家企业的 178 项企业标准被评为"领跑者"。

（2）粮油标准化工作体制机制进一步健全。

对粮食标准化深化改革、转型发展作出部署，印发了《关于改革粮食和物资储备标准化工作推动高质量发展的意见》（国粮发〔2019〕273 号）。陆续修订发布《粮食和物资储备标准化工作管理办法》（国粮发规〔2021〕13 号）和《国家粮油标准研究验证测试机构管理暂行办法》（国粮标规〔2022〕73 号）。制定发布《粮食质量安全风险监测管理暂行办法》（国粮标规〔2022〕30 号）和《粮食和物资储备行业标准化技术委员会管理办法》（国粮发规〔2021〕41 号）。完成全国粮油标准化技术委员会原粮及制品、油料及油脂、粮食储藏及流通、粮油机械 4 个分技术委员会的换届工作。发布了 LS/T 1301-2022《粮食和国家物资储备标准制定、修订程序和要求》。

（3）粮油标准导向性进一步加强。

组织修订了《玉米》《小麦》《稻谷》《大豆》4 项主粮品种强制性国家标准。发布了《二氧化碳气调储粮技术规程》《氮气气调储粮技术规程》《平房仓横向通风技术规程》等一批涉及储存、运输环节的行业标准。修订了《小麦粉》《菜籽油》等一批急需标准。遴选出 59 家粮食储备企业为绿色储粮标准化试点单位。

（4）粮油国际标准化工作进展显著。

承担国际标准化组织（ISO）谷物与豆类分技术委员会（TC34/SC4）秘书处工作，召开了3次国际会议，参加国际会议4次，发布国际标准13项。由我国主导制定的在研国际标准5项，我国专家成功担任《动植物油脂中二噁英的测定》国际标准制定项目负责人。开展了粮食领域标准外文版编译52项。公布首批6家粮油国际标准研究中心名单。建立了粮油国际标准专家库。

（5）粮油质量安全评价体系快速发展。

基于物联网技术公开了一种基于粮食收购的智能扦样系统，开发出基于应用机器视觉技术的加工精度检测、垩白度、粒型等大米外观品质参数判别检测技术，运用机器学习算法处理小麦不完善粒的图像特征，利用GoSLAMRS100三维激光扫描系统配合专业物联网数据处理软件，进行散粮堆表面三维点云数据采集，自动计算及分析堆体精确体积等数据。基于光谱学和化学计量学，实现对不同加工方式、植物油等级、不同来源油料作物的辨别和检测。基于色谱学和化学计量学，采用顶空固相微萃取－气质联用等技术分析食用油中的挥发性成分。利用低场核磁等波谱学技术研究粮油食品储藏加工过程中成分和状态变化，包括淀粉糊化、蛋白质变性、油脂融化、玻璃态转变过程等。将纳米计算机断层扫描等光谱学技术应用于粮食质量控制及种子检测，能检测出细微的内部结构（种皮、外壳、胚、空腔）及谷物颗粒遭受虫害的情况。采用ICP-MS等手段，结合中国居民膳食营养素参考摄入量对18~50岁人群每日从食用油中摄入矿物质的量进行分析和风险评估。颁布实施《粮油检验粮食中镉的测定胶体金快速定量法》（LS/T 6144-2023）与《粮油检验粮食中铅的测定胶体金快速定量法》（LS/T 6145-2023）等行业标准，有效满足了收购现场粮食中重金属评价的需要；对基于胶体金、电化学及X射线荧光等技术与多组分、高通量新兴技术进行融合，进一步提高了重金属评价效率。发布了《粮食真菌毒素快速检测方法性能评价》（LS/T 6142-2023），纳米抗体（VHH）技术、生物传感与化学发光结合技术等陆续在粮食真菌毒素评价领域落地。颁布实施《粮油检验粮食及其制品中有机磷类和氨基甲酸酯类农药残留的快速定性检测》（LS/T 6139-2020）行业标准。

5. 数字化、智能化塑造粮油物流新业态

（1）粮食物流学科研究的新观点、新技术。

通过物联网、大数据、云计算和数字孪生等新一代信息技术提高粮食物流过程智能辅助、监管、决策能力，保障粮食供应链的效率。综合型"互联网+物流"跨平台整合物流资源，催生线上线下新零售融合、物流与物流一体化、云仓模式、厂仓及店仓合一、预售模式等创新业态。跨省粮食调运网络布局得到优化，研究了粮食物流系统专业化设施与社会物流网络通用性设施的协同运作研究，构建了粮食物流多式联运系统及开放的粮食物流布局。提出了横贯东西、纵穿南北、连通国际的"四横、八纵"重点通道，构建枢纽引领、通道支撑、衔接高效、辐射带动的空间格局。以数字化赋能粮食供应链。

粮食应急物流体系的构建和优化研究不断深入。从优化粮食储备结构、推进市场化改革、科学指导农户和城镇居民储粮、提高粮食物流设施跨区域衔接度和完善粮食物流顶层设计五个方面进行优化。

随着国际贸易形势变化，开辟我国粮食物流国际通道对于粮食进口渠道多元化发展有重要意义，提出了对接"一带一路"建设、打造国际粮食物流通道的总体思路。

（2）粮食物流运作与管理的新方法、新技术。

创建了共享物流运作新方式，中小型配送中心分工合作进行物流共享、整合实体仓库建立云仓系统，最大限度地提高人员、资金等的利用效率。开发了物流管理无人化新技术。智能包装、二维码、AR技术、智能装备及人工智能语音识别能有效减少人力浪费，实现货物追踪溯源及物流高效管理。创立了多式联运新方法，结合铁路、汽车、船舶等运输方式的优势，实行多环节、区段及运输工具相互衔接进行商品运输的复合一贯制运输及两种或两种以上运输方式协作或衔接商品运输，保证运输的高效性。

（3）粮食物流应用新技术、新装备。

针对粮食产后收储研发了粮食预处理暂存技术和配套装置、定型集装包装技术和装具、粮食收购运输品质在线智能检测技术及粮食质量数量信息感知和追溯技术。研究开发了散粮集装箱高效装卸粮、质量安全保质检测和运输及信息追溯成套应用技术和装备，提高了粮食物流装卸效率、改善了物流作业环境。开发了粮食智能出仓系统、平仓机器人、无人物流运载工具、粮食运输装备智能调度系统等仓储运输装备，以及系统通过GPS、传感器、RFID等技术实现对货物及车辆的实时跟踪和监控，提高了仓库管理及运输的精度和效率。

6. 饲料加工技术与装备持续创新，推动行业高水平发展

（1）饲料加工技术的基础研究不断深入。

标准化建设稳步推进，制修订饲料原料、饲料添加剂、饲料检测方法、饲料产品国家标准32项、行业标准52项，饲料加工设备国家及行业标准20项。研究了多种饲料原料和产品的热物理特性与影响规律，建立了热特性参数关于营养组成及工艺参数的预测模型，探究测量鱼膨化饲料热特性（比热、导热率和导温系数）的新方法。研究了不同饲料原料的淀粉理化特性、多糖结构和功能性质，探讨了加工技术对蛋白质性质的影响，建立了育肥猪配合饲料糊化度与热处理温度、热处理时间和饲料水分的二次回归模型，构建了内聚力关于研究变量的预测模型。研究了不同配比玉米、小麦和糖蜜对混合饲料糊化特性的影响，对饲料行业的调质温度、延时调质等现象进行了量化分析。研究了颗粒饲料冷却过程湿热传递模型与应用，提出了一种新的薄层干燥模型并建立了颗粒料关于风温和风速的薄层冷却干燥动力学模型，完善了其湿热传递的偏微分方程模型中颗粒饲料相关物理参数，构建描述鱼膨化饲料深床干燥热质传递的多场耦合数学模型。

（2）饲料加工装备设备制造质量明显提升。

锤片粉碎机系列创新技术的应用使我国饲料锤片粉碎机能耗进一步降低，生产效率明显提升。通过对立轴超微粉碎机的持续改进，使我国饲料立式超微粉碎机的综合生产性能一直处于国际领先水平，节能降耗显著。通过对单轴桨叶式混合机进行改进，解决了薄壳结构机体增强与转子高度可调节的难题，开发了在线水分监测调节的混合机，实现了混合均匀后物料中水分较高的监测精度，通过系列技术创新解决了混合机主轴转速变化与同步无桨叶干涉的问题，以及因黏稠物料黏连引起的密封失效问题等。对饲料调质设备、制粒设备、挤压膨化设备的高效、智能化技术进行了研究，提升了智能化水平。

（3）饲料加工注重全产业链可持续发展。

对原料清理技术进行了升级，降低了抗营养因子，提高了饲料利用率。开发了烘焙乳猪料、蛋鸡粉料包被颗粒化技术，并对软颗粒乳猪教槽料加工技术进行了升级。长时高温调质器杀菌机杀灭有害菌、病毒的加工技术及全生产线的防交叉污染和质量可追溯技术提高了饲料的安全加工。采用全混合颗粒饲料（TMR）加工技术、犊牛开食料加工技术，以及糖蜜混合及喷涂技术、膨胀制粒工艺，提高了反刍动物饲料的专业化程度。通过开发低淀粉浮性膨化饲料加工技术、缓沉性膨化饲料加工技术及沉性膨化饲料密度控制技术提高了水产膨化饲料的专业化水平。通过"智慧大脑"调度、物联网布局，进一步提高了饲料加工的绿色智能化水平。研究了饲料加工技术与饲料质量，以及动物饲喂效果的关系，为开发高品质饲料产品和专用化饲料加工工艺提供了理论支撑。同时，注重饲料加工的环保技术开发，对除尘防爆、气味处理排放、降低噪声、雨污水分离排放、能源替代等进行了广泛研究，促进了饲料加工的可持续发展。

（4）饲料、饲料添加剂资源开发与高效利用技术水平不断提高。

通过对各类饼粕、谷物副产物、糟渣、秸秆、蔬菜尾菜、餐桌剩余物等非常规饲料原料进行发酵处理，显著提升了地源性饲料资源的利用率。高活性、高抗逆性的发酵菌种筛选也取得进展，已筛选出大量相关发酵菌种并获得多项发明专利。菌酶协同预处理饲料技术已广泛应用于畜禽和水产养殖，液态发酵饲料生产与应用研究取得新进展，并被逐渐应用。筛选开发了新的发酵脱毒用微生物菌种、脱毒酶、霉菌毒素吸附剂，以及新型脱毒技术，为脱除饲料原料中的霉菌毒素、实现节粮减损提供了技术支撑。

（5）快速、在线检测技术为饲料质量安全提供了有力保障。

采用液相色谱-串联质谱法检测，克服了检测时全价配合饲料基质复杂的严重干扰，开发了基于红外光谱技术的饲料原料及产品的氨基酸含量快速测定方法。免疫亲和柱、多功能净化柱及QuEChERS等霉菌毒素前处理净化技术不断得到改进与优化，并结合多合一真菌毒素免疫亲和柱，实现了对饲料及农产品中多类霉菌毒素的同步高灵敏度检测，高通量自动化免疫磁珠净化-超高效液相色谱可实现饲料中4种黄曲霉毒素（AFB1、AFB2、AFG1、AFG2）的快速准确定量检测。针对饲料的重金属污染问题，通过优化微波消解条件，建立电感耦合等离子体质谱法，确保了重金属检测的准确性，开发了基于离子体共振（LSPR）适配体生物传感器的便携式、低成本检测技术，能实现饲料及食品重金属铅离子的实时监测。对于饲料中农兽药残留检测，荧光试纸条技术得到推广应用，酶联免疫法和蛋白芯片法可用于快速、便捷、高通量检测饲料兽药残留，可视化蛋白芯片法可实现饲料中四环素、林可霉素、氟苯尼考等兽药快速同步检测。

7. 新一代信息技术在粮油领域得到广泛研究和应用

（1）粮油收储信息和自动化得到显著提升。

开展了虚拟现实技术、无人值守扦样技术、智能谷物品质检测技术、仓内电子货位卡和基于计算机视觉的粮食数量动态监测技术等研究和开发，粮油收储的信息和自动化水平显著提升。

（2）粮油加工信息和自动化得到大力推进。

生产自动化系统与仓储管理系统初步融合，并逐步延伸至销售系统、原粮采购预约系统及集团ERP系统，建立了一体化融合管控体系，提高了数字工厂建设的智能化水平和车间生产运行管理效率，提升生产加工过程的可控性，确保了生产过程数据的即时准确，运营管理成本大幅降低。从原料收购到生产加工，再到产品发放，初步实现了全系统的数字化智能管理，节能降本效果显著，使得产品质量更稳定、更安全、更健康。

（3）粮油物流信息和自动化技术逐渐成熟。

粮油物流行业数字化、网络化和智能化程度进一步提高。各省（直辖市、自治区）基本都建立了粮食物流、电子交易、粮食数据采集等数据平台，实现了粮食物流各环节信息资源共享。应用高精度定位技术、地理信息系统等对粮食流通全链条数据进行管理，实现了粮食物流信息可追溯，不同功能仓基本实现了机械化、自动化，通过接收发放控制体系实现了控制层和管理层的无缝对接，提升了智能化管理水平，提高了进出仓效率，并降低了能耗。

（4）营销和交易信息化为粮食流通提供了新模式和新路径。

新经济形势下，依托产业链打造大宗商品网络交易平台，并通过大数据技术分析和挖掘交易、交割、会员、资金数据，多维度为科学决策提供数据分析支持。开发了交易融资系统，增加交易平台金融服务功能，通过与银行等金融机构对接，提供企业用户资金周转一体化解决方案，服务产业链各个环节，为市场经济下粮食行业发展注入活力。搭建了优质成品粮油商城，负责地方粮油产品产销，拓展了地方粮油的销售渠道，全面提升了地方粮油营销能力。

（5）粮食管理信息化取得长足进步。

打造了以大数据为中心的"数字监管"平台，促进粮食行政管理工作更透明、监管更到位、调控更有力，进而构建了标准规范健全、数据汇集实时、风险智能研判有效、全程即时在线的粮食监管信息化动态穿透式管控与服务体系。通过AI分析，开发了粮食经营智慧管理技术，实现粮食质量监测、数量监管、人车行为管理、安全生产监测、购销领域监管5个场景的分析预警，并通过对粮食健康状态诊断，对粮食局部发热、结露、霉变进行预测，生成降温控温等处理建议，进一步保障了粮食质量安全。开发了粮食清查全过程管理技术，实时对粮库进行检查并跟进改进进度，通过对检查结果进行统计，形成全国粮食库存一张表，全面掌握全国粮食库存数量和质量情况，保障粮食储备安全。开发了粮食应急企业信息监测与保障技术，实现了对粮食应急智能管理、辅助决策等功能，提升了粮食应急综合保障能力，确保了粮食应急体系信息及时畅通。通过对粮食数据的全过程进行可视化监控，可及时、准确发现问题数据，形成辅助数据质量报告，还可通过数据质量综合看板等前端可视化功能整体掌握数据质量情况，促进粮食数据的规范统一和质量管控。

8. 粮油营养基础研究及其相关产品开发取得重大进展

（1）粮油营养基础研究有序进行。

通过动物试验、人群试验和膳食调查等，进一步证实了全谷物对健康的促进作用，如降低肿瘤、2型糖尿病、心脑血管疾病（高血压、高血脂、中风）、肠道癌变等风险，同时有利于延缓餐后血糖升高、控制体重。对不同粮食品种、产地、加工方式下粮油营养成分进行测定，完善了粮油营养成分数据库。研究了加工方式所引起的粮油食品中蛋白质变化和油脂氧化对机体健康影响的机制。开展了谷物或杂豆膳食纤维与蛋白、多酚、淀粉及外源添加物等的相互作用对食物基的理化性质、消化及功能特性等的影响及机理研究。研究了我国膳食中常见谷物及杂豆的可消化必需氨基酸评分（DIAAS），对我国主要粮食的蛋白质品质进行了评价。对居民膳食脂肪酸的摄入情况及食物来源进行了细化研究。

（2）粮油营养在加工过程中的保留技术取得重大突破。

进一步研究了超微粉碎、微生物发酵等加工方法对粮食营养成分的保留技术。研究了不同加热、焙烤条件，不同制油工艺对传统油料和小油种油料作物出油率、植物油品质、油脂伴随物、功能特性等的影响。初步建立起以营养保留和风险控制为核心的健康粮油适度加工新模式，减少了粮食中营养物质的损失。

（3）新一代营养健康粮油食品实现产业化。

全谷物和高杂粮含量主食及营养方便食品实现产业化。特膳食品的研制得到突破，如开发了符合老年人特殊生理需求的健康老龄化粮油营养保健品，同时注重营养强化、抗衰老、增强免疫力、保护心血管等功能的粮油产品的开发。开发了植物蛋白和替代蛋白产品及营养强化粮油食品。个性化粮油产品的开发趋于多样化，如速食杂粮粥、方便固体汤料、杂粮锅巴、无糖玉米荞麦蛋糕等。

（4）粮油食品营养与功能评价技术体系逐渐完善。

以组学技术、生物信息学、数据库、生物标记物和成本效益分析方法等为代表的前沿技术，推动了粮油营养学科的发展创新。

（5）膳食模式与健康饮食得到普及。

《中国居民膳食指南（2022）》首次提出"东方健康膳食模式"，食物多样，合理搭配；吃动平衡，健康体重；多吃蔬果、奶类、全谷、大豆；适量吃鱼、禽、蛋、瘦肉；少盐少油，控糖限酒；规律进餐，足量饮水；会烹会选，会看标签；公筷分餐，杜绝浪费。配餐：谷类200~300克/天，薯类50~100克/天，奶及奶制品300~500克/天，盐5克/天，1个鸡蛋/天，2次水产品/周。烹饪方式：少油清淡。

（6）行业标准化工作进一步加强。

制定发布了"中国好粮油"行业标准，将支链淀粉、抗性淀粉、β-葡聚糖纳入杂粮的评价标准，将维生素E、植物甾醇、多酚等油脂伴随营养成分纳入食用植物油的评价标准。实施"中国好粮油计划"，推广健康粮油产品，引导健康消费。

（二）学科发展取得的成就

2019—2023年，我国粮食储藏、粮食加工（包括稻谷、小麦、玉米、杂粮）、油脂加工、粮油质量安全、粮食物流、饲料加工、粮油信息与自动化、粮油营养等学科在集约化、规模化程度、粮油机械装备水平，以及获奖、申请获得专利、发表论文、标准制定等方面取得了长足发展。

1. 科学研究和科普方面

（1）获奖项目、申请专利、发表论文、制修订标准、开发新产品等。

2019—2023年，粮油科学技术学科获得7项国家级奖励，小麦加工领域"优质专用小麦生产关键技术百问百答"获国家科学技术进步奖（科普类）二等奖，"淀粉加工关键酶制剂的创制及工业化应用技术"获国家技术发明奖二等奖；玉米深加工领域"淀粉加工关键酶制剂的创制及工业化应用技术""淀粉结构精准设计及产品创制"获国家技术发明奖二等奖，"玉米精深加工关键技术创新与应用""玉米淀粉及其深加工产品的高效生物制造关键技术与产业化"获国家科学技术进步奖二等奖；油脂加工领域"食品工业专用油脂升级制造关键技术及产业化"获国家科学技术进步奖二等奖。

"小麦产后加工及副产物高值化关键技术及应用""淀粉结构精准设计及产品创制"等多个项目获得省部级奖励，同时，中国粮油学会设立的"中国粮油学会科学技术奖"，旨在表扬在粮油科学技术学科中做出突出贡献的单位和个人，2019—2022年设特等奖4项（食品专用油脂品质调控关键技术开发及产业化等项目）、一等奖25项（稻谷新型干燥与保鲜储藏一体化技术研究及应用等项目）、二等奖62项（粮食供应需求预测建模技术及储备决策系统研究等项目）、三等奖37项；"稻米蛋白食品化高值利用关键技术装备创新及产业化""大米蛋白多维食品化高值利用关键技术装备创新及产业化应用""稻谷加工提质增效关键技术与装备的研发及产业化"等项目获中国商业联合会、中国轻工业联合会奖项。

专利申请量持续稳定增加。粮油科学技术方向专利申请数量延续了"十三五"期间高速增长的势头。2019—2023年，共申请发明专利17159件、授权发明专利1946件，授权率约11.34%，授权率明显提升，申请实用新型专利18676件，授权18616件。小麦加工领域发酵面制品学科申请中国专利1815件，其中发明专利1189件、实用新型专利626件；

面条制品学科申请中国专利987件，其中发明专利191件、实用新型专利796件。玉米深加工领域共申请专利4219件，其中发明专利3801件、实用新型专利358件，累计授权1031件。

论文数量显著增加。在知网检索粮食加工工业、食用油脂加工工业、淀粉工业的中文论文，2019—2023年的论文数量分别为6427篇、6335篇、6168篇、5923篇、1057篇，合计25910篇。初步统计SCI收录论文近7000篇，其中稻谷加工领域发表SCI论文472篇；小麦加工领域小麦制粉学科发表学术论文874篇（SCI/EI收录论文511篇，中文核心期刊收录论文363篇）；发酵面制品学科在国内外学术期刊上发表中文论文960篇、英文论文448篇；面条制品学科在国内外学术期刊上发表中文论文344篇、英文论文1361篇。玉米深加工领域发表的SCI论文数量为4063篇。

粮油标准体系进一步完善。以高标准引领高质量发展，粮食行业着力构建全要素、全链条、多层次的现代粮油全产业链标准体系，全面提升国家粮食安全保障能力。截至2022年年底，全国粮油标准化技术委员会（TC270）归口管理的粮油标准共662项。其中，国家标准379项、行业标准283项。2019—2023年，粮油科学学科共立项或发布190多项国家标准。粮油储藏领域制修订了《粮食、油料检验扦样、分样法》《粮油储藏粮仓气密性要求》《粮油储藏　储粮害虫检验辅助图谱》等，粮油加工领域制修订了《小麦粉》（GB/T 1355-2021）、《面包质量通则》（GB/T 20981-2021）、《挂面》（GB/T 40636-2021）、《方便面》（GB/T 40772-2021）等国家标准。

以中国粮油学会为代表的各级粮油学会、协会、产业技术联盟等社会团体在现有粮油标准体系基础上，充分发挥市场作用，增加粮油标准的有效供给。自2019年以来，共发布团体标准164项，涉及粮食收储、运输、加工、销售等环节。黑龙江、山西、江苏、四川等省制定的"黑龙江好粮油""山西小米""苏米""天府菜油"等团体标准促进了当地特色粮油产业经济的发展，充分释放了市场活力。2022年国家粮食和物资储备局开展团体标准培优计划活动，确定了10家社会团体和24项已经发布实施的团体标准作为粮食领域团体标准培优计划对象，并给予重点指导、帮助和服务，做优做强粮食团体标准化工作，助推粮食节约行动实施。

开发了系列粮油新产品、新装备及粮食物流设备，成果丰硕。大米新产品有"自然香"系列大米、工业米饭专用米、低胚米/无胚米、免淘留胚米、免淘GABA米、"鲜米"等；稻谷新加工装备有（分层）柔性智能碾米机、球磨抛光机、智能刷米机、谷糙分离专用色选机、碎米精准分离色选机等；小麦加工新产品有五得利集团的905小麦粉、内蒙古恒丰集团的河套有机雪花粉、有机全麦粉，以及金沙河集团的高筋鸡蛋面、高筋手擀面，克明面业的华夏一面系列等面条制品；杂粮加工新产品有青稞、豌豆和鸡爪谷多谷物重组米、青稞豌豆素肉、四麦五豆米等；薯类加工产品出现了无麸质薯类馒头、无麸质薯类面条等；粮食物流新设备涵盖了粮食物流进出仓（包括除尘、冷却通风、吸粮、提升、输送、清仓、装卸等）、智能化布粮、散粮运输（进仓平仓一体化、汽车自动卸粮、储运散热、集装箱装卸、集装箱多工位装箱站和卸箱站）、品质控制与追溯（包括粮食精选、加湿调质、烘干、粮食物流用手持设备、协议转换设备及追溯信息采集系统等）、信息化（粮食物流机器人、智能粮食物流平台车、一种具有集装箱定位功能的粮食信息汇聚智能网关、基于库存识别码的粮食物流代码的赋码系统及方法）等环节的新技术、新设备。

（2）在国家、省部级立项及重大科技专项的实施情况。

完成了多项"十三五"国家重点研发项目。"十三五"国家重点研发计划项目"大宗米制品适度加工关键技术装备研发及示范""大米精准智造新技术研发与集成应用""全麦粉加工与品质改良关键技术装备研究与示范""大宗油料适度加工与综合利用技术及智能装备研发与示范""食品加工过程中组分结构变化及品质调控机制研究""特色油料适度加工与综合利用技术及智能装备研发与示范""大豆及其替代作物产业链科技创新""特色食用木本油料种实增值加工关键技术"等项目通过绩效评价。

大宗米制品适度加工研究主要研发适度加工及制品营养性、关键新技术成套装备、分类评价方法，建立适度加工品质评价及在线控制指标、方法体系及技术标准，开发关键检测控制仪器，开发全谷物糙米及米制食品的稳定化、营养保全及食用品质改良加工新技术与成套装备，开发糙米米粉（线）、营养大米、专用米等加工关键技术和自动化、连续化生产成套设备，以及稻米加工副产物的食品化利用成套新技术装备与新模式。

在大宗面制品适度加工方面，研究建立面食适度加工控制体系，开发全麦粉稳定化、营养保全及食用品质改良加工新技术与装备，全谷物食品加工适宜性、品质评价指标与方法体系，开发半干面条、营养挂面、早餐谷物制品、挂面切断与高效包装等加工关键技术和生产设备，开展加工副产物的食品化利用新技术与新模式创新。

大宗油料的适度加工以大豆、菜籽、花生等大宗油料作物为研究对象，系统研究原料精选与稳定化、新型溶剂浸出、酶法生物制油、适/低温制油、酶法脱胶脱酸、混合油精炼、工业分子蒸馏精炼、高功能性增值产品绿色制造等精准化、稳态化关键技术与大型智能化装备，通过产业化示范，建立符合国情的适度加工技术模式和相应技术规程。

完成的国家重点研发计划"粮情监测监管云平台关键技术研究及装备开发"项目，突破了粮食高并发异构大数据融合标准化应用、跨地域粮食质量安全追溯、清仓查库反欺诈、危险粮情早期预警、粮情区域预警等大数据应用技术，创制了新型多参数粮情集成测控、危险粮情早期处置装备、大数据采/汇装备和可追溯数据综合采集设备等，构建了粮情监测监管云平台，形成了全数据链条的成果应用示范。

承担了"十四五"国家重点研发项目"稻麦适度加工及产品增值关键技术研发与产业化示范""大宗油料绿色加工及高值化利用关键技术及新产品创制""大宗油料加工副产物综合利用关键技术及新产品创制""新疆核桃等特色油料作物产业关键技术研发与应用""绿色工业酶催化合成营养化学品关键技术"等。

"十四五"国家重点研发计划项目"粮食产后收储保质减损与绿色智慧仓储关键技术集成与产业化示范",将通过对新材料、新技术、新装备的创新融合,优化现有仓房技术体系,融合颗粒力学、仿真软件、离散元分析、流体力学等技术,构建散粮进出智能管控体系应用平台及高标准粮食仓房技术平台,提升仓储进出仓管控体水平,突破进出仓智能管控及仓房气密隔热等核心技术,建立高标准仓房技术体系及标准,集成散粮进出仓智能管控及高标准仓房技术体系研究与示范,实现粮食产后收储运向绿色化、智能化转型升级。

"十四五"国家重点研发计划"食品制造与农产品物流科技支撑"重点专项"方便主食食品规模化加工关键技术研究与集成应用"针对我国传统面制主食食品存在营养不均衡、产品结构单一、品质易劣变、规模化不足等问题,开展主食食品工艺挖掘与优化升级,集成新技术和新装备,开展方便主食食品定制式组合设计与开发研究,建立规模化和智能化示范生产线。

同期,"米糠油精深加工关键技术研发""谷物资源综合利用创新基地""功能性油脂创制关键技术研究与示范""大宗食用油脂功能化加工关键技术与产品研发""大豆生物制取油脂及蛋白制品关键技术集成与示范"等项目分别被列入各省(直辖市、自治区)重大项目。

(3)理论与技术的突破。

1)理论方面。

基于储粮害虫分子鉴定技术建立了"凭证标本—形态学鉴定—分子条码—三维数字标本"多维度鉴定技术体系和数据库,突破了储粮虫螨鉴定技术储备不足、难以快速精准鉴定的技术瓶颈,同时解决了虫螨系统发育、遗传差异分析本底数据不足的问题。深入解析了储粮害虫对磷化氢产生抗性的分子机理,鉴定出两个P450基因家族参与了磷化氢体内降解、9个表皮蛋白基因参与了阻止磷化氢穿透害虫体壁、6个呼吸相关基因参与储粮害虫呼吸强度的调控,全面解析抗药性分子机理,为抗药性治理和害虫综合治理奠定了理论基础。

在粮食加工领域,玉米深加工的技术开发已经从以玉米为原料的组分初步分离精制和食用性开发发展到对玉米组分的精细分离和梯次化综合利用,利用基因工程技术对玉米原料修饰改性的技术也日趋成熟,并进一步融合组学技术、合成生物学技术等前沿技术,促使玉米深加工产业向高值化、健康化、多元化方向转型升级。与此同时,玉米深加工学科在淀粉结构设计理论、淀粉结构修饰机理、淀粉修饰用酶开发及产业化等方面取得了重要的理论和技术突破,创制出不同应用性能的淀粉衍生物,大幅提高了玉米深加工产品附加值,拓展了淀粉深加工产品的应用领域。

在油脂加工领域,系统研究油脂结晶网络形成及演变的分子机制,发现非氢化油脂中不同熔点甘油三酯分子迁移聚集、分级结晶引发的晶体不相容是影响其结晶网络构建和导致产品质量缺陷的关键因素,完善、丰富了油脂相容性理论,为低饱和、零反式专用油脂的高效制造和品质控制奠定了理论基础。

2）技术方面。

在粮食储藏领域，仓房围护结构隔热技术有所突破，采用动静态隔热技术，创新研发了墙体多孔轻质隔热板动静态隔热系统、墙体"⊥"型环流风管降温系统、双向变风量通风系统等，解决了储粮仓房四周垂直热皮层粮温难以控制和保水难的问题。

在粮油收储领域，利用伯努利原理和地面效应开发的负压散料输送系统，有效解决了长期以来粮食输送过程中粉尘外溢和高能耗的技术难题。开展了虚拟现实技术、无人值守扦样技术、智能谷物品质检测技术、仓内电子货位卡和基于计算机视觉的粮食数量动态监测技术等的研究和开发，信息和自动化水平得到了显著提升。当前，粮油物流行业数字化、网络化和智能化程度进一步提高，在物流平台监管、物流过程监控、接收发放控制、日常仓储保管等方面都有成熟的信息化应用。

在粮食加工领域，以馒头全自动化生产线为基础，建成馒头数字化车间，通过工业互联网将企业资源管理、产品设计、服务与支持等环节组成有机整体，大幅提高了生产能力，日处理小麦粉能力由10吨提高到30吨，实现了多品种小批量的柔性化生产，改进了产品质量，同时通过全链的产品追溯满足食品安全监管要求。攻克了以淀粉水解糖为原料生产酵母的关键技术，拓宽了酵母生产的原料来源，同时降低了能耗，酵母抗逆性、活力提升，解决了酵母产业的糖蜜供需矛盾，满足了不同工业化生产需求。这些理论和技术的突破为发酵面制品行业实现工业化、柔性化生产多样且营养丰富的产品奠定了坚实的基础。

开展了杂粮精选、制米装备研发，突破了六层旋振筛分、变频调速的适度精准脱皮、雾化瞬时浸润及柔性抛光3项关键技术，创制了精细分级机、杂粮脱皮机和杂粮抛光机3种新设备，分级精度由80%提高到96%；开展了杂粮原粮清理、预处理装备研发，突破了变隙碾搓关键技术，创制了杂粮擦刷机、脱壳机及仁壳分离机2种新设备，实现了污染物清除率≥95%，一次脱壳率从40%提高到60%以上，破碎率从5%降低到2.6%；开展了杂粮制粉装备研发，突破了辊磨与微粉磨组合、高压气体脉冲喷吹2项关键技术，创制了杂豆脱皮机、杂豆破瓣机、杂豆微粉磨、大粘度振动打击筛粉机、正压在线粉料圆筒清理筛5种新设备，开发了"轻刮去皮、多道碾磨和撞击出粉，筛、打结合提粉"的杂粮（燕麦、青稞）制粉新工艺，实现了黏性物料水平机械连续输送。

在油脂加工领域，攻克了干法分提和酶促定向酯交换耦合技术难题，提高了非氢化油脂的结晶相容性和β′晶型的形成；创新开发了"静态"混合预乳化－低速剪切二次柔性乳化技术，克服了传统高速剪切乳化导致的非氢化油脂结晶网络失稳和高能耗问题；突破了油脂均一性瞬时结晶调控关键技术，设计和制造具有自主产权的2~30吨/时系列激冷和捏合核心装备，实现了专用油脂生产成套装备的国产化。突破了静电自组装乳化和低温喷雾－塔内原位－塔外流化三重包埋技术难题，开发出冷水可溶型、耐酸型粉末油脂；优选富含营养伴随物的油脂，开发出薯条、鸡块、方便面等系列低饱和专用型煎炸油，提高了煎炸食品的营养安全性。在突破固液萃取、固液分离和脱溶烘干等工艺装备的基础上,研制出专用于浓缩蛋白萃取、干燥的专利装备,进一步耦合自动化智能化控制和检测系统,开发出了大型智能化醇法浓缩蛋白制取工艺技术装备,单线产能从10年前的1万吨/年发展到目前全球最大规模的8万吨/年,其生产的低温粕质量和技术指标都达到或优于国际先进水平,蒸汽、溶剂消耗方面较进口设备有明显优势。

（4）学术出版。

粮油科学技术学科形成了系列专业教材、专著和学科论文集,这些教材和专著汇集了国内粮油科学技术学科领域的主要成果和成就,分析整理了基础性的理论和观点,提出了诸多有参考价值的新体系、新观点或新方法,具有很强的理论价值和实践价值,出版了《小麦工业手册（四卷本）》,该丛书入选了"十三五"国家重点出版物出版规划项目、国家出版基金项目,内容围绕小麦产业链,涵盖小麦储藏、小麦加工、小麦淀粉、面制品4个领域,从理论、技术、装备、产品质量标准、质量控制体系等方面进行了系统阐述,是对我国小麦工程领域的一次梳理和总结。①粮食储藏领域出版了《稻谷储藏和品质检测技术》《粮食平衡水分理论与实践》《粮食与食品微生物学》等十几部著作。②粮食加工领域出版了《稻米深加工》《小麦产业关键实用技术100问》《谷物加工副产物综合利用关键技术及产品开发》《全谷物营养健康与加工》等30多部著作,以及《粮食工程导论》《谷物加工技术》《粮油加工实验指导》《粮油加工学》等高等教育教材。③油脂加工领域出版了《葵花籽油加工技术》《核桃油加工技术》《花生油加工技术》《菜籽油加工技术》《亚临界生物萃取技术及应用》《农产品加工适宜性评价与风险监控》、*Phytochemicals in Soybeans* 7部专著,以及《粮油副产物加工学》《食品脂类学》2部高等学校教材。

（5）学术交流。

粮食储藏领域举办了国内外学术会议40多次,包括中加生态储粮研究中心年会、中澳粮食产后生物与质量安全联合研究中心年会、世界储藏物保护大会、国际储藏物气调与熏蒸大会、国际蜱螨学大会、第二届粮食储运与安全国际研讨会、粮食储运与安全国际研讨会、国际产学研用合作会议（河南）食品科学与工程合作会、法国磨粉小麦圆桌会议等,极大地促进了国内外粮食领域专家交流合作,搭建了粮食科技界、产业界互融互通的国际化专业交流平台,助力全球粮食产业高质量发展。

粮食加工领域举办了后疫情时代传统粮油产业发展与健康升级研讨会、中非稻米价值链合作研讨会、中国粮油学会第三届粮新青年论坛、第二届ICC亚太区国际粮食科技大会、中国粮油学会第十届学术年会暨第七届全谷物与健康食品国际研讨会、2021年澜沧江－湄公河薯类加工技术与装备高峰论坛等20多场次国内外学术交流会议,为国内外粮食加工领域的科研人员进行学术交流搭建了良好的平台,有利于营造自由思考、宽松活跃的学术氛围,激发专家学者的创新思维,形成创新思路,从而促进粮食加工产业健康快速发展。

油脂加工领域组织举办了亚麻籽、芝麻、橄榄油、茶籽油、葵花籽油高峰论坛会，大豆制油加工技术研讨会，国际脂质科学与健康研讨会，国际联合实验室学术年会，全国樟树籽开发利用研讨会，"一带一路"国际花生产业与科技创新大会，植物基肉制品前沿科技国际研讨会、米糠油国际会议等国内国际会议60多场，并组织行业专家在国内外学术会议上主持并作主旨报告，扩大了油脂学科的国内外影响力。

（6）科普宣传。

中国粮油学会作为中国科协"中国公众科学素质促进联合体"共同发起单位之一，成立了科技志愿服务总队，结合学科特点和自身优势，加强科普能力建设，积极开展"爱粮节粮 从我做起"品牌科普活动，营造了厉行节约、反对浪费的良好社会氛围。制定并完善了《中国粮油学会科普教育基地管理办法（试行）》，遴选26家单位为中国粮油学会科普教育基地，其中7家成功入选中国科协"2021—2025年度第一批全国科普教育基地"；组建了12个科学传播专家团队，其中2个团队入围中国科协科学传播专家团队；线上线下开展科普活动，受众超过130万人次，有效提升了学会科普工作的影响力和美誉度。获评中国科协"中国科技志愿服务百家学会""全国学会科普工作优秀单位""全国科普日优秀活动"荣誉。此外，武汉轻工大学的中国油脂博物馆于2021年正式开馆，是我国唯一的油脂专业博物馆，已成为湖北省科普教育基地、湖北省"大思政课"实践教学基地、武汉市科普教育基地；河南工业大学、国家粮食和物资储备局科学研究院等单位会员积极开展科学储粮、家庭防虫、爱粮节粮等科普活动；江南大学、安琪酵母股份有限公司等单位会员积极组织开展发酵面食相关的科普宣传，在全国30多个县开展线上线下培训活动，受众达数万人。

2. 平台建设方面

（1）国家及部委级科研基地与平台建设。

近5年，国家粮食与物资储备局高度重视科学技术创新在促进行业发展和保证粮油安全方面的重要作用，先后批准了武汉轻工大学的"国家粮食技术转移（武汉）中心"、南京财经大学"国家粮食产后服务技术创新中心"、河南工业大学"国家粮食产业（仓储害虫防控）技术创新中心"、国家粮食和物资储备局科学研究院"国家小麦加工技术创新中心"、江南大学"国家粮食质量安全生物快速检测技术创新中心"等20个国家粮食技术创新中心，其中有7个创新中心建在企业，占比达35%。

4个原国家工程实验室顺利完成了国家工程研究中心、国家工程实验室优化整合工作，原江南大学的"粮食发酵工艺与技术国家工程实验室"、国家粮食和物资储备局科学研究院牵头的"粮食储运国家工程实验室"、河南工业大学的"小麦和玉米深加工国家工程实验室"及中南林业科技大学的"稻谷及副产物深加工国家工程实验室"均于2021年通过了优化整合，顺利纳入国家工程研究中心序列管理，2022年正式挂牌成立了"粮食发酵与食品生物制造国家工程研究中心""粮食储运国家工程研究中心""小麦和玉米深加工国家工程研究中心"及"稻谷及副产物深加工国家工程研究中心"。

2021年，国家市场监督管理总局批准武汉食品化妆品检验所与武汉轻工大学联合建设"国家市场监管重点实验室（食用油质量与安全）"。武汉轻工大学的"大宗粮油精深加工教育部重点实验室"、南京财经大学的"粮油质量安全控制及深加工重点实验室"、河南工业大学的"粮食信息处理与控制省部共建教育部重点实验室"和"粮食储藏安全教育部工程研究中心"均顺利通过了教育部的评估，持续为粮油仓厂建筑、储藏与流通、信息化等学科交叉的科技发展提供技术支撑和人才供给。

（2）省建重点实验室和工程中心、技术开发中心建设。

江苏省粮油安全与绿色低碳制造工程研究中心（江南大学）围绕江苏省粮油产业，落实"大食物观""健康中国2030"和"双碳"战略，突破粮油资源挖掘与开发、粮油安全主动防控、粮油绿色适度加工等领域的关键技术，开发高效节能智能化的粮油加工成套装备和生产线，完善粮油资源质量安全标准体系。

湖北省农产品加工与转化重点实验室（武汉轻工大学）主要针对地方农业特色、优势资源，紧紧围绕谷物科学与加工技术、油料科学与工程技术、食品营养与安全、生物活性成分与功能性食品等方向开展应用基础和应用开发研究。

粮食产后减损河南省工程技术研究中心（河南工业大学）立足于河南省粮食产后减损，在粮食产后收获减损、粮食适度加工、粮食储藏科技支撑与服务等方面项目多、成果丰硕。

江苏省现代物流重点实验室（南京财经大学）主要从事溯源物流关键技术及其系统研发与应用、在线随机优化及其在智能物流中的应用、物流园区等方面的研究。

河南省粮食产后收储运工程技术研究中心（郑州中粮科研设计院有限公司）立足河南省粮食产业发展需求，以提高粮食流通效率、经济效益为出发点，以培育河南省粮食仓储物流技术装备自主创新能力和核心竞争力为目标，围绕省内粮食产业发展重大战略和重点工程，开展粮食产后收储清理干燥、粮食绿色仓储和高效进出仓作业、粮食物流运输高效装卸和保质运输、粮食物流信息服务及智能化管控4个研发方向的关键核心技术装备攻关创新、技术集成、成果工程化开发和转化应用，努力突破制约河南省粮食仓储物流领域高效发展的关键核心技术，推动粮食产业及相关领域的科技进步和行业发展。

3. 人才培养方面

（1）学科教育。

我国约有146所高校设置了与粮油学科相关的食品科学与工程专业学士学位，约有40所高校具有相应硕士学位授予权，17所高校具有相应博士学位授予权，专任教师整体规模在3000人左右。江南大学、武汉轻工大学、河南工业大学、南京财经大学、南昌大学、天津科技大学、华中农业大学等是业内以粮油加工与贮藏、食品营养等为优势特色学科的高校，其中江南大学已发展成以粮食加工为优势特色学科的国家"双一流"建设高校，

2022年国内综合排名第59名，拥有博士授予权和博士后流动站；武汉轻工大学是全国粮食行业重要的研发基地，粮食工程专业历史悠久，组织编写了《油脂工厂设计》等多部精品教材，建有中国油脂博物馆；河南工业大学建有国家级"粮油食品类工程应用型人才培养模式创新实验区"，注重实践性专业技术人才的培养。高校中粮油学科涉及的本科生培养层次有粮食工程、食品科学与工程、食品营养与健康等专业，硕士生培养层次有粮食、油脂及植物蛋白工程、农产品加工与贮藏工程、土木工程、粮食信息学等专业。在"学生中心，面向产出"的原则指导下，各高校在本科教育阶段普遍将课程体系划分为多个课程模块，循序渐进地进行粮油食品专业知识的教授，强化工程实践能力的培养，并涌现了《粮食工程导论》等一批国家级规划教材。随着"双万计划"的启动，获批国家/省级食品类一流本科专业建设点的高校在教学平台的建设上普遍加大了投入，教学条件明显改善。

我国涉粮油食品相关专业的中等职业技术学校约50所，在培养专门工种与企业生产人员方面发挥了巨大的作用。为切实提升粮食行业职业教育现代化水平和服务能力，国家粮食和物资储备局指导组建了全国粮食职业教育教学指导委员会（2021—2025年）及各专业（专门）委员会，各专业（专门）委员会在提出行业技术技能人才培养的职业素质、知识和技能要求，推进职业院校教师、教材、教法改革，参与职业教育教学标准体系建设，开展产教对话活动，服务推进校企合作、职教集团建设，推动实训基地建设，指导职业院校技能竞赛，组织课题研究，参与实施教育教学质量评价，培育和推荐优秀教学成果，组织开展行业相关专业教学经验交流活动等方面发挥了积极作用。此外，全国粮食职业教育教学指导委员会还组织行业科研院所、粮食企业、高等院校、职业院校相关专家，围绕服务粮食产业高质量发展，对接新业态、新模式、新技术、新职业，修订完成了中等职业教育《粮油和饲料加工技术简介》《粮油储运与检验技术简介》，高职专科《粮食工程技术与管理简介》《粮食储运与质量安全简介》，编制了高职本科《现代粮食工程技术简介》。

（2）人才培养。

1）学校教育。

在教育部深化新工科建设，全面推进组织模式创新、理论研究创新、内容方式创新和实践体系创新精神的指导下，各高校以工程教育认证和一流专业建设为抓手，结合用人单位的人才需求实际，吸纳行业专家指导与点评，对粮油学科相关的专业人才培养方案开展了新一轮论证与修订。目标达成度评价与持续改进已经成为专业建设的常态化工作。

在工程教育专业认证方面，武汉轻工大学、河南工业大学的粮食工程专业已经接受了认证现场考查，青岛农业大学的粮食工程专业认证也已受理，并且已有30多所涉粮油学科方向高校的食品科学与工程专业通过了工程教育认证（不完全统计）。在专业人才培养方案的修订过程中，普遍将课程毕业要求指标点进行了分解，建立了课程体系与毕业要求关系矩阵，提升了实践教学环节所占比例，出台了行业企业专家参与毕业设计（论文）指导的具体措施。此外，多所高校通过设立中外合作办学项目，提升和拓宽了培养人才的视野与创新能力。

在招生规模方面，江南大学食品学院年均招收本科生 380 人、硕士生 350 人、博士生 110 人；实施工程化、国际化、学术型、创业型四大类个性化人才培养，通过导师制、建立开放实验室、设立课余研究项目等，有力地支撑了研究性工程创新人才培养的目标。河南工业大学粮油食品学院年均招收本科生 400 人、硕士生 190 人、博士生 20 人，2012 年获批"服务国家特殊需求博士人才培养项目"，2013 年开始招收博士研究生，2014 年获批食品科学与工程博士后科研流动站，2017 年获得食品科学与工程一级学科博士学位授权。武汉轻工大学食品科学与工程学院年均招收本科生 500 人、硕士研究生 180 人，食品科学与工程专业获批国家一流本科专业建设点，粮食、油脂及植物蛋白工程学科为湖北省特色学科、湖北省高校有突出成就的创新学科。南京财经大学食品科学与工程学院现有食品科学与工程、食品质量与安全、粮食工程等 5 个本科专业，年均招收本科生 400 人、硕士生 180 人，食品科学与工程是国家特色专业、江苏省品牌专业。

在毕业生从业情况方面，以中粮集团、正大集团、益海嘉里金龙鱼粮油食品股份有限公司、中国储备粮管理集团有限公司等为代表的粮食生产与储备企业对粮油食品类本科毕业生在生产、质检、销售等环节均有着持续旺盛的用人需求，人员入职后有较为稳定的晋升通道；中小企业对人才需求的专业性偏弱，但往往对从业人员的沟通、协调、组织能力有着更高的要求。硕士研究生的就业主要集中在粮油食品企业的研发岗、高/中等职业学校及民办本科院校的教师岗、事业编制或第三方检测机构等；近年来，随着硕士研究生的扩招，毕业生的就业压力不断增大，选择进一步深造的毕业生比例逐年增加。博士研究生的规模总体保持稳定，且其大多数毕业后选择入职高校或科研院所从事教学与科研工作。

2）职称评审。

近 5 年，各高校及科研院所粮油学科相关从业人员有 500 多人晋升高级职称，其中国家粮食和物资储备局 2021 年高级职称评审晋升正高级工程师/研究员 20 人、高级工程师/副研究员 41 人；江南大学食品学院晋升教授/研究员 37 人、副教授/副研究员 56 人；河南工业大学粮油食品学院晋升教授 13 人、副教授 16 人；武汉轻工大学食品科学与工程学院晋升教授 10 人、副教授 17 人。为贯彻落实习近平总书记关于"破五唯"的重要指示，国家粮食和物资储备局印发了《全国粮食和物资储备高水平人才选拔培养管理办法》，修订了行业高级职称实施方案和评审标准；相关高校普遍对专业技术职务资格评聘工作的文件、实施方案等进行了修订，重点突出了横向项目、成果转化、解决工程技术问题等在人才评价与考核中所占的比例。新职称评审办法的实施，从需求牵引的角度出发，在促进科研人员深入企业一线解决实际问题、发现和关注行业痛点等方面起到了积极的推动作用。

3）职业技能培训。

在专业技术培训、特有工种设置和培训等方面也取得了不错的成绩。国家粮食和物资储备局开展了第五届全国粮食行业职业技能竞赛，对切实抓好粮食行业职业技能培训、加强粮食人才培养起到了一定的作用；举办的全国粮食和物资储备高质量发展高级研修班聚焦"高质量发展"主题，设置了粮食和能源安全形势分析、"十四五"科技和人才规划解读、全产业链粮食减损增效技术前沿、储能产业展望、数字化技术综述等课程。武汉轻工大学拥有全国粮食行业（武汉）教育培训基地，先后承办了国家粮食和物资储备专业技术人才高级研修班、武汉轻工大学－克明面业粮食科学基础培训班等 10 多期粮油食品技术培训班。中国粮食行业协会组织的全国粮食经纪人培训班等活动，在加快产业优化升级、提高企业竞争力、推动技术创新和科技成果转化等方面发挥了重要作用。中国粮油学会举办了粮油团体标准编制规范培训班，对引导粮食领域团体标准健康发展起到了积极作用，调动了粮油企业参与企业标准"领跑者"活动的积极性。此外，各省（直辖市、自治区）粮食和物资储备局持续开展了特有工种设置和培训工作，培养了大批高质量仓储管理员、食品检验员等高技能人才。

（三）学科在产业发展中的重大成果和重要应用

主要包括重大成果和重要应用的综述（科学技术进步奖）及实例。

1. 重大成果和重要应用综述

2019—2022 年，粮油科学技术从基础研究到应用技术研究都有了较大的发展，取得了一系列科学技术成果，我国粮油科学技术整体实力大幅提升，技术成果在粮油产业中得到了推广应用，产生了巨大的经济效益和社会效益。

（1）在粮食储藏方面，特别在粮食气膜仓、稻谷收储链保质减损集成技术和装备应用、控温储粮动静态隔热技术、稻米低温仓储成套技术装备集成与示范及粮情云图分析与预测预警软件等方面取得了重大成果，助力我国粮食存储，让粮食安全更有保障。

（2）在粮食加工方面，稻谷加工、小麦加工、玉米深加工和杂粮（含薯类）加工均取得了一系列研究成果，特别在传统粮食加工制品产业化关键技术装备研究与示范、谷物加工转化关键技术与应用、传统拉制面条工业化加工关键技术与应用成果、淀粉加工关键酶制剂的创制及工业化应用技术、淀粉结构精准设计及其产品创制、玉米精深加工关键技术创新、杂粮制粉装备研发和薯类主食加工技术等方面的成果和重要应用尤为突出，大大增强了我国粮食及粮食制品的加工技术水平。

（3）在油脂加工方面，智能化工厂建设、食品工业专用油脂升级制造与品质调控技术、食用油精准适度加工、结构脂制备技术、花生适度适宜性评价与提质增效关键技术、大豆绿色加工与高质化利用关键技术、菜籽油精深加工关键技术、葵花籽油精准适度加工与品质提升关键技术及营养家食用植物调和油技术等方面取得了一大批先进、实用的研究成果，实现了行业的技术进步和产品升级。

（4）在粮油质量安全方面，特别在粮油食品中关键危害因子的风险精准识别、评估和管控技术研究方面，花生储藏加工黄曲霉毒素绿色精准防控技术、粮食真菌毒素检验监测技术体系创建与高效去除技术、玉米胚及其制油生产中真菌毒素控制和脱除关键技术、粮食中重金属高灵敏快速检测技术、粮食脂肪酸值自动测定系统的开发与应用、粮油包装危害因子高通量检测与安全评价关键技术研发与应用等取得了重大成果，为粮食宏观调控、粮食质量安全监管提供了更加强有力的技术保障。

（5）在粮食物流方面，通过发展多式联运新方式、新线路，打通多条国际通道，构建国家粮食交易体系，推广应用智能技术，加快完善粮食物流网络；"全程不落地"收储技术得到应用，粮食装卸运输装备不断创新，智慧物流技术和智能装备逐步得到应用，有效推进了我国粮食物流行业高质量发展。

（6）在饲料加工方面，特别在饲料加工设备的主要技术创新、双关键猪营养饲喂套餐的研制与应用、基于近红外联网管控的饲料精准制造技术、高效智能化水产饲料关键技术装备的研发及产业化、饲料中玉米赤霉烯酮生物降解及快速检测技术等方面取得了重大成果，对带动饲料工业向绿色、高效、智能化方向发展做出了重大贡献。

（7）在粮油信息与自动化方面，特别在储粮数字监管方法及库外储粮远程监管系统、粮食库存数量网络实时监测关键技术及系统研发与推广、粮情监测预警智能分析决策云平台和粮食应急企业信息监测与保障系统等方面取得了一系列高水平成果并得到了推广应用，使粮食行业的信息与自动化水平迈上了新台阶。

（8）在粮油营养方面，特别在营养健康面制品关键技术开发及产业化、优质小麦粉数字化加工与营养健康品质提升关键技术研究应用、新型粮谷加工技术和新产品开发、营养健康油脂加工工艺升级和技术改进、营养健康预制食品的开发及应用方面取得了一系列成果，促进了粮油企业向营养健康方向转型，助力提升国民健康水平。

2. 重大成果和重要应用实例

（1）食品工业专用油脂升级制造关键技术及产业化。该项目荣获2020年度国家科学技术进步奖二等奖，项目围绕专用油脂反式脂肪酸问题展开研究，在国内率先开展了非氢化油脂相关基础理论、加工技术和核心装备设计制造的研发工作，推动我国相关加工食品的升级换代和健康化，为保障人民健康、助力健康中国建设贡献了力量。非氢化专用油脂加工核心技术、关键装备在国内83条专用油脂生产线成功应用，实现了专用油脂生产成套装备的国产化，并出口美国、加拿大、新西兰等13个国家，此外，对氢化油脂的全取代和非氢化专用油脂系列产品的创新制造推动了食品专用油的升级换代。

（2）淀粉结构精准设计及其产品创制。该项目荣获2020年度国家技术发明奖二等奖，以绿色可再生的淀粉资源为研究出发点，聚焦淀粉分子结构的精准设计，立足于调控消化性、功能因子释放性、益生性、粘接性等，创制了快消化淀粉质能量胶、高支化慢消化淀粉、洗护用品调理剂、热固性淀粉胶黏剂、直链麦芽低聚糖等新型淀粉产品，在食品、胶黏剂、洗护用品等领域得到了推广和应用。

（3）玉米淀粉及其深加工产品的高效生物制造关键技术与产业化。该项目荣获国家技术发明奖二等奖，项目围绕玉米精深加工领域玉米淀粉提取、淀粉水解制糖及以糖为底物生产发酵制品三大核心产业链，突破关键技术瓶颈、打破国外技术与设备垄断、提高制造效率，创新开发玉米淀粉高效制备技术、淀粉糖高效生产技术及高效发酵关键技术。

（4）淀粉加工关键酶制剂的创制及工业化应用技术。该项目荣获2019年度国家技术发明奖二等奖，围绕淀粉加工关键酶的高催化活性、高特异性及高产率的分子基础及其产业化应用开展了深入研究，发明了智能化精算与区域化重构相结合的快捷精准的酶基因挖掘和功能优化新技术，破解了酶制备的源头性难题；发明了快速合成与高效转运相协调的酶发酵新技术，攻克了酶高效制备瓶颈；发明了定向有序和定量可控的淀粉转化新技术，提升了淀粉加工产品产率。研发的淀粉加工用酶在8家企业实现了工业化生产与应用。

（5）玉米精深加工关键技术创新与应用。该项目荣获2019年度国家科学技术进步奖二等奖，搭建了鲜食玉米供应链，围绕玉米主食化加工与品质控制、玉米淀粉绿色生产及其深加工、玉米蛋白生物转化等关键技术，研制核心装备和质量控制平台，实现了生产自动化、智能化，玉米主食工业化和资源高效利用。项目总体达到国际领先水平，成果在14家大中型企业得到应用，近3年新增销售收入59.8亿元。

（6）"粮食气膜仓"建成试点。中国储备粮管理集团有限公司设立专项开展"粮食气膜钢筋混凝土圆顶仓设施设备试点研究"，建成粮食气膜试点仓群，该仓群由4个单仓组成，单仓直径23米，高36.1米，可储粮7500吨。在仓体结构、膜材选型、预留孔洞处理、储粮工艺与施工技术融合方面整体提升，先后突破20多项关键技术，取得了整套自主知识产权，建立了非线性大变形结构的流固耦合理论模型，成功实现了我国第四代储粮仓型的完美"蝶变"。

（7）传统粮食加工制品产业化关键技术装备研究与示范。该项目荣获2019年度中国粮油学会科学技术进步奖二等奖，首次提出兼顾产品营养、风味、品质的小麦粉加工新理念，确定关键品质指标。近3年，企业采用该技术成果新增产值32600万元，新增利润2938万元/年；小麦出粉率较现有工艺提高了1.0%~1.5%，近3年相当于净节约原粮约51万吨（2360元/吨，约合12036万元）。企业采用"传统风味馒头生产技术"，近3年来，产品市场占有率提高了约23%，实现了利润增加1985万元/年。《小麦粉》（GB/T 1355-2021）国家标准取消粗细度要求，修改灰分限量要求，将加工精度定等改为分类，对推动我国粮食行业实施适度加工、节粮减损有重要意义。

（8）食用油精准适度加工技术。该技术在全行业得到了广泛推广，在保证工艺效果的同时高效保留营养物质，大幅度降低反式脂肪酸、3-氯丙醇酯、缩水甘油酯、多环芳烃、塑化剂等有害物质的生成，零反式脂肪酸食用油成为行业的主导产品之一；技术的推广应用使蒸汽消耗降低了69%、废水排放降低了78%、碳排放减少了30%，节能减排效果显著。

（9）粮食中重金属污染快速检测技术。项目建立了粮食中重金属的高级氧化处理、单克隆抗体免疫筛查、纳米电化学定量检测等技术，研制了重金属质控样品、重金属数据分析模型及多功能智能化重金属检测仪，形成了可用于粮食中重金属（镉、铬、铅、汞和砷）污染快速筛查、定量分析、预警和趋势预测的一整套技术、仪器、速测产品、标准及软件系统，相关仪器和速测产品在福建、湖南等省推广应用，取得良好的社会效益和经济效益。

（10）粮食物流运作与管理。开辟了东北盘锦港经武汉到云贵川铁水联运线路、莆田港到江西海铁联运线路、江苏经重庆到四川敞顶箱专列线路、伊犁到成都火车散粮线路等近10条散粮直达专列线路；打通了俄罗斯西伯利亚－内蒙古通道、"中俄粮食数字经济走廊"通道、哈萨克斯坦－新疆中亚粮食通道、西安等内陆城市中欧班列通道等国际通道；探索组建了物流供应链实体，助力打通"北粮南运"通道。

（11）双关键猪营养饲喂套餐的研制与应用。项目针对猪不同生理阶段特点，开展精细化分阶段套餐研究，获得了"哺乳仔猪-断奶仔猪-保育猪-育肥猪""后备母猪-妊娠母猪-哺乳母猪"及"后备公猪-配种公猪"营养套餐饲料，做到"关键时期，关键营养"。利用植物提取物、中草药、生物饲料等新型原料配制无抗日粮；采用猪净能体系、低蛋白氨基酸配方技术、加入有机微量元素等配制可降低氮磷及微量元素排放的环境友好日粮。

（12）储粮数字监管方法及库外储粮远程监管系统。该项目荣获2022年度吉林省科学技术进步奖一等奖，为适应储粮实时动态数字监管要求，提出了储粮数字监管原理及库存粮食粮情、数量和质量监管的系列智能策略；针对国家库外储粮管理中存在的散、慢、乱问题，研究了基于动态图像与多元信息融合的库外储粮监管技术，凝练、完善了集粮情、数量、质量、作业和安全管理于一体的多层级、多目标、多应用情景的网络化监管模式，集成创新了多源信息融合的库外储粮监管系统，弥补了原有国家库外存储政策性粮食管理体系的技防短板，系统应用辐射全国多个省（直辖市、自治区），减损节支效益显著。

（13）新型杂粮加工技术和新产品开发。杂粮类产品工艺不断改进，青稞类产品种类逐渐丰富。中国农业机械化科学研究院研发了一种全新的藜麦米干法加工工艺，并成功研发出藜麦专用脱皮机和藜麦米抛光机等藜麦米加工关键设备，该技术已在吉林、内蒙古、山西和甘肃等地得到应用，得到了理想的效果。

三、国内外研究进展比较

（一）国外研究进展

1. 粮食储藏基础与技术研究并重，粮食收储运和品质保障技术持续创新

发达国家普遍重视粮食储藏学科的基础理论研究与创新，形成了较为完整的储粮生态学体系，持续深入地开展了害虫生态习性、基因调控途径、磷化氢抗性基因及机理方面的研究，更注重如热处理技术、害虫信息素诱杀技术、植物源杀虫剂、微生物代谢产品、围护结构、防护措施等绿色生态防控技术与产品的研究和创新。在粮食收购检测、进出仓作业、粮食仓储、安全监管和质量追溯等方面已形成较为完整的运营模式和技术应用体系，如美国ADM、邦吉等知名粮食公司建立了从种植到生产加工一体化的粮食收储运技术和质量监管体系。

粮食收储运与品质保障技术创新发展催生出新一轮引领性产业科技力量。粮食储运品质数字化、可视化在线管控技术发展迅猛，美国首创的基于溯源颗粒表面标记的谷物源产地追溯技术目前已大量应用。加拿大提出的基于三维矢量电磁成像系统监控储粮劣变情况，实现了粮食质量的远程检测。欧、美、日等在粮食低温通风干燥、就仓干燥、远红外干燥、组合干燥等技术工艺装备上基本实现了产品模块化、标准化设计和应用。粮食真菌毒素污染的快速无损检测及储藏期实时在线监测预警等粮食安全保障技术更加精准高效，国外基于荧光光谱、近红外光谱和高光谱成像技术，为粮食真菌毒素污染的快速监测筛查提供了便捷的技术手段。

2. 粮食加工技术与装备水平领先，深加工领域创新发展能力持续增强

稻谷和玉米加工中更加注重精细化和功能性产品加工技术的发展。欧、美、日等在米糠综合利用、新型米制品开发、新型功能性淀粉糖及糖醇产品开发、功能性营养组分生物合成等方面研究日趋深入，超/亚临界流体萃取、物理场辅助萃取、碳水与蛋白分子互作调控等工程化加工技术处于领先地位。美国等在玉米深加工领域仍保持着较强的创新能力，特别是在海藻糖、赤藓糖醇等新型功能性淀粉糖及糖醇产品前沿生物技术的应用方面处于领先地位。

小麦面粉和杂粮产品与加工前沿技术装备不断创新。在小麦制粉领域，国外技术发展的重点集中在小麦专用粉生产技术及小麦粉加工核心装备的研发，如美国小麦粉产品种类高达3000多种，瑞士布勒公司的小麦制粉装备磨粉机、清粉机等几乎占据了国内小麦加工行业装备的半壁江山；此外，在小麦粉专用化、高抗逆性酵母菌种选育及利用、抗冻和保鲜剂、智能化自动化生产线等关键领域，国外发展迅猛。在面条制品加工方面，产品的丰富度和功能性特征日益加强，产品涵盖非油炸方便面，以及营养型、功能型中高端挂面。在杂粮加工领域，发达国家或地区对杂粮作物原料的加工研究起步早、投入大、发展快，呈现出机械化、自动化、规模化、品种多样化的特点。目前，美国、加拿大、芬兰等发达国家的农产品加工企业采用的是"企业+农场"模式，农业纵向一体化程度较深。

3. 油料油脂加工科学基础创新持续突破，新一代产品和引领性技术不断涌现

国外高度重视科学基础研究，在油脂微生物生产基础、食品专用油脂制品分子结晶与乳化基础、蛋白纤维化理论前沿等方面取得了重要突破。阐明了油脂合成基因表达方式和微生物油脂胞内脂肪酸、甘油三酯的合成途径，完善了甘油三酯结晶的分子层次组装理论，创建了饱和磷脂分子定向诱导可可脂结晶理论，减少了巧克力"调温"工序，深化了剪切诱导蛋白纤维化理论，推动了以大豆蛋白为原料的整块植物素肉制品开发。

在引领性技术创新方面，欧、美等发达国家在油脂加工领域继续加强新技术研究与创新，成功将植物基 2- 甲基氧杂环戊烷、超声波、超滤、纳米膜、吸附及酶技术应用到制油和油脂脱胶等加工过程，并实现了工业化应用。利用乳化技术开发出不含氢化油、动物脂肪或棕榈油的人造黄油，突破传统急冷捏合生产工艺，生产成本低且稳定性高；利用油脂凝胶化技术研发出功能性脂，替代高饱和脂肪制作植物肉，作为健康食品配料。在新一代产品方面，基于育种技术和基因技术，高油酸、高 γ- 亚麻酸、高亚麻酸等油料作物被开发且部分已实现规模化生产，瑞典食品公司基于真菌蛋白质创造出具有黄油质地的纯素黄油，美国也推出了与动物肉质构造相似的植物基蛋白产品。

4. 粮油质量安全标准和评价体系不断深化，安全检验检测能力进一步提升

欧、美等发达国家在粮油质量安全标准制定方面体现出了全面性、先进性和实用性。国际标准化组织、国际食品法典委员会及国际谷物科学与技术协会等制定了一系列先进实用的粮油标准，引领行业发展。美国谷物化学家协会、美国油脂化学协会等机构制定的粮油标准在全球有很大的影响力，被广泛采用。欧洲各国采用尽可能与世界接轨的国际 ISO 标准、欧洲 EN 标准及 ICC 标准，促进其粮油产业发展。

在粮油检验检测方面呈现出多样化、无损化和高效化的发展特点，利用近红外光谱、红外光谱、拉曼光谱等对粮油样品进行非破坏性分析，实现快速检测；开发出电化学传感器对粮油中的有害物质进行高灵敏和快速分析；研发生物传感器，对粮油微生物、真菌毒素等进行高灵敏、高特异性筛查，大大提高了粮油品质的检测效率。除此之外，欧、美发达国家粮油监测预警技术经验丰富，可有效防控真菌毒素污染。日本等以健全的法律法规为基础，融合物联网、区块链、人工智能、大数据和传感器技术等建立高效的粮食追溯系统，实现从源头到终端的全程监控和溯源。

5. 粮食物流高效智能化装备不断涌现，区块链物联网等物流系统数字化技术应用步伐加快

国外在粮食出入仓、中转储存、应急物流等装备的自动化、无人化方面不断创新，推动粮食物流系统向高效、智能化方向升级发展。德国设计制造的平房仓进出仓自动化装备可实现无人操作自动进出料；美国 GRAIN WEEVIL 公司正在研发一种小型粮堆顶部平仓机器人，实现粮面无人化平仓作业；德国 AMOVA 公司研制出一套全自动化集装箱高托架存储系统，可将码头转运速率提高 20%。法国 SERCAA 公司推出的具有不同规格模块高度集成的方仓和筒仓可实现快速组装与拆卸；澳大利亚 Westeel 公司开发出集成储存与烘干功能的筒仓烘干一体化系统，具有用地集约、投资经济和维修便利等优势。全球粮食需求的动态变化、公共卫生事件和地缘政治事件等不确定性因素对跨地区及局部粮食物流通道畅通性影响日趋明显，利用物联网等信息化智能化技术保障国际物流通道和智能化运输调度等成为各国关注和大力发展的重点。印度学者提出的"卡车–无人机同步交付"的配送方式，实现了粮食多式联运、供应网络优化、车辆资源调配。美国开发的自动叉车机器人可根据货物 RIFD 芯片和网络在仓内自动匹配；GrainViz 公司基于数字化分析技术开发出可实时获取原粮精确水分数据的筒仓水分检测系统。意大利研发的虚拟供应配送网络可通过传感器感知货物实时状态，进行实时调度运输。

6. 饲料加工基础研究进一步深化，设备创新和资源挖掘备受重视

发达国家在饲料加工科技基础与应用研究领域更加深入、全面，系统开展了饲料原料／添加剂的理化特性和营养或非营养化学分子的构效关系研究，并通过加工手段促进结构适度改变，提高了营养物质利用效率，技术工艺不断突破，目前饲料加工技术中主要的清洁输送、粉料杀菌、高温调质、均质、膨胀、挤压膨化、真空喷涂、可追溯体系等工艺均由国外领先。

国外较为关注加工对象–饲料原料或饲料产品的品质改善与提升。发达国家在设备材料质量、热处理技术、高性能轴承、高性能节能电机、特种齿轮箱、关键控制元件、智能在线监测设备等方面优势明显，在饲料机械方面的原创性较强，在反刍动物、海水鱼、宠物等饲料加工工艺与技术方面处于领先地位。

在饲料资源开发与利用方面，国外较注重低质饼粕类、粮油加工副产品及其他农副产品等本地饲料资源的精细化、工业化深度增值开发研究，欧、美在新蛋白资源，如昆虫蛋白、海藻蛋白、酵母蛋白等工业化生产技术研发方面处于领先地位。国外注重饲料质量检测技术的研发，如欧、美在饲料的快速检测设备与毒素高新技术方面居世界前列。

7. 粮油信息与自动化技术与粮油产业不断融合

发达国家在粮油收储信息和自动化方面的技术较为先进，且各具特色。基于机器视觉和卷积神经网络的快速检测技术实现不完善粒全类别的精准识别和分类，大大提高了快检技术的发现和分析能力，满足了更精密的粮食质检需求。

发达国家关注粮油加工的生产流程控制和质量控制，利用企业资源计划（Enterprise Resource Planning，ERP）和制造执行系统（Manufacturing Execution System，MES）优化生产计划和调度管理，实现对生产过程的智能化控制和优化，并依托云计算和大数据实现生产过程的信息共享和协同管理。在粮食物流、管理、营销和交易方面，区块链、大数据与云计算等信息化自动化技术的综合应用持续深化，以美国为代表的发达国家，以精确农业为基础，融合了全球定位系统（Global Positioning System，GPS）、遥感监测系统（Remote Sensing，RS）、地理信息系统（Geographic Information System，GIS）、专家系统等，结合物流管理，实现了粮食产前及产后流通的一体化管理，在保障各自粮食安全的基础上，力争实现效益最大化。

8. 粮油营养助力健康营养食物生产和消费

发达国家和地区不断深入粮油营养研究，持续开展大规模前瞻性营养流行病学队列和

营养干预研究，特别是针对全谷物、食用油及其内在营养素和生物活性物质健康作用，为营养标准、精准营养干预方案制定提供数据支撑。通过高质量随机对照等临床研究发现，黑麦基晚餐的饱腹感比小麦基高12%，饥饿感减少了17%；ω-3脂肪酸补充剂对动脉粥样硬化性心脏病有保护作用，但可能增加心律失常的风险；适度高植物甾醇摄入可以降低低密度脂蛋白、胆固醇，降低患癌风险。

研究膳食模式与机体健康间的关系，从关注单一食物或营养物质转向推荐多种健康的饮食模式。依据大型前瞻性队列研究数据，明确了全谷物和脂肪酸组成均衡的食用油是所有健康膳食模式的重要组成部分，提出坚持健康美式饮食模式、替代性地中海饮食、健康植物性饮食和替代健康饮食模式等可降低全因死亡风险，以及癌症、心血管疾病、呼吸系统疾病等导致的特异性死亡风险。功能因子对健康影响的多样性研究日渐深入，出现了不同观点和结论的研究成果，如发现了燕麦中不同分子量的β-葡聚糖结合胆汁酸的能力不同，中分子量的（2.42×10^5克/摩~1.61×10^5克/摩）结合能力最强；再如，长期摄入膳食纤维可能与较低的胆汁酸浓度相关，而低浓度胆汁酸与腺瘤复发高风险有关，这些结果为后续研究提供了方向。

（二）国内研究存在的差距

目前国内粮油科学技术学科与国外的共性差距主要在于：第一，基础理论研究不够深入，支撑技术应用不足。第二，粮油资源综合利用仍显不足。第三，智能化加工制造装备开发有待加强。第四，粮油加工及产品标准化、规范化相对滞后。诸分支学科研究尚存在的差距。

（1）在粮食储藏学科上，基础理论研究不够深入，支撑技术应用不足，不同程度地存在重技术、轻基础的现象；绿色仓储技术滞后于储粮品质控制发展需求，绿色节能仓型保温隔热改造技术、新型冷源及低温储粮工艺装备、多参数粮情信息化检测、综合控制技术研究不足，粮食干燥、仓储和物流相关的先进设备研发滞后，不能完全满足新兴储粮技术的应用需求，缺乏粮食储运环节快速、简便、准确的品质监测和控制技术；仓储绿色低温、绿色生态储粮新技术虽已在四川等省开始应用，但是工程化应用规模较小；在储藏设备方面，低温仓房、设施设备、技术工艺标准化与系统化不足；在管理效能方面，粮食储运信息化管控水平也相对滞后。

（2）在粮食加工学科上，我国米面制品的加工技术落后且产品类别单一，市场经济效益较低；玉米、小麦、杂粮等原料的生产发展水平低，大多数仍停留在初级加工水平，综合利用不足，如米糠综合利用率约20%，不如日本等国家，其稻谷副产物已实现全利用；在借助生物技术、全谷物加工新技术等来实现副产物高效高值化利用方面，与发达国家相比，关键技术的产业化应用仍显不足。粮食加工关键设备仍依赖从意大利、日本、瑞士等国家进口，尤其是在原创性开发主机设备、机械装备稳定性、使用寿命、专用零配件材质等方面尚有一定差距,自有设备自动化和智能化程度不高,限制了智能化生产线的集成和发展。

（3）在油脂加工学科上,油脂营养与健康的研究尚处于起步阶段,加工检测核心设备方面的基础研究与欧美国家存在一定差距,特别是在油脂加工专用酶、油脂合成生物、油脂营养与健康、油脂感官感知、高品质蛋白的制造等方面。与欧盟相比,我国对某些油脂危害物的标准更新相对滞后或限定较松,核心检测设备如质谱仪、核磁共振仪、光谱仪等仍高度依赖进口。在油料加工副产物资源高值化利用和技术集成化创新方面仍需进一步提升,优质蛋白粉、功能性短肽等油料蛋白精深加工系列制品开发不足,需在优质食用蛋白生产和蛋白质深加工技术方面开展研究和技术推广。

（4）在粮油质量安全学科上,粮油质量追溯系统操作繁杂,数据安全存在风险,同时立法保障和标准规范严重不足。粮油快速检测技术与国外相比,稳定性和一致性略显不足,快检智能化和信息化虽已起步,但数字化检验检测智能监管系统开发相对滞后。粮油监测预警技术与检测预警模型的广泛性和适用性较差,并且缺乏针对真菌毒素的预测预警研究,模型适用性和毒素种类需要进一步提升和完善。此外,质量安全监管体系尚未实现信息化,数据采集、上传、分析处理仍较为粗放,监管数据的利用率和传递信息的准确性较低。

（5）在粮食物流学科上,粮食物流对发展趋势与市场规模预测的分析与研究不够深入,大部分企业对前沿市场的研究与风险规避还处在摸索阶段,大多依靠行业经验进行判断,尚未建立系统且完善的研究体系。国内粮食物流的标准化、规范化程度低,现有标准覆盖面较窄,粮食物流标准规范体系研究还不够充分。我国粮食物流在可持续性、环境友好等理论、技术与设备上的研究不够深入,多集中在物流模式、运输手段等理论研究,在实际应用与设备创新开发层面的研究较少,绿色环保物流研究方面与国外存在较大差距。

（6）在饲料加工学科上,加工技术基础研究薄弱,如涉及多种营养或非营养化学分子的构效关系解析,以及促进结构朝着有利于增值方向转化的技术路径研究不深入、不全面、不系统。饲料资源高效利用技术研发与发达国家之间存在差距,如低质饼粕类、粮油加工及其他农副产品深度开发等的工业化深度开发不够。饲料加工关键装备原创技术与产品少,设备材料质量及热处理技术、高性能轴承/节能电机、关键控制元件、高精度检测设备、设备自动控制技术等方面的研究欠缺。饲料质量检测新技术的研发体系建立仍落后于国际先进水平。

（7）在粮油信息与自动化学科上,国内在技术深度和广度上都与国际先进水平存在较大差距,基础科学和装备研究有待加强,特别是信息与自动化领域新概念、新技术与粮食行业需求结合较弱,全流程信息化底层物联网装备缺失、新技术行业化应用滞后。粮油信息与自动化新技术在行业内的技术导入和技术应用周期长,限制了行业发展。行业信息化生态环境需要进一步构建,特别需要对需求、研发、转化、应用形成正反馈,形成可持续的发展模式。行业标准化也需进一步完善，特别是在底层数据接口、交换共享方式及装备等方面的标准。

（8）在粮油营养学科上，针对我国主粮、杂粮、杂豆、植物油等粮油食品的营养与活性成分数据尚不完善，同时缺乏相应数据的定期更新机制，对粮油食品在加工、储运、烹饪过程中综合营养与活性成分变化的系统研究不全面。针对中国人群营养流行病学的队列研究较少，利用多组学等技术解析中国人群的营养需求研究和成果不足，粮油饮食摄入还未形成适合中国人群的合理膳食模式，而我国优势品种粮油食品与疾病谱的关系研究也处于起步阶段。在粮油营养方向的法规标准与标识体系建设上，营养型农产品标准体系与相应保健食品的法规标准建立工作相对滞后。

（三）产生差距的原因

1. 粮油科学基础理论体系有待进一步提升

我国粮油科学基础理论研究薄弱，不够全面、系统和深入。我国基础研究的前瞻性、创新性、时效性与发达国家相比仍存在不足，粮油储藏、粮食加工、饲料加工等学科研究多停留于配方改良、技术升级与工艺改进阶段，粮油领域呈现出重技术轻基础的普遍研究现象，缺乏从基础研究层面指导原创技术创新以解决共性关键问题的理论体系。目前，我国农业科技研发投入占比仅为 0.7% 左右，与发达国家 2% 以上的投入强度差距较大。"十四五"期间，国家与粮食行业相关的食品专项项目较少，经费来源单一，总量较小，不足以支撑行业科技持续发展需求。加之粮油相关企业对科技研发资金投入及重视度不够，科研能动性与创新性不足，技术开发、产品创制、工程化及成果转化能力差，产学研紧密结合的良性粮油科技创新体系亟待发展与完善。

2. 粮油绿色加工关键技术和智能化装备水平偏低

我国粮油加工技术与装备已实现由整体跟跑向跟跑、并跑、领跑"三跑"并存转变，但是在专业化、精细化、绿色化、智能化、原创性方面仍与国际顶尖水平存在一定差距。相较于发达国家的集设计、加工、安装、售后于一体的智能化装备体系，国内受早期技术设备的影响，受制于人才、材料、工艺、实践机会等，关键技术自主研发与系统集成创新能力不强，新型绿色加工技术与装备开发应用滞后，部分加工工段仍需人工参与或辅助，原料与产品低值高损及过剩现象明显，加工能耗与碳排放高，核心成套设备运行稳定性、自动化和智能化水平仍有待提高。

3. 粮油科技成果转移转化程度亟待进一步提高

虽然我国粮油学科早已布局产学研用结合发展，但科研与生产脱节现象明显，无法形成合力，这限制了我国粮油学科互补优势的发挥和自主创新能力的提升，科研成果与产业应用转移转化程度低。究其原因，科研机构的研发人员多侧重科技前沿研究，部分科技成果在立项时未进行充分的市场调研，理论研究和实际应用缺乏有效对接，导致科技成果与企业和市场实际生产需求不对称。此外，科技成果转化平台缺乏或功能发挥不足，行业企业接受度差，且企业自身投入难度大、转化资金短缺、知识产权保护不足，这限制了科技成果的转移转化程度。因此，我国的多部门、多学科、多层次、多方位的协同创新体系与成果转化平台和协作机制仍需不断完善，为粮油科技成果切实转化保驾护航。

4. 粮油科学技术各分支学科建设发展不均衡

粮油科学技术拥有粮食储藏、粮食加工、油脂加工等八大分支学科，各分支学科建设发展水平不一，整体呈现不均衡态势。部分分支学科的重视程度减弱，如粮食加工方面的稻谷加工专业课时较20年前缩短了一半以上，相关科研机构和科研人员也大幅减少。粮食储藏等学科的地位较低且发展相对滞后，我国粮食储藏学科在教育部学科目录中未明确列出，涉及高校少，且存在相关专业课程体系不统一、不规范、时效性差、重视程度低等问题。粮油学科研究及人才培养相对分散和重复，亟待加强多学科交叉融合建设，优化调整学科结构布局，建立健全粮油领域学科建设体系。

5. 支撑粮油科技协同创新的体制机制需要完善

我国的粮油科技体制机制不完善，尚不能支撑协同创新驱动粮油领域发展需求。我国粮油科技资源尚未得到有效配置，管理体制缺乏顶层设计，创新资源分散，相关部门各自为政，难以形成有效的协同创新机制。粮油产业集中度相对较低，企业平均规模小，粮油加工业缺乏统一的规划与指导，缺乏有效的监管体系，产业一体化和行业生产规范化不足。因此，需要健全产业标准体系和多级研究项目支撑体系，完善质量管理体系，使企业标准与国家标准甚至国际标准逐步接轨，规范行业生产流程。完善粮油加工业的监管机制，优化产业布局，推动粮油加工企业向产品加工深度化、经营一体化、发展可持续化方向发展。

6. 粮油领域高端领军人才与国际大师相对匮乏

相较于国外，我国粮油领域仍缺乏有巨大影响力的高层次科技创新领军人才与国际大师。我国粮食仓储等学科地位相对较低，科研队伍及研究方向持久稳固性差，人员跟着项目走、项目结束变方向的现象客观存在。因此，对于人才队伍培养的重视度仍需强化，高层次科技创新人才培养机制需进一步完善。国内粮油领域缺乏跨学科复合型人才，如稻谷加工装备涉及材料学、稻谷加工工艺、机电控制等学科，但具备交叉学科综合知识的人才稀少。因此，打造联合攻关、优势互补的多学科交叉背景的科研队伍，培养其创新能力，对于我国粮油产业的健康可持续发展具有重要意义。

7. 高水平粮油创新平台支撑能力依然不足

目前，我国粮油产业领域有影响力的高水平基础创新平台相对匮乏，致使本领域原创性科技创新与支撑能力不足。高校及科研院所是粮油科技创新的主阵地，但受科研兴趣和项目引导等影响，其产出的科技成果多呈散点式分布，缺乏集聚整合这些成果的权威科技服务机构或高水平平台，因此难以产出重大突破性成果。受科研资金、学科体系、平台建设、人才队伍、设备设施等因素制约，与产业需求缺乏有效衔接，自主创新驱动力不足，难以促进学科高层次科技创新、成果转化与推广。因此，我国高水平粮油创新平台和协作机制需不断完善，为粮油领域的重大理论与技术突破提供强有力支撑。

四、发展趋势及展望

党的二十大报告中指出："必须坚持科技是第一生产力、人才是第一资源、创新是第一动力，深入实施科教兴国战略、人才强国战略、创新驱动发展战略，开辟发展新领域新赛道，不断塑造发展新动能新优势。"加快实施创新驱动发展战略。加快实现高水平科技自立自强。粮食安全是"国之大者"。做好粮食安全工作、切实保障国家粮食安全，对于全面推进乡村振兴、加快建设农业强国，全方位夯实粮食安全根基，确保中国人的饭碗牢牢端在自己手中，具有十分重要的意义。

（一）战略需求

在以习近平同志为核心的党中央的坚强领导下，2013—2023年，连续11个中央一号文件全面部署"三农"工作，围绕抓好粮食生产和粮食安全采取了一系列举措。我国实施以我为主、立足国内、确保产能、适度进口、科技支撑的粮食安全战略，坚持藏粮于地、藏粮于技，采取措施不断提高粮食综合生产能力，建设国家粮食安全产业带，完善粮食加工、流通、储备体系，确保谷物基本自给、口粮绝对安全，保障国家粮食安全。

1. 树立大食物观，保粮食供应链稳定，守粮食安全底线

当前，我国正面临国民膳食结构不太合理、资源趋紧、环境退化、国际环境不稳定等多重风险挑战。树立大食物观，面向整个国土资源，全方位、多途径开发食物资源，满足日益多元化的食物消费需求。2023年中央一号文件再次提出树立大食物观，可见尽快落实建设大食物观体系是十分重要的。

随着大食物观体系建设的推进，谷物消费占饮食总量比例也会下降，肉、蛋、奶等食物占饮食总量比例将会上升。但这绝不意味着主粮重要地位的下降，反而更要促使人们注重粮食生产安全。保障三大主粮的生产是粮食安全的底线。从中长期看，我国粮食供需的总体态势是"紧平衡"，保障国家粮食安全这个底线任何时候都不能松懈。

2. 完善国家粮食储备制度，改进粮食流通管理

根据《粮食流通管理条例》《中央储备粮管理条例》的规定，2021年国家出台了《政府储备粮食仓储管理办法》，该办法明确了制订的目的、依据、适用范围，政府储备粮食承储主体、管理原则，以及各有关单位在政府储备粮食仓储管理中的责任等；提出中央储备承储单位的基本要求，规范了用好仓储条件、开展仓储业务的管理过程，规定了收购、安全管理、规范装粮等的要求，同时对粮情检查、虫霉防治、损耗定额及处置等做了具体规定；2022年的政府工作报告指出：确保粮食能源安全；2022年的中央一号文件明确指出，要推动出台粮食安全保障法。

2021年2月15日颁布修订的《粮食流通管理条例》，首次明确"粮食安全实行党政同责"；在管制方式上，取消了粮食收购资格行政许可，强化了粮食流通事中、事后监管措施，专门建立起粮食流通信用监管制度；在监管内容上，系统完善了粮食流通各类主体在政策性粮食管理、粮食流通经营行为规范、粮食质量安全、粮食节约和减损等方面的权利义务规范；明确了责任追究，全面强化了对粮食流通违法违规行为的法律责任追究，特别是对于情节严重的粮食流通违法违规行为的责任追究。

3. 提升粮油质量安全水平，保障人民生命健康

2023年2月7日，中共中央、国务院印发《质量强国建设纲要》，强调高质量发展是全面建设社会主义现代化国家的首要任务，是推进中国式现代化建设、促进我国经济由大向强转变、实现经济社会高质量发展的重要举措，是更好满足人民美好生活需要的重要途径。粮食质量安全既是保障粮食安全的重要方面，又是满足人民对美好生活向往的必要保障，确保粮食质量安全是保障国家粮食安全的应有之义。

4. 减少粮食产后损失，建立节粮减损长效机制

粮食安全是关系人类生存发展的永恒课题。2019年，FAO对全球农产品各环节粮食损失指数估计，约14%的粮食在生产至零售环节之前就损失了，约有3.8亿吨。2021年9月11日，国际粮食减损大会上达成十项减损共识：行动减损、机制减损、平台减损、生产减损、收获减损、储运减损、加工减损、流通减损、消费减损、意识减损。

发展中国家的粮食损失主要发生在产后加工阶段，而发达国家的粮食主要发生在运输、零售和消费阶段。2020年国家粮食和物资储备局的数据显示，我国粮食在产后环节损耗严重，尤其是在储藏、运输和加工环节，每年损失与浪费量较大。

流通环节粮食损失损耗问题比较突出，需要通过完善制度规范、改善基础设施、提升科技教育水平，实现综合治理，建立长效机制。

5. 推进科技创新，造就创新人才

随着我国粮食仓储设施的改造升级，一大批先进技术装备得到推广应用，粮油、饲料加工科技取得长足发展，粮油工业信息化和粮食物流设施条件有较大提升，质量安全取得显著成效。但我们也要清醒地看到，当今世界正经历百年未有之大变局，我国发展的外部环境正在发生深刻变化，强化粮食生产、节粮减损、库存管理、高效加工、节能减排、保障国家粮食安全和人民生命健康显得更为重要。这就需要我们持续开展粮油产业相关的核心技术研发创新，适应新技术应用的需求，培养一批适应新形势的科技人才，在更高水平上保障粮食产后安全。

6. 加快粮油领域的数字化转型，打造中国特色现代化粮食产业体系

2021年《政府工作报告》指出，要加快数字化发展，打造数字经济新优势，协同推

进数字产业化和产业数字化转型，建设数字中国。2023年《政府工作报告》提出了加快建设现代化产业体系。强化科技创新对产业发展的支撑。加快传统产业和中小企业数字化转型，着力提升高端化、智能化、绿色化水平。粮油领域数字化转型是粮食行业推动全产业链、各企业数字化建设的过程，其目标是依托新一代信息技术，建设数字经济时代粮食行业发展新型能力，重塑粮食产业价值体系，提升粮食品质和保障粮食安全。

（二）研究方向及研发重点

粮食领域的科研要面向国家粮食安全重大需求、面向人民生命健康，不断创新。开展基础研究、强化应用基础研究，突出应用技术和工程化研究。研发的重点应该集中在加强先进技术、工艺、装备的研发及其转化和推广应用，从低效、粗放向高质、专精转型，实现粮食减损的智慧化和精准化，促进全产业链提质增效；粮油学科科技创新应当聚焦生物技术、装备技术、节能降耗技术和信息技术四个方向。

1. 粮食储藏学科

（1）强化基础研究和应用基础研究。

探索不同粮种储藏稳定性的内在因素及储藏稳定性的特征指标；开展不同储粮生态（非生物）因子对粮食品质的影响规律，并建立品质劣变模型，预测粮食在特定生态条件下的保鲜/保质期；研究建立储藏环境中的生物因子变化/演替规律和种群动力学模型，为应用技术的研发奠定基础。建设粮食理化特性、储粮昆虫、微生物种群特征基础数据库；持续开展储粮害虫对化学药剂的抗性研究；强化生物防治基础研究，研发新型熏蒸剂；构建多主体的粮食储藏安全预警模型，提高粮食安全监测预警的应用效果和解释能力。

（2）积聚力量开展新型绿色储粮技术与装备的研发。

针对糙米常规条件下储藏稳定性较低的特点开展不同生态条件下糙米储藏特性的研究，研发糙米绿色储运综合配套工艺技术与装备；开展收购和储运环节粮食损失的调查研究，分析原因，"对症下药"，并制定相应的标准。研究电子束、紫外光、等离子体等新技术在控制、消减储粮有害生物方面的应用，开发相应的装备并推广示范。

（3）针对粮食储运过程中的耗能环节开展节能降耗技术和装备研发。

粮食干燥、粮堆通风降温降湿、粮食进出仓及粮食输送是能量消耗较大的几个环节。加强干燥过程控制技术研究，开展干燥品质定向调控技术工艺优化研究。针对不同的储粮生态区域，有选择性地开发利用太阳能、热泵、过热蒸汽和真空临界干燥等技术对粮食进行干燥处理。积极推广节能效果显著、无粉尘污染的粮食负压输送系统。

（4）储粮技术集成配套，开展典型区域应用示范。

2000年以后，我国粮食储藏科技取得长足发展，特别是"四合一"技术的推广应用，为我国粮食储藏做出了突出贡献。近年来，许多新技术的应用得以实现，如虫霉综合防控、低温储粮、粮情监测等。组织力量对相关技术集成创新、应用示范，全面提升了我国粮食储藏科技水平。

2. 粮食加工学科

（1）强力推进国产加工装备的升级换代，提高了粮食加工现代化水平。

目前我国两大主粮小麦和稻谷的加工装备以外资企业产品为主导，国产装备市场占有份额较小。因此，我国应大力研究开发米面制品原料营养保全适度加工技术和装备，建立粮食适度加工标准化体系，建立米面制品的品质评价体系和标准化生产技术体系，开发米面制品专用原辅料、不同米面制品的专用技术和工艺，提升最终产品品质。此外，还要持续推进全谷物食品的研发，重点解决全谷物食品的口感和储藏稳定性差的问题。同时，要认真研究现有粮食加工生产工艺过于复杂、能耗高的问题，在保证满足不同最终加工产品品质要求的条件下，精简加工工艺流程。合理确定小麦、稻谷等口粮品种加工精度，避免因过度加工造成的资源浪费和营养流失。

玉米加工产品主要有三大类，即食用、饲用和工业应用。从玉米粉用途消费结构来看，2021年，我国玉米用于饲料和工业的消费量分别占当年总消费量的60.7%和31.7%，直接用于居民食用的消费量仅占3.1%，玉米食品的开发还有较大的空间。我国玉米产业加工环节仍存在"低端产能过剩、高端需求供给不足、贮藏玉米损失严重"的结构失衡问题。针对深加工产品的"高值化、健康化、多元化"需求，努力推进玉米的梯次化、精准化加工；强化玉米的工业化产品转化研究。

（2）研发大宗米面制品储藏保鲜技术，延长保质期，拉长消费半径。

加快研发保鲜技术，为生鲜面条、馒头、方便米制品的储存提供高效安全的保鲜途径，减缓生鲜面条腐败变质的速度，延长产品货架期。

（3）加大粮食加工副产品的可食化、高值化利用。

我国每年有粮食加工副产品1亿吨左右，其中玉米皮约4112万吨、麸皮约3000万吨、米糠约1500万吨、糟类约1800万吨、小麦胚约200万吨、小麦次粉400多万吨，另外还有油料加工副产品——饼、粕、油脚、皂脚等8000多万吨。这些副产品营养价值高、功能性成分多，但综合利用率低。因此，在综合考虑成本的前提下，加大这些副产物的可食化利用，对国家粮食安全建设有重大意义。

（4）树立大食物观，积极推进杂粮和薯类的主食化应用。

我国杂粮资源丰富，杂粮的有效利用对国家粮食安全、国民饮食营养健康有重要意义。因此应加强杂粮和薯类功能性、营养活性、风味等成分的研究，积极探索其主要组分之间的相互作用对最终产品品质的影响，开发特医食品。根据杂粮和薯类生产的区域性特点，鼓励扶持一批专精特新企业，延长产业链，带动提高产业化水平和农业综合效益。

（5）加强粮食中真菌毒素污染物的降解/消减，保障粮食质量安全。

全球每年约有25%的农作物遭受真菌及其毒素的污染，约有2%的农作物因受污染严重而失去营养价值和食用价值，我国每年因真菌毒素污染造成的粮食损失就达3100万吨。关于粮食中的真菌毒素研究主要集中在真菌毒素的（快速）检测方面，中国知网收录的论文和成果中（截至2023年4月17日）与真菌毒素相关的研究5362项，其中关于检测方法的有2915项、毒素降解/脱毒的有751项，而与粮食相关的真菌毒素研究仅有530项，其中关于毒素检测的有321项、降解/脱毒的有87项。对粮食中真菌毒素的降解/脱毒我们应提高重视程度。

（6）强化信息技术在粮食行业的应用。

以大数据、云计算、人工智能、区块链等新一代信息通信技术为驱动力，以数据为关键要素，通过实现粮油加工企业的生产智能化、运营数据化、管理智慧化，催生一批新业态、新模式、新动能，实现以创新驱动的产业高质量和跨领域同步发展。

3. 油脂加工学科

（1）完善油脂适度加工技术，开发新型油料资源。

以精选原料、精准识别、精细制油、精炼适度"四精原则"为导向，积极开发和推广油脂精准适度精炼技术；深化低温/适温压榨与饼粕蛋白联产关键技术，提高油脂得率的同时，进一步降低蛋白变性程度，以获得优质蛋白原料；提高米糠、玉米胚、小麦胚等粮食加工副产物制油利用率，开发油莎豆、樟树籽、乌桕籽和山苍子等新兴油料资源；深入研究动物油脂、微生物油脂和昆虫油脂加工技术，使它们成为新型功能油脂资源；创建适用于油脂工业的细胞工厂，筛选具有产油能力的酵母、霉菌、细菌和藻类等。

（2）强化油脂加工新技术与装备自主创新，提升国产装备的技术含量。

新型油脂加工装备应以专业化、大型化、成套化、智能化、绿色环保、安全卫生、节能减排为导向，发展高效节能降耗的食用植物油加工装备，实现油脂加工关键核心装备的自主化制造；采用数字化设计、数控制造、样机虚拟仿真、机电一体化等技术原理，研发油脂加工装备精准化关键控制技术，实现油料、油脂及其副产物的柔性化、智能化和集成化加工。

（3）加大食用油中的污染物和危害因子阻控，保障质量安全。

研究油脂加工过程中危害因子的形成、迁移及转化规律，探究多环芳烃、缩水甘油酯、3-氯丙醇（酯）、反式脂肪酸、真菌毒素等的生成机制及迁移规律，开发基于现代生物传感技术的危害因子快速检测技术与仪器，研究自动化多识别探针技术，开发收购、生产或抽查现场使用的便携式快速检测技术和设备。

（4）加大脂质组学技术方法的研究。

基于多组学联合模式，开发高灵敏度、高分辨率和高通量的组学分析技术，进一步完善油脂组学数据库；结合互联网、大数据、人工智能、深度学习等智能数字化手段，建立不同人群的营养需求特征数据库，研发营养配餐智能技术和特殊人群膳食干预技术，调节人体代谢；基于油脂组学分析，实现食品原料的品质控制、加工技术的优化及食品的智能设计与制造。

4. 粮油质量安全学科

（1）加强基础研究，进一步完善粮油质量安全数据库建设。

粮油质量安全涉及多学科的交叉，积极推广溯源监测模式，推动粮油生产各环节信息化建设，构建区域性粮食质量安全特征数据库，建立适用于我国的真菌毒素区域监测预警模型，实现对我国粮食主产区真菌毒素发生的提前预警。

（2）持续完善粮油标准化体系建设。

积极参与粮油国际标准化工作，加大国际标准采用力度，转化先进适用国际标准，推进国际国内粮油标准化融合发展；强化粮油质量安全监测预警体系及粮油质量安全溯源体系和平台建设。

（3）深化污染物的快速检测技术发展。

加强机器视觉、模式识别、数据挖掘、智能传感器等新技术的研发，着力开发一些无毒试剂和经济环保、高通量的检测技术，促进检测装置逐步向集成化、数字化、智能化、自动化、无人化方向发展，实现在线无损检测、自动识别和实时监控，有效提高粮油质量安全检测监测效率。

5. 粮食物流学科

（1）粮食高效物流供应链理论应用研究。

积极开展粮食物流供应链创新应用商业模式、粮油综合物流园区高效化物流系统运营模式、粮食质量在途管理工艺及运行模式、粮食应急物流供应链组织模式研究，基于大数据构建粮食物流通道物流量模型；探索铁路、公路、港口粮食物流枢纽向上下游延伸服务链条的全程物流组织优化、全局观点下企业融入供应链运作；打造自动化、智能化共享供应链体系和基于大数据支撑、网络化共享、智能化协作的粮食智慧供应链体系。

（2）构建粮食安全应急物流保障体系，不断完善粮食物流技术标准体系。

构建原粮、成品粮和军粮应急数量、质量和物流保障体系；开展粮食物流跨区域一体化整合、全链路信息互联互通应急体系研究；优化大储备背景下的设施布局、系统资源互通的创新模式及大储备体系管理流程等。开展大型粮食物流园区多式联运作业站场技术和粮食物流组织模式标准研究，以及散粮接收发放设施配备标准、粮食集装箱装卸设施配备标准、粮食多式联运设备配备标准等标准研究；完善粮食物流过程品质控制和追溯技术，粮食物流信息采集及交换、追踪和服务监管技术，粮食物流作业技术装备标准体系研究。

（3）粮食物流新技术新装备研究。

开发以标识技术为基础，通过获取标识载体承载的标识信息实现标识对象信息获取的智能识别技术，主要包括语音识别技术、图像识别技术、射频识别技术、条码识别技术等；深化仓储设施高效中转、船船直取等衔接及大型粮食装卸车点的配套技术研究；完善粮食物流信息管理系统，实现信息识别的标准化与规范化，主要包括开发模式识别、数据挖掘、分布式数据库、信号处理和云计算等基于大数据的装备数字化技术；开展无人运载工具和物流机器人、粮食进出仓减损装备、筒仓粮食防破碎和粉尘防控关键技术装备的研究与开发。

（4）"一带一路"背景下粮食物流发展战略研究。

2013年"一带一路"倡议实施以来，我国的国际农产品贸易合作呈现快速增长态势。在新的国际背景下，深入开展我国粮食物流国际化大融合发展趋势研究、国际粮食合作交流和贸易规则研究、粮食物流布局规划研究、沿线主要农业大国的多式联运粮食物流通道布局、物流基础设施建设技术标准对接、国际粮食运输（集国内沿海、沿江、沿口岸的国际物流对接基地等于一体的粮食跨国物流模式、跨境直达运输、"门到门"物流等国际物流服务模式创新等粮食物流战略）研究。

6. 饲料加工学科

（1）强化饲料加工应用基础研究，挖掘新型饲料资源，保障饲料加工业持续发展。

饲料加工科技基础研究，特别是应用基础研究是决定未来饲料加工行业技术水平的关键。饲料营养成分高效利用与调控是保障饲料利用效率的关键；饲料减抗替抗是食品安全和公共卫生安全的必然要求，如何在科学有效地实现减抗甚至无抗养殖目标的前提下，降低养殖户的成本投入，是饲料产业面临的重点研究课题；智能精准饲喂和健康养殖环境控制，是实现个性化营养、降低养殖成本、提升养殖效益、提高动物采食量、提高营养利用率、减少废物排放的有效手段。

（2）强化饲料加工关键技术与装备研发，努力提高自主创新水平。

虽然我国饲料装备的制造水平已经接近或达到国际先进水平，但具有自主知识产权的创新技术成果并不多。因此，坚持"创新、绿色、协调"的可持续发展理念，加强对饲料精准加工、增值增效、节能降耗、安全环保等创新研究，是促进饲料工业转型升级的根本保障。节能高效、自清洁、连续发酵饲料加工设备，关键工段、设备的智能化控制，智能化饲料厂集成优化控制的专家系统将成为未来饲料装备和技术的研究重点。

（3）加大饲料新蛋白资源开发力度，创新满足不同种类饲养动物喂养需求的饲料添加剂。

我国蛋白质饲料原料严重匮乏，蛋白质饲料原料主要依靠进口。因此，动物性、植物性、水生植物类（藻类及其加工产品）、微生物蛋白质饲料资源的开发和高效利用将成为研究重点；饲料添加剂是配合饲料的核心，它的作用在于提高饲料利用率、改善饲料品质、促进饲养动物的生长发育、补充饲料营养组分的不足、防治动物疾病、提高动物机体免疫力等。因此，深入研究我国饲养动物的特点，开发相应的，满足健康、安全、环保等要求的饲料添加剂显得十分重要。

（4）建立饲料可追溯体系，加强饲料质量安全监管工作。

饲料产品不仅为畜牧业发展提供了保障，而且与消费者的身体健康、社会稳定和畜牧业稳定发展息息相关。随着信息化技术的不断发展，区块链技术自身真实、开放及可追溯等特点能为饲料产品质量安全管理和质量溯源提供更加安全、有效的支持。区块链技术能为饲料产品质量溯源提供新的解决方案，构建全新的质量溯源体系，实现提速增效、成本控制和全过程监管，减少产品质量安全事故。

7. 信息与自动化学科

（1）建立粮油收储全流程自动化体系。

在收购环节，用户自助预约售粮、自助登记办卡、智能扦样，利用 AI 分析实现车型识别、位置识别，自动检测杂质、水分、不完善粒等指标；检化验、检斤、回皮、销卡等全流程使用一卡通和手机 App 操作；仓储环节，借助物联网、人工智能、云计算等新兴技术，实时感知仓储粮情，根据仓内粮情变化，系统自动进行气调、通风等管理工作，实现自动化、智能化管粮，保证粮食数量及质量安全。

（2）粮油加工智慧工厂。

以粮油加工过程数字化、可视化和智能化为导向，通过人工智能、物联网、5G、大数据、区块链、数字孪生等新一代信息技术，将机器视觉、智能控制、大数据技术应用于米、面、油产品的加工设备和系统，自动优化装置参数，提高产出率；充分发挥智能单机设备的功能，加强对过程数据指标分析模型的研发，通过对指标的闭环管理实现控制系统的智能干预和调节，真正实现粮油加工智慧化。

在粮油物流监管方面，继续发挥和应用云平台管理、大数据分析，以及区块链技术，优化和丰富当前已经实施的各种粮油监管数字化平台功能，实现互联网和粮食业务、粮食产业、应急管理等全业务链的深度融合，构建大粮食生态圈。

（3）安全生产 AI 监管预警。

依托人工智能、物联网、云计算等新一代信息技术，对作业现场的安全及相关规范执行情况进行智能识别及预警，全面提升安全防护能力。通过人工播报或手机 App 进行库区应急预警提示，提高隐患处理效率，做到安全救援无死角，突发情况预警全覆盖。

（4）AI 预警分析和研判决策。

运用物联网、大数据、人工智能等科技手段，基于 AI 模型算法，将人工智能贯穿于粮食"产、购、储、加、销"综合管理的全链条运营，联动全链条采集粮情、视频和业务等多维数据，综合研判粮食的库存数量、质量和储存安全状况，预警粮食安全风险，服务储备粮安全监督管理体系。

（5）构建粮食全过程数据中心。

通过云计算、大数据等技术手段采集粮食仓储、原粮交易、粮油生产、物流配送、成品粮批发、应急保障等环节数据。基于全过程数据实现粮食信息的反欺诈、异常行为及风险评估分析，促进粮食质量安全的全链条追溯。

8. 粮油营养学科

（1）持续贯彻落实《"健康中国 2030"规划纲要》《国民营养计划（2017—2030 年）》

和《健康中国行动（2019—2030年）》。

强化粮油营养综合评价体系建设；提高粮油营养相关标准制定和修订能力；发展粮油营养健康产业，加快营养化转型；大力发展传统食养服务，充分发挥我国传统食养在现代营养学中的作用；努力推动营养健康科普宣教活动常态化。

（2）注重应用基础研究，搭建粮油营养健康大数据共建共享平台。

研究粮油营养健康及其作用机制，建立科学系统的粮油食品营养品质评价方法与标准，构建"分级分类"的食物营养功能评价与声称管理体系；建立粮油食品消化产物数据库，研究不同加工、烹饪和储藏等方式对粮油食品营养成分的影响规律，建立相关的数据库；研究慢性病人群的营养健康需求，开展慢性病人群健康效应评价，针对全谷物等重点粮油食品提出符合我国膳食结构和人群特征的科学合理的膳食推荐摄入量。

（3）攻克关键技术，努力提升健康食品开发能力。

创新粮油原料预处理及加工技术，开发系列化、专用化、稳定化粮油原配料产品，为我国基础、大宗的粮油原配料加工技术难题解决方案的构建提供支撑；构建我国粮油原料及食品生物活性成分指纹图谱及特征品质谱库，形成多维度活性物质的分类分级指标体系；创建分级加工的关键营养物质保留的产品标准和标识方法；加大粮油制品营养强化技术的研发力度。

（4）完善具有中国特色的营养健康粮油食品标准体系，引领粮油制品产业健康发展。

打造系列化优质米、面、油制品等大众主食品和区域特色主食的应用示范及品牌，为构架我国营养健康大宗粮油食品体系提供支撑；开展基于多维交互设计精准创制的粮油食品应用示范，满足不同人群的多样化需求；加快以粮油食品为核心的个性化营养配餐技术的应用示范等。结合国际营养健康粮油食品标准现状与我国实际，逐步构建完善具有我国特色的营养健康粮油食品标准体系。

（三）发展策略

1. 持续深化粮食体制改革，优化收储制度，强化定价能力

在粮食价格改革中，要坚持以"市场定价、价补分离"为取向，深化粮食价格形成机制和收储制度改革。从长远来看，应以提质增效、绿色生产为导向，鼓励多元市场主体积极入市，建立"优质优价"粮食市场化收购机制。在粮食补贴改革中，要提高补贴精准性，向粮食生产者、新型粮食经营主体倾斜，以增加真正种粮者的底气。在财政金融支持政策中，政府要在制度创新、政策创新和创造良好市场环境方面制定框架和标准，有效弥补因市场失灵而出现的资源错配，创新并完善财政、金融与税收支持政策，要针对粮食大省、大市建立完善的粮食主产区利益补偿机制，针对小农户，积极探索实施粮食"保险+期货"、完全成本和收入保险等"绿箱"补贴措施，以增加农户种粮预期，充分调动地方政府重农抓粮和农民种粮的积极性。要引导和鼓励多元主体为粮食市场化经营提供贷款，

构建稳定的银企合作关系，增强粮食企业抗风险能力和银行机构风险识别能力。要加快推动《粮食安全保障法》及相关配套法律法规的制定和完善，为粮食安全执法督查提供制度支撑。

2. 积极参与全球粮食治理

积极参与全球粮食治理，有效规避粮食海外市场风险，加强区域粮农合作。深度参与全球粮农供应链治理，加快完善海外粮食物流体系建设，加大对大型粮商（中粮集团、北大荒集团、鲁花集团等）的扶持力度，在世界主要粮仓和粮食主产区建立港口码头、仓储物流设施，并将全球供应链系统及粮源掌控能力与国内物流、加工、分销网络有机对接，完善全球粮食市场风险监测评估体系，增强我国粮食海外保障能力。与此同时，积极参与WTO全球贸易规则的制定，在粮食相关重大议题上发出中国声音，重塑有利于我国粮食发展的国际农业规则。培育大连商品交易所、郑州商品交易所等快速成长为全球有影响力的农产品期货市场，提升我国农产品国际定价权。在"一带一路"倡议下，依托境外粮农合作示范区、产业园区等平台，带动企业到海外投资，构建我国粮食产业链和投资合作平台，推进粮食产业国际化升级。

3. 搭建粮食科技创新大平台，充分发挥科技创新的引领支撑作用

科技进步是确保我国粮食安全的必然选择。进一步发挥科技创新在粮食产业中的支撑引领作用，应从如下几方面着手：一要加大粮食科技投入力度，大力发展粮食育种技术，强化科技创新，加强基础研究、前沿技术、共性关键技术、品种创制与示范应用，实施全产业链育种科技攻关，重点突破粮食基因挖掘、品种设计和种子质量控制等核心技术，创制重大新品种，提升我国粮种自主创新能力。二要加大对粮食关键环节的创新支持，针对我国粮食科技发展重产前轻产后的问题，加大对营养健康、质量安全、节粮减损、加工转化、现代物流和AI技术等领域基础与急需关键技术的研究创新支持。三要支持粮企与科研院所合作，深化产学研协同，培育适应我国粮食产业高质量发展的创新体系。鼓励科研机构和企业联合申请或创建粮食产业重点实验室，加快科技成果转化与应用，推动科技创新、成果转化与市场需求的精准对接。四要加大对一线技术人员的培训力度，积极推广粮食生产绿色防控技术，让农民利用绿色技术种出好粮食。

4. 持续开展粮食产业"五优联动""三链协同"，深入推进"六大提升行动"和"优质粮食工程"

"十四五"时期是打造优质粮食工程升级版的关键期，是粮食产业高质量发展的攻坚期，要突出抓好"五优联动""三链协同"，充分承接和运用优质粮食工程既有实施成果，大力开展粮食绿色仓储提升、粮食供给品质提升、粮油品牌营销提升、粮食质量追溯提升、粮机装备加工提升、粮食应急能力提升"六大行动"，使优质粮食工程真正成为兴粮之策、惠农之道、利民之举。

参考文献

[1] MAIER, DIRK E. Advances in postharvest management of cereals and grains [M]. Burleigh Dodds Science Publishing Limited, 2020.

[2] AFZAL I, ZAHID S, MUBEEN S. Tools and techniques of postharvest processing of food grains and seeds [M] // M. Hasanuzzaman. Agronomic Crops. 2019: 583–604.

[3] GABER M A F M, JULIANO P, MANSOUR M P, et al. Improvement of the canola oil degumming process by applying a megasonic treatment [J]. Industrial Crops and Products, 2020, 158: 112992.

[4] THUMMAR U G, SAXENA M, RAY S, et al. Solvent-resistant polyvinyl alcohol nanofilm with nanopores for high-flux degumming [J]. Journal of Membrane Science, 2022, 650: 120430.

[5] ABDELLAH M H, SCHOLES C A, LIU L, et al. Efficient degumming of crude canola oil using ultrafiltration membranes and bio-derived solvents [J]. Innovative Food Science Emerging Technologies, 2020, 59: 102274.

[6] LI Q, ZHOU Z, ZHANG D, et al. Deacidification of microalgal oil with alkaline microcrystalline cellulose [J]. Applied Biochemistry and Biotechnology, 2021, 193: 952–964.

[7] KISHIMOTO N. Deacidification of high-acid olive oil by adsorption with bamboo charcoal [J]. Chemical Engineering Transactions, 2021, 87: 613–618.

[8] KHALIGH B. Investigation of the bleaching potential of Aluminum and Magnesium oxides in edible oil industry [J]. Journal of food science and technology (Iran), 2021, 18 (117): 21–33.

[9] EJAZ U, SOHAIL M, GHANEMI A. Cellulases: from bioactivity to a variety of industrial applications [J]. Biomimetics, 2021, 6 (3): 44.

[10] ZAMBELLI A. Current Status of High Oleic seed oils in Food processing [J]. Journal of the American Oil Chemists' Society. 2021, 98 (2): 129–137.

[11] SUN X M, XU Y S, HUANG H. Thraustochytrid cell factories for producing lipid compounds [J]. Trends in Biotechnology, 2021, 39 (7): 648–650.

[12] IRYNA FEDENKO. Forecasting freight rates for tipper trucks in Russia [D]. Tilburg University School of Economics and Management, 2022.

[13] MENDES DOS REIS J G, SANCHES AMORIM P, SARSFIELD PEREIRA CABRAL J A, et al. The impact of logistics performance on Argentina, Brazil, and the US soybean exports from 2012 to 2018: a gravity model approach [J]. Agriculture, 2020, 10 (8): 338.

[14] JAGTAP S, BADER F, GARCIA-GARCIA G, et al. Food logistics 4.0: Opportunities and challenges [J]. Logistics, 2020, 5 (1): 2.

[15] TRAN H Q, NGUYEN T T, PROKEŠOVÁ M, et al. Systematic review and meta-analysis of production performance of aquaculture species fed dietary insect meals [J]. Reviews in Aquaculture, 2022, 14 (3): 1637–1655.

[16] 2019—2023年中华人民共和国政府工作报告.

[17] 关于坚持以高质量发展为目标加快建设现代化粮食产业体系的指导意见（国粮粮〔2019〕240号）.

[18] 王瑞元. 2020年度我国粮油加工业的基本情况 [J]. 粮食加工, 2022, 47 (01): 1–9.

[19] 史鑫, 罗永康, 张佳然, 等. 荧光光谱分析技术在食品检测领域的研究进展 [J]. 食品工业科技, 2022, 43 (11): 406–414.

[20] 汪爽，赫丹，韩君，等. 粮食中新兴真菌毒素的污染现状及毒理学研究进展［J］. 中国粮油学报，2023：1-17.
[21] 中国粮油学会粮油科学技术学科发展报告（2018—2019）［M］. 北京：中国科学技术出版社，2020，7.
[22] 黎霆. 走向高质量发展：社会主要矛盾转化视角下的粮食行业改革发展研究［J］. 中共杭州市委党校学报，2021，000（005）：90-96.
[23] 魏延弟，孙宇，张亮，等. 粮食储藏的新技术研究［J］. 现代食品，2021（19）：3.
[24] 郑焱诚. 中国粮食储备企业科技创新发展现状、问题及策略［J］. 粮食科技与经济，2023：3.
[25] 马洪宗. 绿色储粮新技术在粮食储藏中的应用研究［J］. 中国食品，2022（1）：127-129.
[26] 张艳，王伟，潘凤丽. 粮食通风技术与粮食储藏生态系统分析［J］. 食品安全导刊，2023（10）：28-30.
[27] 王雪春. 绿色粮食储备仓节能设计的探讨［J］. 粮食与食品工业，2023，30（2）：51-52.
[28] 户重雪，刘锐，张波，等. 小麦加工及面条制造链中的安全质量营养特性研究进展［J］. 中国粮油学报，2020，35（11）：8.
[29] 葛宏义，吴旭阳，蒋玉英，等. 基于区块链技术的粮油食品溯源研究进展及展望［J］. 农业工程学报，2023，39（5）：214-223.
[30] 刘元法，孙彦文，徐勇将. 未来粮油食品科技的发展与挑战［J］. 粮油食品科技，2023，31（1）：1-5.
[31] 张新，彭祥贞，李悦，等. 基于可信区块链和可信标识的粮油食品全供应链信息追溯模型［J］. 农业大数据学报，2022，4（1）：14.
[32] 王瑞元. 2022年我国粮油产销和进出口情况［J］. 中国油脂，2022，48（06）：1-7.
[33] 王瑞元. 我国粮油加工业在"十三五"期间的发展情况［J］. 中国油脂，2022，47（03）：1-4.
[34] 史鑫，罗永康，张佳然，等. 荧光光谱分析技术在食品检测领域的研究进展［J］. 食品工业科技，2022，43（11）：406-414.
[35] 张晋宁，金毅，尹君. 机器视觉技术在大米品质检测中的研究进展［J］. 中国粮油学报：2023，1-10.
[36] 吕寒玉，邹晶，赵金涛，等. 纳米计算机断层扫描成像技术进展综述［J］. 激光与光电子学进展，2020，57（14）：9-24.
[37] 鞠皓，姜洪喆，周宏平. 油料作物与产品品质近红外光谱及高光谱成像检测研究进展［J］. 中国粮油学报，2022，37（09）：303-310.
[38] 田军，田晨，赵俊英. 网络环境下粮食供应链信息集成化管理研究［J］. 管理工程师，2020（5）：22-30.
[39] 中国农业农村部畜牧兽医局，中国饲料工业协会. 2022年全国饲料工业概况.
[40] 李爱科，王薇薇，王永伟，等. 生物饲料及其替代和减少抗生素使用技术研究进展［J］. 动物营养学报，2020，32（10）：4793-4806.
[41] 姚惠源. 精准营养与粮油健康食品的发展趋势［J］. 粮油食品科技，2019，027（001）：1-4
[42] 刘玉兰，胡爱鹏，马宇翔，等. 植物油料和食用油脂加工质量安全控制［J］. 中国粮油学报，2017，32（11）：177-185，190.
[43] 施晶晶，刘宽博，王永伟，等. 光催化技术降解粮油中真菌毒素的研究进展［J］. 粮油食品科技，2021，29（02）：66-70.

撰稿人：卞　科　刘元法　丁文平　杨晓静　郑召君　李兆丰　张维农
　　　　常宪辉　丛艳霞　吕庆云　李萌萌

专题报告

粮食储藏学科发展研究

一、引言

粮食事关国运民生，粮食安全是国家安全的重要组成部分，是保障经济发展、社会稳定和国家安全的重要基础。以习近平同志为核心的党中央一直将粮食安全作为治国理政的头等大事。习近平总书记在多个重要场合提到"保障粮食供给，端牢中国饭碗"等新思想、新理念、新战略，党的二十大报告两次提到"确保粮食安全"，明确提出了"全方位夯实粮食安全根基，全面落实粮食安全党政同责""树立大食物观，发展设施农业，构建多元化食物供给体系"，确保中国人的饭碗牢牢端在自己手中。我们要时刻绷紧粮食安全这根弦，把粮食储藏学科的发展作为保障国家粮食安全的重要抓手，强化学科的基础研究与技术应用，全方位服务支撑粮食储得好、储得安全。

粮食储藏是粮食安全中的关键环节，把粮食储得好是满足老百姓吃得好、吃得健康需求中十分重要的一环。近10年来，粮食储藏学科在理论研究、技术创新、成果转化、人才培养、平台建设等方面取得了大量成果，为保障国家粮食安全提供了强有力的科技支撑，有效助推了我国粮食事业的高质量发展。

二、近5年研究进展

近年来，随着"人才兴粮"和"科技兴粮"的提出，我国粮食储藏科技自主创新能力显著提高，在粮油仓储保管基础设施及技术、粮油储藏基础性研究、绿色储粮技术、粮油储藏控温技术、信息化粮库建设等方面取得了一批突出的科技创新成果，特别是一些先进的关键性技术已然跻身世界前列。

（一）学科研究水平

1. 基础理论研究方面

（1）储粮害虫防治基础理论得到拓展。

1）储粮害虫分子生物学基础研究逐步深入。

一是通过传统与现代技术的融合促进储粮害虫鉴定体系更加完善。基于传统、分子和三维建模技术，初步建立了"凭证标本—形态学鉴定—分子条码—三维数字标本"多维度鉴定技术体系和数据库。包括"中国储粮害虫 DNA 条形码鉴定系统""常见储粮害虫 3D 数字标本系统"及"储粮害虫线粒体基因鉴定分析系统"，突破了储粮虫螨鉴定技术储备不足、难以快速精准鉴定的技术瓶颈，同时解决了虫螨系统发育、遗传差异分析本底数据不足的问题。

二是研究了储粮害虫猖獗的生殖适应性和低氧适应性的分子调控机理，重点解析了嗜虫书虱猖獗的分子机理，明确了保幼激素和类胰岛素在嗜虫书虱生殖适应性中的分子调控作用；研究了主要储藏害虫赤拟谷盗信息素生物合成的分子调控机制，重点解析了类胰岛素、保幼激素及赤拟谷盗肠道微生物参与调控信息素生物合成的分子机理，为开发信息素诱捕的生态防治技术提供了基础。

三是深入解析了储粮害虫对磷化氢产生抗性的分子机理，鉴定出 2 个 P450 基因家族参与了磷化氢体内降解、9 个表皮蛋白基因参与了阻止磷化氢穿透害虫体壁、6 个呼吸相关基因参与了储粮害虫呼吸强度的调控，全面解析了抗药性产生分子机理，为抗药性治理和害虫综合治理奠定了理论基础。

2）储粮害虫生态行为学进一步发展。

研究了储粮害虫的捕食性天敌黄色花蝽对不同储粮害虫的捕食行为和捕食模型，确定了黄色花蝽的捕食规律及其挥发性物质引诱不同储粮害虫的机理，为储粮害虫的生物防治提供了理论基础。

（2）储粮微生物区系和预警技术取得显著突破。

持续系统开展了我国稻谷和小麦真菌区系调研，编撰了《我国稻谷和小麦真菌图谱和信息档案》，建立了我国粮食真菌菌种资源库。开展了霉菌生长及危害等级判定模型的迭代优化，并完成了"储粮霉变等危害检测预警软件"和"移动式多参数粮情检测系统（粮情助手）"的开发，为构建"粮堆霉变监测预警体系"奠定了基础。

（3）气调、低温对储粮品质的影响研究持续深入。

一是开展了氮气储粮品质方面的研究。研究确定了氮气储粮气调浓度与品质变化速率的关系，明确了气调启封后温度控制条件及主要品控指标增幅阈值；研发了横向通风膜分离智能充环气调储藏新工艺及气调储藏品质控制模型。

二是深入研究了稻谷储藏保质保鲜调控机理。在研究优质稻储藏品质特性、黄变的环境条件、检测方法、防控原理、保质储存周期及新型粮堆结露结块防控和处理模型的基础上，进一步研究了低温、气调等工艺条件下，多种储藏生物与非生物因素（温度、湿度、霉菌、水分、气体等）对稻谷品质及风味的影响；开展了氮气气调储藏对稻谷稳定化机制的研究。研究发现，与低温冷藏技术相比，利用98%高浓度的充氮气调对粳稻谷进行储藏，其效果与4℃低温储藏下的效果相当，在不进行降温的情况下即可保证粳稻谷储藏期间的品质。98%浓度的充氮气调可有效降低粳稻谷储藏期间脂质代谢速率，减少脂质的消耗和有关挥发性物质的生成，延缓了粳稻谷品质劣变。

（4）粮食干燥品质调控机理取得创新。

创建了粮食干燥品质定向调控方法，以干燥过程中优质稻谷品质的变化机理为基础，解析干燥参数和关键干燥品质指标之间的映射关系，创建了优质稻谷品质定向调控方法，利用该方法绘制了成套稻谷干燥品质定向调控工艺参考图；首次阐述了红外和微波干燥阻控稻谷产后损失的分子机制，研发了稻谷新型干燥与保鲜储藏一体化技术、稻谷产后质量智能监管技术等成果，提升了稻谷干燥效率及储藏稳定性，推动了稻谷干燥的低碳化和智能化改革。

（5）粮食收储全链条管理方法研究不断完善。

在挖掘稻谷籽粒成熟和储藏生理、物理变化规律知识的基础上，提出了优质稻谷收储作业5T管理方法及技术规范，为物联网、区块链、大数据等新一代信息技术在粮食精细生产过程管理和过程追溯探索了新路径。

（6）储粮径向混合通风技术理论逐渐完善。

在浅圆仓径向混合通风技术研究方面，明确了支风道高度对径向通风流场、降温速率、降温均匀性及水分损耗的影响规律，建立了通风系统支风道高度与粮堆平均降温速率间的关系模型。

2. 应用技术方面

（1）通风技术。

平房仓横向通风技术的精细化、智能化、标准化升级及应用。"十三五"期间建立了平房仓横向保水通风模型，研发了最佳工艺、专用通风和谷冷设备及横向智能通风软硬件控制系统，解决了通风水分损失大、智能化水平低、运行成本高及横向通风技术应用缺乏标准指引的问题，实现了储粮进出仓机械化作业和仓储工艺技术的双重突破和提升。

研发了适用于大型粮仓的精准通风保质技术及降温通风智能监测系统。构建了三维立体通风传热传质模型和粮堆温度场分布云图，研发了储粮分层通风水分调控技术，优化了粮食温度和水分调控过程中的关键技术参数。结合变频控温技术及物联网系统，创新研发了环仓壁低温冷却通风技术。针对高粮堆、产地临储降水和控温需求，研发了针对6米以上堆高、3000吨仓容的高大平房仓粮食分层干燥和降温通风系统，实现了垂直分层和环壁通风。

（2）气调储粮技术。

研发了浅圆仓氮气气调气柱气囊缓释技术。在浅圆仓内预设可充气鼓起的气柱，通过向折叠的柔性高分子材料制成的气柱充 99% 以上的高浓度氮气，形成气柱，再向浅圆仓粮堆按气调工艺充入氮气，置换粮堆内及仓内空间的氧气，提高了氮氧置换效率，降低了一次性充气成本，通过高浓度氮气缓释，延缓了氮气浓度下降速度，减少了补气次数，确保浅圆仓内的杀虫效果及储粮效果。

（3）低温储粮技术。

稻米低温储粮技术取得重要进展。建立了集低温仓房典型设计、控温工艺、配套设备和智能环境控制系统于一体的区域性稻米低温储粮成套技术装备工程化应用技术支撑体系，解决了高温高湿地区控温储粮能耗高、保鲜效果差、智控水平低等问题。

创新研发了多种控温系统，包括墙体多孔轻质隔热板动静态隔热系统、墙体"⊥"型环流风管降温系统、双向变风量通风系统，为储粮"热皮"控温和保水难问题提供了解决方案；研发的蒸发冷谷冷机低温储粮技术可有效降低谷冷通风的单位能耗；开发的可远程自动控制的软硬件系统实现了稻谷保质储藏设备群的远程通信和自动控制。

（4）虫霉防治技术。

绿色储粮虫霉防控技术实现综合应用。基于多参数粮情在线监测、虫霉智能监测及粮情动态云图分析等监测技术进行预警分析，判定预防和治理的时机；采用惰性粉、多杀菌素、捕食螨及 S- 烯虫酯进行绿色防护，采用气调、硫酰氟减量熏蒸等技术进行科学治理，同时结合低温储粮技术，实现保质降耗的虫霉绿色防控；研发了储粮害虫基因靶向药剂，基于 RNAi（RNA interference，RNA 干扰）技术原理，通过实验室筛选不同害虫的致死基因，研发针对不同害虫致死基因的 dsRNA（double-stranded RNA，双链 RNA）靶向杀虫药剂，对害虫具有极强的特异性防治效果。

虫情检测系统和粮堆霉变监测预警技术得到应用。研发了基于仓内现有固定摄像机的害虫监测 AI 升级技术及装备，搭建了粮面害虫动态监测预警管理平台，实现了害虫信息的自动提取、识别、预警，对粮面虫情进行动态分析识别；研发了"诱捕式智能虫情监测设备"，集虫情实时在线检测、害虫诱捕等多种功能于一体；开发了储粮霉菌检测方法和储粮霉变生物危害检测设备，初步用于粮堆异常粮情智能判定；突破了害虫呼吸速率确定虫口密度的技术瓶颈，实现了储粮害虫呼吸速率与害虫密度的精确耦合，建立了满足实仓虫检要求的预测模型。

建立了一套高效的害虫抗性检测技术。基于 ARMS-TaqMan 探针法的实时荧光定量 PCR 检测赤拟谷盗 DLD 基因突变情况，快速筛查赤拟谷盗的磷化氢抗性，进一步研发了针对不同害虫的抗性检测技术，能够针对不同地区粮仓的害虫进行抗药性检测；研发了基于 MboI 限制性内切酶和 BsMAI 限制性内切酶的鉴定储粮害虫磷化氢基因型新方法，通过内切酶组合物对 PCR 产物进行酶切，根据琼脂糖凝胶电泳的结果能够准确判定储粮害虫赤拟谷盗种群磷化氢抗性基因／敏感基因。

（5）信息化、智能化技术。

信息化平台建设持续升级。在粮情动态监测和质量追溯方面，开发了异构粮情数据实时采集、标准化处理、云图指纹分析等技术，搭建了储粮安全"早知道"等粮情监测监管云平台，实现了国家和省级平台云端粮情监测预警及品质追溯监管。基于粮情动态云图分析技术研发了针对不同运行环境的 C/S 和 B/S 架构，仓储保管的信息化由原本单一的系统功能转为统一的平台化管理，建立了智慧粮食仓储综合保管系统。

仓储智能化水平进一步提高。基本建立的智能化监管省级平台，实现了粮食仓储和物流各环节信息资源的共享，实现了"视频通"和"数据通"；粮食仓储接、收、发、放控制基本实现了机械化、自动化，实现了作业排产、智能选仓、设备管理、能耗管理、仓容管理，以及作业过程相关数据的分析、汇总、展现、管理，优化了进出仓管控模式；自动化、数字化的立体仓库在应急粮食仓储中的应用逐渐增多；基于人工智能分析的视频和图像识别系统在智能安防和粮食数量监管等领域广泛应用；开展了粮食收购指标检化验自动化、智能化仪器装备的研发，实现了小麦、玉米、稻谷等粮食收储品质指标检验的自动化、信息化和操作无人化。

（6）粮食质量安全及追溯技术。

研发了商品米新鲜度快速检测设备和方法。建立了国内专用检测模型，推出了商品米新鲜度检测仪器，可以快速检测商品米的新鲜程度，同步开展了商品米评价标准研究。

开发了真菌毒素全自动净化分析成套仪器。推进粮食中黄曲霉毒素等真菌毒素的快速、高通量、高精准的分析测试，突破了多源光学特征信息融合技术瓶颈，并通过特征融合实现了粮油品质安全精确检测；建立了基于光学特性的粮油真菌毒素无损检测技术，揭示了真菌毒素污染样本光学特征变化规律；阐述了黄曲霉菌侵染稻谷过程中两者的互作机制；运用机器视觉、可见／近红外光谱和电子鼻等无损分析手段，建立了花生、玉米和小麦等粮油原料中霉菌主要侵染种类及侵染程度的同步识别模型，并实现了由传统静态检测向在线监测的转变。

研发了粮食重金属快速检测设备和方法。包括开发了粮食重金属快速检测箱，构建了多产区多粮种典型粮油原料重金属数据库，开发了针对多粮种不同重金属元素高通量、快速精准的检测方法；多形式、多视角、多维度地呈现了粮食化学污染物的风险现状及时空演变趋势，确定了主粮种各产区重金属污染风险的主要作用元素。

（7）仓储设施设备发展。

仓储设备进一步发展：新型进出仓输送与粮堆局部处理技术及设备研究成果明显，研究开发了多点卸料带式输送机、全封闭错列式三托辊皮带机、管链式输送机、自循环微压气垫机、深层粮堆自动下管设备、微负压大产量环保输送设备；粮食清理技术及设备得到创新发展，开发了粮食集中清理中心、新型移动式杂质清理中心、新型圆筒初清筛、新型旋振筛、组合回转多层筛。抑尘除尘环保技术及设备进一步提升，研发了计量抑尘系统、绿色除尘接料斗、卸粮坑除尘系统、抑尘料斗。检测技术和设备集成创新与更新迭代，集成研发了工业机械臂式粮食智能检验平台，创新开发了小麦不完善粒检测仪和粮食新陈度快速判定仪，升级了粮食脂肪酸值全自动测定系统。

仓储设施的创新发展：平房仓的空间受力模式研究不断深入，定量计算了平房仓空间的作用大小，总结了平房仓空间性能影响系数；机械化平房仓实现中转和通用仓库的一仓多用；全自动化进出粮散装楼房仓、全自动化进出粮应急成品包装楼房仓实现创新和应用；双层自呼吸屋面平房仓、双层顶大直径筒仓等广泛应用；创新提出了双层立筒仓的概念，研究了结构受力特点、抗震性等指标。新仓型研究有较大突破，首创了全球"架空式粮食气膜仓"并试点成功，具有结构坚固、气密隔热性好等特点，经测试，气密性数据相较于《高标准粮仓建设技术要点》气调浅圆仓500Pa半衰期标准300秒提升9倍以上。

（8）新材料、新工艺。

创新研发了保温隔热气密新材料、新产品——花纹铝板硬泡聚氨酯保温板，研发了ETTPU（醇溶性高弹聚氨酯密封涂料）粮仓专用水性密封涂料、压延粮膜、双层PVC（聚氯乙烯）内存隔热材料的节距式负压保温风管和螺旋式正压保温风管等，实现了浅圆仓进出仓时粉尘爆炸事故的有效预警和预防，粮食仓储进出仓工艺得到进一步改进并实现应用。平房仓通过多点卸料的环形管链机，散装楼房仓通过仓内布置环形管链机实现自动化进出仓作业；应急成品包装粮楼房仓采用拆码垛机器人、RGV（Rail Guided Vehicle）、AGV（Automated Guided Vehicle）、往复式提升机方案或螺旋式包装粮输送机方案等，实现了应急成品包装粮楼房仓的自动进出仓作业。

（二）学科发展取得的成就

1. 科学研究取得的重要成果

（1）取得的主要科研成果。

粮食储藏学科取得了丰硕的科研成果，荣获中国粮油学会科学技术奖一等奖4项，省部级科学技术奖一等奖1项，出版学术专著7部，发表学术价值较高的论文520多篇，申请授权了200多项重要专利，制修订相关标准50多项。

（2）承担的重大科技项目。

粮油储藏学科承担了一系列重大科技项目，主要包括：①北京国贸东孚工程科技有限公司牵头承担了"科技助力经济2020"重点专项"稻米低温仓储关键技术装备集成与示范"项目。②武汉轻工大学承担了国家自然科学基金青年项目2项、国家粮食和物资储备局委托项目1项。③郑州中粮科研设计院有限公司承担了"粮食产后收储保质减损与绿色智慧仓储关键技术集成与产业化示范"项目。④河南工业大学承担了"十三五"国家重点研发计划项目"食品腐败变质以及霉变环境影响因素的智能化实时监测预警技术研究""粮食霉变环境影响因素的智能化实时监测预警技术研究""粮食质量安全调查扦样规范研究与典型区域污染物数据库构建""粮食产后'全程不落地'收储质量安全检测技术装备""粮食质量安全调查扦样规范研究与典型区域污染物数据库构建"及"十四五"国家重点研发计划课题"粮食产后虫霉绿色防控及智能低温储粮技术集成与示范"。⑤中国储备粮管理集团有限公司承担了"十三五"国家重点研发计划课题"现代粮食绿色储粮科技示范工程"。⑥中储粮成都储藏研究院有限公司承担或参与了多项"十三五"国家重点研发计划的课题任务及中储粮集团自主立项科研项目，主要包括"以储备粮库为龙头的粮食产后'全程不落地'收储模式及适配技术参数研究""粮情监测监管云平台关键技术研究及装备开发""粮仓气密材料工艺研发""粳稻和优质籼稻保质减损绿色储藏自动控制系统开发及集成应用示范""不同区域平房仓横向通风智能调控系统优化应用"和"粮油原料杀虫过程中杀虫气体浓度监测与效果评价体系优化应用"等。

（3）科研基地与平台建设。

郑州中粮科研设计院有限公司建立了省级科技创新平台——河南省粮食产后收储运工程技术研究中心，旨在围绕国家粮食安全战略和优质粮食工程，重点开展粮食产后收储清理干燥、粮食绿色仓储和高效进出仓作业、粮食物流运输高效装卸和保质运输、粮食物流信息服务及智能化管控等关键技术装备攻关研究、工程化应用开发和示范推广。

武汉轻工大学建有大宗粮油精深加工教育部重点实验室、湖北省农产品加工与转化重点实验室、国家粮食技术转移中心、国家粮食和物资储备局粮油资源综合开发工程技术研究中心等科研平台。

河南工业大学原有的"粮食储运国家工程实验室"于2022年纳入国家科技创新基地新管理序列之"粮食储运国家工程研究中心"；"河南粮食作物协同创新中心"是我国第一批认定的14家国家级"2011"协同创新中心之一；"国家粮食产业（仓储害虫防控）技术创新中心"的建立说明学校在国家粮食产业仓储害虫防控科学研究与技术研发中水平一流；"粮食储藏安全教育部工程研究中心"是集仓厂建筑、粮食储藏技术与工艺、粮食信息化、粮食流通等学科交叉的国内一流教育产后减损科研平台；"粮食产后减损河南省工程技术研究中心"立足于河南省粮食产后减损，在粮食产后收获减损、粮食适度加工、粮食储藏科技支撑与服务等方面成果丰硕；"粮食储藏安全河南省协同创新中心"服务和支撑了国家和中原经济区建设，有效促进了粮食储藏安全科技进步；粮油国际标准研究中心（粮食储藏及流通）围绕粮食储藏、流通、仓建等领域重点开展了"一带一路"国际粮食标准化研究及国家标准外文版的制修订工作。

国家粮食和物资储备局科学研究院牵头以粮食储运国家工程实验室为依托申报的"粮食储运国家工程研究中心"获批纳入新序列管理，参与建设了国家粮食产业（城市粮油保障）技术创新中心、国家粮食产业（仓储害虫防控）技术创新中心，牵头共建了深紫外芯片技术和应用装备创新中心、新型绿色气调成果育成实验室，加快了科技创新和成果转化速度，推动了粮食行业绿色高质量创新发展。

中储粮成都储藏研究院有限公司是中储粮集团公司全资子公司、国家高新技术企业、国务院国资委"科改示范企业"，被授予"创建世界一流专精特新示范企业"称号。中储粮成都储藏研究院有限公司是粮食储运国家工程中心共建单位、国家粮食和物资储备局储藏物保护工程技术研究中心、中国储粮害虫防治应用技术研究服务中心、国际谷物科技协会成员单位、首批国家粮油标准研究基地、教育部首批全国职业教育教师企业实践基地、中储粮集团公司职业技能（成都）认定站、中国粮油学会储藏分会技术支撑单位、博士后创新实践基地，拥有国家级CMA计量认证证书、CMAF食品检测机构资质认定证书、农药登记试验认证单位资格证书。

（4）理论与技术突破。

1）理论方面。

①储粮害虫对磷化氢产生抗性的分子机理研究取得突破。鉴定出2个P450基因家族参与磷化氢体内降解、9个表皮蛋白基因参与阻止磷化氢穿透害虫体壁、6个呼吸相关基因参与储粮害虫呼吸强度的调控，全面解析了储粮害虫产生抗药性的分子机理，为抗药性治理和害虫综合治理奠定理论基础。②干燥品质定向调控研究取得突破。建立品质调控模型11个，绘制干燥工艺参考图1套，直观显示干燥过程中品质指标间的动态变化关系，为粮食保质干燥技术提供了理论支撑，首次阐明了红外和微波干燥阻控稻谷产后损失的分子机制。

2）技术方面。

①真菌毒素快检技术中多源光学特征信息融合技术瓶颈有所突破，通过特征融合实现粮油中真菌毒素的安全精确检测。②仓房围护结构隔热技术有所突破。采用动静态隔热技术，创新研发了墙体多孔轻质隔热板动静态隔热系统、墙体"⊥"型环流风管降温系统、双向变风量通风系统等控温系统，解决了储粮仓房四周垂直热皮层粮温控制难、保水难的问题。

3）储粮仓型方面。

首创了全球"架空式粮食气膜仓"：基于力学双曲结构设计理念，运用气膜技术和膜内外恒压建造技术开发了气膜球形仓，先后突破20多项关键技术，具有完全自主知识产权，建成了全球首个"架空式粮食气膜仓"试点仓群，该仓群由4个单仓组成，单仓直径23米、高36.1米，可储粮7500吨。建立了非线性大变形结构的流固耦合理论模型，成功实现我国第四代储粮仓型的完美"蝶变"，填补了国内大体量气膜钢筋混凝土结构施工领域的空白，被评为2022年央企"十大超级工程"。

2. 学科建设进一步完善

（1）学科结构。

近年来，依托国内高校和科研院所，粮油储藏学科已形成比较完善的学科体系，学科结构不断优化，培养了大批掌握粮油储藏知识和应用技术的高技能人才。

南京财经大学近年来开设了粮油保管、仓库害虫防治、粮油食品质量检验、粮库管理、粮油调运相关的基本理论和实践操作技能课程，培养了具备粮油储藏、粮油检验技术研究与应用能力的高、中级应用型专门人才。

武汉轻工大学设有本科食品科学与工程专业（粮油储藏方向），设有学术型硕士研究生食品科学与工程一级学科，下设农产品加工与储藏工程二级学科及专业型硕士研究生食品工程、食品加工与安全等专业学位教育与人才培养体系，正在积极申报食品科学与工程学科博士点。

河南工业大学粮食和物资储备学院以学科建设为龙头，开设了特色鲜明、优势突出、交叉融合、适应行业高质量发展的一流学科，2012年、2016年和2020年三次通过中国工程教育专业认证，2020年获批国家级一流本科专业建设点。

（2）学科教育。

粮油储藏学科贯彻新发展理念，探索形成了基础学科和应用学科协同发展的学科育人体系。粮油储藏学科职业中专和高等学校师资队伍进一步扩大，课程体系与教材进一步充实，教学条件等不断完善。

武汉轻工大学具有博士学位的粮食储藏专业教师达90%，具有较高的教学水平和学术水平。经过近5年的实践锻炼，工程技术水平得到了较大提高，为培养高质量人才奠定了坚实的基础。

河南工业大学粮食和物资储备学院坚持以"双一流"创建为中心，致力于培养心系国家命运、支撑行业创新发展的一流人才。学院现有教职工37人，其中教授4人、副教授及高级工程师9人，具有博士学位的有27人。所在食品科学与工程一级学科2020年获批河南省特色骨干A类建设学科，2021年入选河南省"双一流"创建学科。学院现有粮食储运国家工程研究中心（小麦）、粮食储藏与安全教育部工程研究中心、粮食储藏安全河南省协同创新中心、国家粮食产业（仓储害虫防控）技术创新中心、河南省粮食产后减损工程技术研究中心、粮油国际标准研究中心（粮食储藏及流通）等国家级、省部级科研平台，立足面向国家重大需求，保障国家粮食安全、能源安全、产业链供应链安全，志在新的使命担当。

（3）学会建设。

求真务实、担当作为，为促进粮油仓储科技繁荣发展、粮油仓储科学技术普及和推广发挥了积极作用：一是持续推进组织建设工作，通过学术交流会、专项培训等多途径发展分会会员，联合粮食高校做好青年工作，为分会发展积蓄青年力量；抓好《粮食储藏》和《粮油仓储科技通讯》两本会刊出版，并持续向会员、理事免费赠送，服务广大会员。二是积极开展和组织学术交流活动，成功举办储藏分会第九次会员代表大会暨第九届全国粮油储藏学术交流大会；联合浪潮通用软件等企业举办了以"科技赋能牢守粮食安全底线"为主题的云端学术交流会，有效助力行业科技发展。三是多种形式开展科普宣传，分会支持单位创作的"农户科学储粮节粮减损技术服务"宣传片在今日头条、"储粮科技"公众号及中储粮各个直属库点传播，仅2021年上半年就播放宣传了13000多次，覆盖种粮农民30多万人，荣获中国粮油学会粮油领域科普作品荣誉证书；分会撰写的《科技护航大国粮仓减损助力中国饭碗》在国际粮食减损大会上被宣读，新华社、《农民日报》《香港商报》、山东电视台、《大众日报》等进行了报道，起到了良好的宣传效果；制作了"百年中国粮世纪奋斗路"宣传片，在科技活动周上进行循环播报，科普人数超过1000人。分会走进农户、走进社区，开展爱粮节粮科普宣传等活动，赢得了公众一致赞许。

（4）人才培养。

在学校教育方面：学科依托大专院校培养了大批适应新时代国家战略和粮油行业高质量发展，具备扎实自然科学基础知识，以及粮食工程基础理论、专业知识和实践技能，具备较高人文社会科学素养、创新意识和国际视野，德、智、体、美、劳全面发展，能够在粮食产业相关领域从事科学研究、技术管理、产品开发、品质控制和工程设计等方面工作的复合型人才。武汉轻工大学食品科学与工程专业（粮油储藏方向）已通过教育部工程教育认证。为适应社会和行业的人才需求，学校每隔4年重新制定本科专业人才培养方案，着力培养学生的综合素质、工程能力和创新能力。本科食品科学与工程专业（粮油储藏方向）每年招收2个班，招收规模60人；硕士研究生（学硕和专硕）学制均为3年，每年招收15人左右。河南工业大学粮食储藏专业方向实施博士、硕士、本科三个层次的复合型拔尖创新人才培养模式，年均招生：350名本科生、30名硕士研究生、4~5名博士研究生，具有培养应用型粮油储藏专业技术人才的鲜明特色，近年来培养了5000多名实践能力强、综合素质高的粮油储藏行业精英。

在专业培训方面：一是相关大专院校承担了很多技能培训任务，如武汉轻工大学承担了中储粮湖北分公司职工技能培训任务、湖北省粮食系统职业技能培训任务，协助承办中储粮集团公司第七届职工技能竞赛选拔赛活动，并作为牵头单位举办了第四届湖北省粮食行业职业技能竞赛决赛活动。南京财经大学开设了食品化学、食品工程原理综合实训等专业课程。河南工业大学作为全国粮食行业教育培训基地和商业部援外培训项目承办单位，已为国内粮食行业培训高层次人才5000多人、专业技术骨干超万人，同时，积极开展对外的技术培训和对口帮扶，承办FAO的委托培训。二是行业内的科研院所及机构开展技能培训。如中国储备粮管理集团有限公司、中粮集团有限公司组织职业技能认定及对辖区内的保管员和质检员进行专业培训。

在职称评审方面：中国粮油学会每两年举办一次高级职称评审，中国储备粮管理集团有限公司、中粮集团有限公司根据辖区内具体情况开展中、高级职称评审工作，为储藏领域人才成长搭建了平台。

（5）学术交流。

近5年来，国内外学术交流虽受新冠疫情影响，但粮油储藏学科抓住契机，线上线下举办了一系列国内外交流活动。①国内学术交流。行业内成功举办了中国粮油学会年会、全国蜱螨学术讨论会、中国生物农药与生物防治产业年会、生物化学农药的研发和应用高峰研讨会、第二届国际粮油食品科学与技术发展论坛暨第六届河南省农产品加工与贮藏工程学会学术年会、第五届中国·河南招才引智创新发展大会暨"2022中国食品创新发展"高峰论坛等学术交流活动。②国际学术交流。成功举办了亚太经合组织（APEC）粮食储运设施与能力现代化网络研讨会、粮食储运与安全国际研讨会、2022国际产学研用合作会议（河南）食品科学与工程合作会、法国磨粉小麦圆桌会议、中加生态储粮研究中心年会、中澳粮食产后生物与质量安全联合研究中心年会、世界储藏物保护大会、国际储藏物气调与熏蒸大会、国际蜱螨学大会、第二届粮食储运与安全国际研讨会，以及中欧食品、农业和生物技术领域重点合作方向研讨会等，极大地促进了国内外粮食领域专家交流合作，搭建了粮食科技界与产业界互融互通的国际化专业交流平台，有效助力了全球粮食产业高质量发展。

（6）学术出版。

近5年，在本学科领域出版了一系列专业相关教材，主要包括《稻谷储藏和品质检测技术》《粮食平衡水分理论与实践》《粮食与食品微生物学》《农产品食品检验员 粮油质量检验员（技师高级技师）》《储藏物昆虫学》《小麦工业手册（第一卷）小麦储藏》《储藏物害虫综合治理》《农产品食品检验员 粮油质量检验员（初级中级高级）第二版》等；出版了专著《中国粮食储藏科研进展一百年》（靳祖训主编）；学术期刊以《粮食储藏》《粮油仓储科技通讯》《粮油食品科技》《中国粮油学报》《河南工业大学学报》等为主要阵地，为行业的技术推广和成果转化做出了重要贡献；制修订了一系列国家及行业标准，主要包括：《玉米干燥技术规范》（GB/T 21017-2021）、《粮油储藏谷物冷却机应用技术规程》（GB/T 29374-2022）等50多项。

（7）科普宣传。

习近平总书记指出"科技创新、科学普及是实现创新发展的两翼，要把科学普及放在与科技创新同等重要的位置"。近5年来，粮油储藏学科坚持开展各类科普活动，科普人才队伍不断壮大。如河南工业大学粮食和物资储备学院建设了国内外种类最多、规模最大的集储藏物昆虫研究、收藏、展示于一体的储藏物昆虫标本馆和三维全景虚拟馆，作为河南省科普教育基地和郑州市粮食安全宣传教育基地，长期以来面向行业、社会开放，已接待来自国内外80多个国家的专家、学者、学员、领导、社会人士及中小学生等10多万人参观、研究、学习和交流，成为科学储粮、家庭防虫、爱粮节粮等科普活动的重要场所。国家粮食和物资储备局科学研究院成果转化中心组织科研人员参加了京科惠农网络大讲堂，并作了题为"爱粮节粮，健康消费"的科普交流汇报，通过现场讲解和实仓演示等方式开展了"绿色储粮新技术培训"和"农户储粮'张同学'系列科普视频"指导，助力农户科学储粮。中国储备粮管理集团有限公司开展了多场"走进大国粮仓"直播活动，向全社会证明了中国储藏的粮食数量真实、质量安全;中储粮成都储藏研究院有限公司开展了爱粮节粮进社区、进农户活动,助力农户科学储粮,以"储粮科技"微信公众号等为媒介推送科学储粮相关知识;中国粮油学会储藏分会多形式、多渠道开展了一系列线上、线下科普活动,得到公众一致好评。

(三)学科在产业发展中的重大成果及应用

1. 重大成果及应用综述

2019—2023年,粮油储藏学科的广大科技工作者面向科技前沿、面向国家重大需求、面向人民生命健康,不断探索科技的广度和深度,突破技术壁垒,取得了包括"粮食气膜仓""稻谷收储链保质减损集成技术和装备应用""控温储粮动静态隔热技术"等重大成果,形成了一批技术集成和应用创新的实例。

2. 重大成果及应用的实例

(1)粮食气膜仓建成试点。

中储粮成都储藏研究院有限公司与中煤建筑安装工程集团有限公司联合攻关创新研创了"粮食气膜钢筋混凝土圆顶仓"(简称气膜仓),由中国储备粮管理集团有限公司设立专项课题,在四川新津直属库试点,建成粮食气膜试点仓群,该仓群由4个单仓组成,单仓直径23米、高36.1米,可储粮7500吨。该气膜仓在仓体结构、膜材选型、预留孔洞处理、储粮工艺与施工技术融合方面整体提升,先后突破20多项关键技术,构建起了一套独有的核心专利技术体系,成都储藏院联合国家粮科院等12家单位编制了《粮食气膜钢筋混凝土圆顶筒仓设计规范》《粮食气膜钢筋混凝土圆顶筒仓施工与验收规范》,成功实现我国第四代储粮仓型的完美"蝶变"。

主要特点:粮食气膜仓的储粮优势:一是结构更坚固。穹顶结构力学性能好,可承受高强度集中荷载和粮食作用于墙壁的分布荷载、侧壁压力,满足工艺要求。二是保温隔热性能卓越。内衬聚氨酯泡沫的保温隔热效果良好;仓内基本可以达到恒温恒湿,低温储粮更易实现。三是气密性更佳。粮食气膜仓外层被聚偏氟乙烯(PVDF)整体包覆,施工一体化成型,气密性极佳。试点仓的气密性数据达到《高标准粮仓建设技术要点》规定的气调浅圆仓标准数值9倍以上。四是成本更低。粮食气膜仓使用过程的运行成本低,可降低保温设备配置费,减少通风时间,节省运行能耗;外部膜材具有自洁功能,后期维护成本低。五是施工过程更高效。粮食气膜仓施工机械化程度高,可在气膜内作业,实现全天候无干扰施工,具有环保、高效、降噪、降尘的优点。

(2)基于横向通风系统的稻谷收储链保质减损集成技术及装备应用体系。

按照稻谷收储环节全链条保质减损一体化测控总体研发思路,以探索发现的7个稻谷减损降耗和保质保鲜关键理论与工艺模型为基础,以具有显著保水保鲜效果、大幅提高进出仓效率及有利于低温储粮的横向通风系统为核心,以围绕保质降耗干燥、生物与射频、惰性粉气溶胶及多功能诱杀绿色害虫治理、稻谷粮堆黄变与结露霉变预警和防控、优质稻保质保鲜等稻谷收储全产业链关键环节研发的10项新技术和新工艺，创制的17项新装备，编制的10项新标准规范为支撑，以15个新技术示范库点，1条稻谷收储链保质保鲜集成技术应用示范生产线为依托，构建了基于横向通风系统的稻谷收储链保质减损集成技术和装备应用体系。

主要特点：突破了稻谷收储环节存在的保质干燥难、通风保水难、抗性害虫防治难、黄变霉变防控难、优质稻保质保鲜难的瓶颈，降低干燥与仓储能耗各20%，降低储粮水分损失0.5%，减少化学药剂使用量50%以上，提高粮食进出仓效率60%以上，实现了稻谷全产业链保质保鲜储藏，有效促进优储优价、优储优加、优储优销和粮食终端产品品质与消费提升，为稻谷保质降耗绿色储藏提供了实用化和系统化的解决方案，极大地促进了粮食绿色仓储技术集成和应用创新，提高了粮食仓储技术装备升级和智能化应用水平，为实现粮食收储全产业链减损、保质、增效、生态的目标奠定了坚实基础。

（3）稻米低温仓储成套技术装备集成与示范。

鉴于国内对稻米储藏品质要求的日益提高，针对南方地区开展了稻米储藏品质变化规律的研究，建立了稻谷、大米低温储藏出仓品质数学关系模型，优化了低温储藏工艺，形成了稻谷入仓整仓谷冷、低温稻谷高温季节缓苏出仓、大米低温储藏温湿度及缓苏等控制工艺3套；提出了稻米低温保鲜平房仓保温、气密措施设计要点及相关构造做法，配套完成了适用稻谷、大米低温储藏的新建、改造典型设计等图纸4套，集成低温储藏温控装备、应急保供快速进出仓物流设备开发了稻谷、大米低温储藏环境管控系统2套，储备库三维可视化管理系统1套。完成低温储粮工艺与应用示范项目2项，低温仓典型设计方案在多个新建设计项目中落地应用，改造低温仓应用示范项目1项，完成稻谷低温储粮信息管控系统应用示范项目1项，获得实用新型专利3件，申请发明专利1件，取得软件著作权3项，发表中文核心论文多篇。

主要特点：项目研究成果处于国内领先水平，可有效提高稻米储藏出仓品质，降低储藏成本，实现降本增效。

（4）控温储粮动静态隔热技术。

通过在仓墙内壁安装多孔轻质隔热板，利用环流风机定向引导冷空气在隔热板的中空部位循环流动形成动态隔热，与隔热板自身的静态隔热结合，构建起动静态复合隔热系统，其可有效降低夏季气温对靠近仓墙部位粮温的影响，解决了常规情况下空调控温无法消除"垂直热皮"的行业共性问题。在不影响粮堆"冷心"的前提下，经济有效地实现了全周期粮堆各点、层的低温（准低温）储藏目标，在南方地区粮堆冷心不足的情况下，降低了控温储粮的成本，提高了综合经济效益，为广泛开展低温、准低温储粮奠定了坚实基础。

主要特点：定向控温效果好。环流风机定向引导冷空气流动，粮堆四周垂直热皮粮温达到低温或准低温储藏要求；投资成本低。墙体多孔轻质隔热板动静态隔热控温系统投资成本与彩钢硬质聚氨酯隔热板相当，且不需要额外增加仓房制冷设备；使用寿命长。多孔轻质隔热板隔热性能好，防火防水，安全无毒，不龟裂老化，与仓房使用寿命相当（50年）；使用成本低。综合了静态隔热和动态隔热的优势，形式灵活，节约能源，墙体环流风机功率小、能耗低；操作简便。该隔热系统安装后，与墙体混为一体，不需要重复拆卸和安装，墙体环流风机启停可自动控制，不增加保管员的工作量和劳动强度，深受保管员欢迎。

（5）粮情云图分析与预测预警软件。

该软件是通过无缝对接已有的粮情检测装备直接导入日常储粮粮情数据（温湿度）的，采用"机理+数据"双驱动方法，结合七大生态区域长期储粮实践，快速生成直观的粮情云图；通过智能识别策略自动辨别典型特征模态，以追溯储粮历史（适用于督查监管）、监察实时状态和分析预测未来21天的动态变化（适用于日常保管），并发出储粮隐患预报预警。

主要特点：有效提升了粮库动态监管与日常保质保管能力和效率，形成直观形象的多维度储粮云图，具有扫描速度快、成本低、预警结果准确率高的优点。

三、国内外研究进展比较

（一）国外粮食储藏学科发展情况

世界各国储藏物保护技术的研究投入与发展受社会经济发展和需求影响显著，其中以加拿大、中国、美国、澳大利亚为代表的国家粮食储运技术处于领先水平，研究机构和研发人员投入较多，研究重点已从确保储粮数量转移到确保储粮质量，同时开展储粮工艺和设备智能化方面的研究；东南亚、非洲大部分国家的粮食储运技术处于起步阶段，研究重点是粮食产后减损储粮技术及设施。

1. 基础研究与技术研究并重

目前，发达国家普遍重视粮食储藏学科的基础理论研究与创新，为应用技术创新奠定了坚实基础，在粮食储藏基础理论深入研究的基础上，形成了较为完整的储粮生态学体系；技术创新为理论研究明晰了方向并提出了要求，二者相辅相成。在储粮害虫综合防控方面，持续深入开展了害虫生态习性、基因调控途径、磷化氢抗性基因及机理方面的研究，更加注重绿色生态防控技术及产品的研究与创新，如热（高温）处理技术、害虫信息素诱杀技术、植物源杀虫剂、微生物代谢产品、维护结构、防护措施等。

2. 产学研紧密结合，粮食收储运技术研究体系较为完善

澳、美、加、英、法、德等国家重视科研投入，通常会设立相应的科研和技术推广机构或团队开展储藏物保护领域的科学研究和技术研发，有长期稳定的研究方向和经费支持，基础研究和应用研究成效显著。由于粮食储藏周期为半年至1年，仓型以筒仓为主，粮食收储实现了机械化作业、一体化运营，在粮食收购检测、进出仓作业、粮食仓储、安全监管和质量追溯等方面都已经形成较为完整的运营模式和技术应用体系，如美国ADM、邦吉等大型国际知名粮食公司，构建了从种植、田间机械化收获到清理、储存、运输及生产加工一体化的质量检测体系、高效收储运和质量监管体系，其现代化的粮食收储运技术和质量监管体系值得借鉴。

3. 粮食储运品质可视化、数字化在线质量管控技术发展较快

国外对粮食仓储过程中粮情监测和品质保障进行了长期研究，在粮食品质保持、虫霉等有害生物监测预警和防控方面形成了较为完整的技术体系和应用规范。如美国德克萨斯农工大学首创的谷物溯源颗粒标记技术目前已在美国广泛应用，人们可根据溯源颗粒表面标记的信息追溯谷物原产地。加拿大曼尼托巴大学提出了基于三维矢量电磁成像系统监控储粮劣变情况的理论，实现了粮食质量远程检测。

4. 粮食智能环保干燥技术领先，干燥过程规范化管理水平高

国外粮食收获干燥率远高于中国，并且干燥设备更为多样和智能。低温通风干燥、就仓干燥、远红外干燥、组合干燥等技术工艺得到新发展。目前，国际上先进的粮食干燥装备主要有美国的GSI、Sukup、Brock、NECO，丹麦的Cimbria，法国的LAW、FAO，瑞士的Buhler，英国的OPICO、AlvanBlanch，日本金子等品牌。粮食干燥设备基本实现了产品模块化、标准化的设计和应用，产品结构轻巧便捷、集成化程度高、可以满足不同干燥场所快速安装使用的需求。粮食干燥工艺先进、自动化程度高，并且制定了相关标准和规程，加强了干燥过程的规范化管理，保障了粮食干燥后的品质和质量。在流通过程中，根据不同流通功能选择适用仓型，配套高度自动化干燥、清理、输送、通风、熏蒸、谷冷机等装备，基本实现自动控制和智能化管理。

5. 重视储粮虫霉综合防控机理和应用技术研究

在储粮害虫综合防治方面，欧美等地区和国家从收获后开始遵从IPM有害生物综合治理原则，尤其重视预防和监测；在害虫数量可控的情况下使用其他害虫防治方法，如触杀剂、物理方法（热处理、谷物冷却低温、气调）、生物防治等。磷化氢依旧是主要使用的化学熏蒸剂，为应对害虫抗性问题，通常交替轮换使用另一种可选用的熏蒸剂（硫酰氟），可基本达到绿色生态低耗的控虫目标。

真菌及毒素污染是粮食收获和储藏环节的潜在威胁，收获期真菌及毒素污染的快速无损检测及储藏期的实时在线监测预警是确保粮食安全的有效手段。近年来，国外基于荧光光谱（FS）、近红外光谱（NIRS）和高光谱成像（HSI）的测量技术开展了大量真菌及毒素污染的即时、自动和无损检测模型研究，为收获环节粮食真菌毒素污染的快速监测筛查提供有效便捷的技术支持。基于储粮生态系统理论开展了粮堆温湿度等多参数粮情监测系统的研发，为粮食储藏环节有害生物的监测预警提供了技术支持。

（二）国内研究存在的差距

我国粮食储藏规模居世界首位，氮气气调储粮技术、内环流储粮技术处于世界领先水平，而仓储设施和装备的机械化、信息化和科学管理水平与发达国家还有一定差距，主要体现在：一是仓储技术还没有完全从确保数量安全转变到质量安全上来，缺乏粮食大数据方面的深入分析研究及应用，粮食储运环节品质监测和控制技术还比较缺乏，对"优质粮食工程"支撑力度不够。二是仓储绿色生态储粮新技术工程化应用规模还比较小，低温仓房、设施设备、技术工艺需要进一步通过实践实现标准化、系统化。三是仓储和物流设施设备研发滞后，不能完全满足新的储粮技术和工艺应用需求，平房仓进出仓机械化水平较低。四是粮食储运信息化管控水平、储粮作业智能化水平还达不到"智慧粮库"的要求。绿色仓储科技创新上的不足主要体现在以下几个方面。

1. 基础理论研究方面不够深入，支撑技术应用不足

与发达国家相比，我国粮食行业科研投入的持续性和专家攻关深入性均存在较大差距，我国基础研究的前瞻性、创新性、时效性存在不足，技术应用规范性和适配性效果不显著，即我国储粮领域呈现了重技术、轻基础的现象。如粮食储藏基础参数和储粮生态理论体系研究还不够完善，储藏过程中粮食质量安全风险因子影响机理不清，控制阈值合理性较差；主要储粮害虫生物学、行为学规律研究不够深入和全面，多杀菌素、S–烯虫酯等新型绿色储粮药剂杀虫机理和施用工艺尚不明确；储粮微生物区系与多样性差异分析研究尚处于起步阶段；粮食仓储安全生产理论研究缺乏；新形势下粮食储备规模和轮换合理周期及适配工艺需要全面系统研究；粮食干燥、通风及储藏多场耦合等理论研究还不够深入。

2. 绿色仓储技术与管理措施滞后于储粮品质控制发展需求

我国对储粮过程中的品质检测和控制重视不够。储粮品质变化是储粮工艺控制的依据，储粮工艺控制是过程，应服务于储粮品质控制。目前行业缺乏快速、简便、准确的品质检测手段，并且存在"重工艺过程控制，轻品质变化监控"的问题，不适应储粮保质保鲜、储粮安全、精细化的储粮仓储工艺管理的要求。

低温储粮技术与工程化适配应用有待进一步研究。我国在稻米低温储藏保鲜技术方面取得了兼具代表性和应用价值的研究成果，但针对绿色节能仓型保温隔热改造技术、新型冷源及低温储粮工艺装备、多参数粮情信息化检测、综合控制技术缺乏深入研究，包括低温储藏仓型典型设计、低温储粮（散装）粮堆温湿度变化、湿热转移、结露、缓苏等过程的发生发展规律、监测预警及其对储粮品质的影响，隔热气密改造新材料、新工艺，高效制冷设备，粮仓储能新材料，原粮、成品粮粮情检测及各类温湿度管控装备的智能化、一体化控制等还需要进一步深入研究。

磷化氢减量熏蒸杀虫及高效替代技术研究滞后。磷化氢是目前国内外公认的无有害残

留的储粮熏蒸杀虫剂，也是我国大多数国家粮食储备库的首选杀虫药剂。即使储备库具备氮气气调技术条件，在入库杀虫时很多仍采用磷化氢熏蒸，以达到储备期内"免熏蒸"的目的。近年来，随着储粮害虫抗药性不断发展，磷化铝禁产限用政策的逐步实施，严重影响其继续用于粮食熏蒸的可行性。我国在磷化氢替代药剂硫酰氟的应用技术、残留评估、快速检测报警仪器开发等方面需进一步深入。

3. 粮食干燥装备保有量不足、能耗大、品质良莠不齐等问题仍突出

随着我国节能减排要求的提升及环保政策的实施，以燃煤为主要能源的干燥装备面临着市场淘汰、技术升级和装备改造等问题，造成了干燥装备保有量不足，加之现存干燥装备单位能耗大，是发达国家粮食干燥能耗的 1.1~2.4 倍。粮食干燥技术标准制定时间较久，已无法满足当前粮食干燥需求，干燥工艺指导匮乏，过程管理粗犷，造成干燥后产品品质良莠不齐等问题。因此，亟须对干燥装备整体进行结构优化，特别是从过程控制系统智能化水平、技术工艺体系化、技术规程规范化等方面进行提升。

（三）产生差距的原因

1. 粮食储藏学科地位较低，领军人才不足，团队建设相对滞后

与我国现代农业产业技术体系相比，我国粮食仓储相关科研缺乏长期稳定的研究队伍及研究方向，人员跟着项目走、项目结束变方向的现象客观存在，在人才队伍培养方面重视不够，缺乏数学建模及大数据分析等跨学科人才。在学科建设方面，美国、加拿大等发达国家均设置了多家粮食储藏专业和专职研究院所，如美国的普度大学粮食质量实验室、堪萨斯州立大学谷物中心等，而我国粮食储藏学科在教育部学科目录中未明确列出。南京财经大学、武汉轻工大学、河南工业大学虽设有粮食储藏专业，但存在课程体系不一致、与时代脱节、与国内其他学科地位不同等问题。本学科高层次科技创新人才缺乏，院士人才为"零状态"，国家杰出青年基金获得者、教育部长江学者、千万人计划等国家级人才少，难以树立有影响的、长期稳定的、久久为功的领军人才。

2. 科研经费投入有限，持续性差，制约科技成果创新发展

我国绿色仓储科技创新主要依靠国家项目资金投入，"十四五"期间与粮食行业相关的食品专项项目少，经费来源单一，总量较小，不足以支撑行业科技持续发展。目前依托科研院所和大专院校为实施主体，科研院所改制后，项目经费有限，很难做到自主投入和深入研究。高校受学校排名、基金项目、SCI 论文等考评因子和杠杆影响，其科研队伍专注行业应用基础研发的人力和能力不足。因此，需要相关部门加大扶持力度，为粮食储藏学科快速发展提供资金保障。

3. 应用基础研究缺乏深度，应用对象内在变化机理不清晰

粮食储藏科技领域受市场环境的影响，重视技术装备的集成应用，但大多数是借鉴其他领域先进成熟的技术成果，未形成从基础研究到应用示范的完整技术体系。受行业应用

主体粮食储备库所在区域、仓储条件、经济实力及科研需求等因素影响，成果的实用性及可复制性较差。如在综合防范害虫发生发展方面，尚未将非熏蒸防治方法与化学熏蒸杀虫方法科学合理地组合形成一个体系，难以充分发挥各种防治方法的优势。下一步要加强和完善各项技术的基础和机理研究，弄清应用参数及互补优势，将监测预警与防控高效智能结合，达到害虫综合防控的目的。

4. 行业融合发展、成果转化需完善

在科研创新协作和联合攻关方面未能形成合力，缺乏对重大理论和基础科学问题长期稳定的研究；高效适用的创新技术不足，规范使用技术的宣贯及推广不足；应用基础研究缺乏长期稳定的人力、物力、财力支撑；成果转化平台缺乏或功能发挥不足，转化水平参差不齐，行业企业接受度差；成果转化企业自身投入难度大，规模化应用效率低、规模小，转化率低，项目成果知识产权保护力度不足。

四、发展趋势及展望

（一）战略需求

粮食储藏学科建设和发展围绕"全方位夯实粮食安全根基""端牢中国饭碗""双碳目标"和"乡村振兴"等国家战略需求，以保障国家粮食安全为宗旨，以构建我国现代粮食仓储产业体系为目标，聚焦人民生活从"吃得饱"向"吃得好""吃得营养健康"转变，适应从保障粮食数量安全到保障粮食质量安全转变的新需求，储粮科技向"绿色高效、智慧安全、健康应用"的方向发展。重点提升我国粮食产后仓储物流全链条保质减损和应急保障能力，不断创新、优化、凝练粮食储运保质减损技术研究方向，持续开展粮食产后收储运全链条关键核心技术研发和重大科技成果工程化示范与产业化推广应用，带动粮食流通储运产业升级发展和科技进步，从而在更高层次上保障国家粮食安全。

"十四五"期间，坚持以高质量发展为目标，全面把握并及时回应人民群众在粮油消费领域对美好生活的新期待，继续推进"优质粮食工程"建设，实施"科技兴粮""科技兴储"，坚持"五优联动"，推进全行业提质增效。以发展"低损失、低污染、低成本"和"高质量、高营养、高效益"的绿色仓储为宗旨，坚持问题导向和目标导向，进一步完善相关技术标准、提升绿色仓储智能化应用水平和内涵性综合实力。

（二）研究方向及研发重点

1. 基础理论研究

（1）持续开展生态储粮基础理论研究，建立并不断完善粮食热物性、力学、通风流场等基础参数数据库，区域性仓房和围护结构保温隔热性能数据库。

（2）加强储粮品质控制工艺及理论研究，开展环境因子对储粮品质变化的影响研究，

筛选品质劣变表征因子并提出环境因子控制阈值，建立储粮品质劣变、分类保质保鲜储藏期限的判别模型；开展粮食进出仓及储藏过程中温湿度调控工艺研究，建立工艺智能控制模型、系统及方法，实现工艺实施过程多参数粮情数据检测与云图动态分析。

（3）加强储粮害虫基础数据库建设，包括多维度的分类鉴定数据库及害虫共生菌数据库；加强害虫防控技术机理及防控技术安全性评价研究，研究多气体混合减量熏蒸的机理，评价生物防治技术的安全性。

（4）开展我国不同区域粮食真菌菌落结构及多样性研究，分析收获前粮食籽粒真菌及毒素污染的关键影响因素，建立区域性毒素污染监测预警机制。

（5）加强预测微生物学基础理论研究，优化储藏环节粮堆发热快速、精准监测预警系统，提高异常粮情早期预警的效率和效益。

（6）加强干燥过程控制理论研究，开展干燥品质定向调控技术、工艺优化研究。

（7）加强粮食储藏环节的数据采集、整理及分析，包括品质变化、粮情变化、害虫发生变化等，找出变化规律，提前研判并进行针对性防控。

2. 技术集成创新与装备研发

（1）开展糙米低温、气调等保鲜储粮控制工艺、新鲜度检测方法、集装运输技术与流通模式、相关技术标准研究，提升糙米绿色安全保质储运水平。

（2）在北方 1~4 储粮生态区，重点开展基于横向保水通风的成套储粮技术推广应用；在 5~7 生态区，开展低温储粮技术应用示范研究。

（3）开展化学药剂减量熏蒸技术研究，以磷化氢为主，硫酰氟作为主要磷化氢抗药性管理用药，结合气调技术，研究化学药剂减量科学防治。

（4）开展新型防控技术研究，加强绿色防护剂工程化应用研究，挖掘"以菌治虫"的潜在资源。

（5）构建多主体的粮食安全预警模型，对粮食安全异常状态进行有效识别，提高粮食安全监测预警的能力和效果。

（6）开展收、储、运、加不同环节导致粮食损失的操作节点与因素调研，研究制定全链条减损降耗的相关标准。

（7）加强基于粮堆多参数的异常粮情在线监测预警系统的技术升级、产品开发及示范推广应用。

（8）开展储粮害虫光诱捕装置系统的研发与推广。

（9）开展紫外光联合等离子体削减真菌毒素的装置研发与推广。

（10）开展自动化、智能化粮食检化验仪器的开发。

（11）开展清理、干燥、安全集成化技术与装备研发。

3. 应用示范

（1）开展粮虫霉物理、生物综合防控和低温储粮技术集成示范。

（2）开展温、湿、虫、霉多参数粮情检测与控制技术研究与示范应用。

（3）开展不同生态区绿色仓储成套新技术和装备集成示范应用推广，形成可复制推广的技术体系。

（4）开展"碳中和"粮库示范试点建设。

（三）发展策略

1. 点线面多层次、多领域深度融合，增强储藏学科研究力量

面对"卡脖子"问题，粮食储藏科技应加强有针对性的基础和应用研究，注重点线面多层次、多领域深度融合，完善理论框架，进一步健全理论体系；强化创新平台的作用，提高自主创新能力；以新的合作理念和形式为引领，提升科研成果转化能力；推动行业向着"安全、绿色、持续"的方向发展。

2. 紧扣行业重大需求，加速关键共性技术攻关和成果落地转化

以"粮食储运国家工程研究中心"为抓手，培养团队人才，组织行业优势科研力量，集中攻克行业核心技术瓶颈，推动技术成果应用并带动产业发展，助力国家战略任务和重点工程实施。加强粮食储运和干燥中试平台运行和共享，建立平台的规范化管理制度，制定平台运行和区域性共享方案，提高平台运行效能。持续探索成果转化模式。探索绿色储粮技术集成示范模式、集成储运领域成果，突出示范引领作用，做好宣传与推广工作，为行业提质、为企业增效，激励科研人员科技创新和成果转化。

3. 狠抓关键环节，推进节粮减损

国家粮食和物资储备主管部门应当加强粮食仓储流通过程中的节粮减损管理，会同国务院有关部门组织实施粮食储运有关标准，提升储运的规范、高效、环保、节能水平。研究制定全链条减损降耗的团体标准，对执行标准不严、造成粮食过度损耗的企业和行为依规予以约束。深入开展绿色仓储提升行动，研究制定提升仓房性能及储藏功效、助力节粮减损的方案，积极开展绿色储粮标准化试点建设，提升保质保鲜储存水平，促进仓储环节节粮减损。在运输环节，抓紧制订国家粮食运输技术指导意见，推广公、铁、水多式联运和"四散化"运输。

参考文献

[1] 中共中央党史和文献研究院. 习近平关于国家粮食安全论述摘编[M]. 北京：中央文献出版社，2023.

[2] QI ZH, ZHOU X, TIAN L, et al. Temporal and spatial variation of microbial communities in stored rice grains from two major depots in China[J]. Food Research International，2022，152：110876.

[3] 中共中央宣传部. 习近平新时代中国特色社会主义思想学习纲要［M］. 北京：学习出版社，2023.

[4] 徐永安. 粮害虫防治技术进展与展望（上）——熏蒸杀虫剂篇［J］. 粮油食品科技，2022（4）：95-104.

[5] 徐永安. 储粮害虫防治技术进展与展望（下）——综合防治技术篇［J］. 粮油食品科技，2022（4）：105-110.

[6] 郭道林，周浩，王殿轩，等. 中国粮食储藏学科的现状与发展展望（2015—2019）［J］. 粮食储藏，2021，50（02）：1-9.

[7] 张忠杰，尹君，吴晓明，等. 粮情云图动态分析软件系统研发与应用［J］. 粮油食品科技 2020，28（01）：94-99.

[8] 祁智慧，张海洋，田琳，等. 粮食真菌群落组成及多样性研究进展［J］. 中国粮油学报，2022，37（05）：24-31.

[9] YANG B, JIANG J Y, JIE Y, et al. Detection of the moldy status of the stored maize kernels using hyperspectral imaging and deep learning algorithms［J］. international journal of food properties, 2022, 25（1）: 170-186.

[10] 杨东，毕文雅，姜俊伊，等. 不同谷冷工艺对高温入仓稻谷品质的影响［J］. 中国粮油学报，2021，36（12）：84-92.

[11] 姜俊伊，杨东，石天玉. 低温成品粮大米快速缓苏工艺研究［J］. 中国粮油学报，2022，37（05）：1-9.

[12] JAGADEESAN, RAJESWARANSCHLIPALIUS, I D, et al. Unique genetic variants in dihydrolipoamide dehydrogenase（dld）gene confer strong resistance to phosphine in the rusty grain beetle, Cryptolestes ferrugineus（Stephens）［J］. Pesticide Biochemistry and Physiology, 2021, 171（1）: 56-72.

[13] CHETRI S, AHMED R. General Article: Views and Analysis Potential of bioactive products for the control of stored grain pests［J］. The Clarion-International Multidisciplinary Journal, 2019, 10（2）: 123-140.

[14] PAZIUK V. Energy Efficient Technology Of Drying And Storage Of Seeds Of Grain Crops With The Use Of Heat Pumps［J］. Engineering Energy Transport Aic, 2020, 2（109）: 138-146.

[15] BINELO M O, FAORO V, KATHATOURIAN O A, et al. Airflow simulation and inlet pressure profile optimization of a grain storage bin aeration system［J］. Computers Electronics in Agriculture, 2019, 164: 104923.

[16] 姚渠，尹君，李瑞敏，等. 我国粮食干燥技术发展现状与趋势［J］. 粮食加工，2022，（3）：47-50.

[17] 孙为伟，贺培欢，曹阳，等. 普通肉食螨对粗脚粉螨的捕食功能研究［J］. 粮油食品科技 2019，27（04）：73-77.

[18] WU Y, LAN Y M, XIA L Y, et al. The First Complete Mitochondrial Genomes of Two Sibling Species from Nitidulid Beetles Pests［J］. Insects, 2020, 11（1）, 24.

[19] CUI M, SUN W W, XIA L Y, et al. Effect of radio frequency heating on the mortality of Rhizopertha［J］. Journal of Stored Products Research, 2020.

[20] LAN Y M, FENG S Q, XIA L Y, et al. The first complete mitochondrial genome of Cheyletus malaccensis（Acari: Cheyletidae）: gene rearrangement［J］. Systematic and Applied Acarology, 2020, 25（8）: 1433-1443.

[21] 崔淼，伍祎，曹阳，等. 京津地区储粮虫螨种类调查分析［J］. 粮油食品科技，2020，28（5）：102-106.

[22] 彭威，梁东林，殷贵华，等. 碳中和目标下国有粮食仓储企业低碳发展路径探索［J］. 粮油食品科技，2022，30（04）：206-210.

[23] 崔淼，刘尚峰，朱华锦，等. 不同施药方式硫酰氟熏蒸高大平房仓效果比较研究［J］. 粮油食品科技，2021，29（04）：62-67.

[24] 崔淼，黄呈兵，方江坤，等. 硫酰氟熏蒸在砖圆仓应用效果评价研究［J］. 油食品科技，2021，29（04）：68-72.

[25] 李倩倩，杨冬平，黄呈兵，等. 高温高湿地区平房仓横向分区谷冷技术应用研究［J］. 粮油食品科技，2022，30（01）：214-219.

[26] 汪中明，蒋传福，甘双庆，等. 硫酰氟气体浓度衰减与仓房气密性相关性研究［J］. 粮油食品科技，2021，29（04）：57-61.

[27] 薛丁榕，孙为伟，王超，等. 基于负压通风的多杀霉素粉剂实仓喷施工艺研究［J］. 河南工业大学学报（自然科学版），2022，43（05）：102-107，124.

[28] 董德良，李晓亮，余鹏彪，等. 粮仓机械未来发展方向的思考［J］. 粮食储藏，2021，50（01）：53-56.

[29] 唐超. 新形势下我国物流仓储装备产业面临的机遇与挑战［J］. 起重运输机械，2020（20）：63-67.

[30] 阮竞兰，伍维维. 粮食加工机械的现状与发展［J］. 粮食加工，2013，38（01）：7-8，42.

[31] 彭威，梁东林，殷贵华，等. 碳中和目标下国有粮食仓储企业低碳发展路径探索［J］. 粮油食品科技，2022，30（04）：206-210.

[32] 杨力敏. 国内物流仓储机械智能化状况及发展趋势［J］. 物流技术（装备版），2012（18）：18-20.

[33] 周鸿达. 21 世纪储粮技术发展研究及展望［J］. 粮食科技与经济，2020，45（06）：65-68.

[34] 毕洁，文明明，喻莉君，等. 臭氧在储粮害虫防治中的应用研究进展［J］. 河南工业大学学报（自然科学版），2022，43（01）：131-138.

[35] 周敦国，孔爱民，钱生越，等. 粮食烘干储藏一体化技术探索与实践［J］. 农业开发与装备，2022（11）：35-38.

[36] 许子彬，薛敏，莫菊，等. 仓储粮害虫防治研究进展［J］. 粮食科技与经济，2021，46（06）：72-75.

[37] 周冠华，李鹏飞. 以时不我待的责任感使命感紧迫感加快构建与大国地位相符的粮食仓储保障能力体系［J］. 中国粮食经济，2022（10）：33-35.

[38] 袁铭. 基于粮情挖掘数据的粮仓储粮作业管理专家系统研究［D］. 长春：吉林大学，2022.

撰稿人：付鹏程　周　浩　王殿轩　张忠杰　李　杰　舒在习　唐培安
　　　　鲁玉杰　祝　凯　向长琼　石天玉　吴学友　王平坪　严晓平
　　　　李云霄　李丹丹　杨　东　夏朝勇　徐永安　汪中明

粮食加工学科发展研究

一、引言

粮食产业是经济社会发展的重要民生产业，粮食产业的发展事关国家粮食安全、广大种粮农民的切身利益及人民群众的营养健康和对美好生活的追求。粮食加工学科涵盖稻谷（含米制品）加工、小麦（含发酵面制品、面条制品）加工、玉米深加工、杂粮（含薯类）加工等分支领域，是加快推进国民经济建设、提高人民生活水平、保障国家粮食安全和实现我国建设现代化强国的重要力量，受到党和政府的高度重视和支持。2019—2023年，粮食加工学科取得了显著的进步和发展。粮食加工的多项适用技术已达到国际领先水平，稻谷（含米制品）加工、小麦（含发酵面制品、面条制品）加工、玉米深加工、杂粮（含薯类）加工等分支学科在科技研发方面均有提高。

稻谷（含米制品）加工主要是研究稻谷加工生产大米的理论与技术的学科。稻谷作为世界上最重要的谷物之一，其加工学科的发展，在确保口粮绝对安全、提升人民生活水平、满足人民对美好生活的向往、全面建设小康社会方面起到了不可替代的作用。目前，我国的稻谷砻谷碾米技术装备处于世界前列，近几年，在"稻米适度加工技术体系""稻米精准加工技术体系""稻米柔性加工技术装备体系""内源营养米加工技术体系""专用米加工技术体系"等稻米产后减损增效加工技术和装备体系方面取得了重大突破。

小麦（含发酵面制品、面条制品）加工主要是研究小麦加工生产小麦粉的理论与技术的学科。近年来，重点开展了基于小麦粉加工精度与产品营养、安全及加工适宜性的规律研究，分别确定了加工面条/馒头用小麦粉适度加工的出粉率范围（面条用小麦粉在75%左右，馒头用小麦粉在70%左右），并明确了加工面条/馒头用小麦粉适度加工产品的灰分、粒度等表征加工精度的关键指标阈值，相关工艺技术和创新成果产生了显著的经济、社会和生态效益，为实现国家"2030碳达峰""2060碳中和"及保障国家粮食安全提供了有力的技术支撑。发酵面制品是我国北方及部分南方地区的传统主食，在主食和整个食品行业中占据重要地位，相关研究持续推动了馒头小麦粉的标准化和专用化水平的提高，提升了酵母发酵、抗冻能力，以及配套自动化、一体化大型加工机械设备和冷链物流配送的水平，发酵面制品的整体工业化水平得到进一步提升，逐渐实现了发酵面制品消费的成品化、方便化和快捷化。面条加工是支撑国民主食消费市场的主要产业。近年来，在公众消费升级的大环境下，既能够满足人民健康需求又具有传统特色的面条制品更受消费者欢迎。围绕运用现代科技和商业手段推动面制品制造业向高品质方向发展开展研究，积累了一定的科研成果。一些大中型企业在新产品研发、工艺优化升级、智能化设备改造和产品检测水平上均有较大提升，推进了面条加工产业现代化发展。

玉米深加工主要是研究玉米转化为食用和非食用高附加值产品的科学理论和生产技术的一门学科。玉米是全球产量最大的粮食作物，也是我国主要的粮食、饲料和工业原料作物，在国民经济发展中占据重要地位。玉米是加工程度最高的粮食作物，我国每年深加工行业玉米消费量约为8000万吨，其中约55%用于淀粉及淀粉糖的生产。玉米加工的综合利用水平很高，其加工后的产品附加值相比于原料玉米可以增加300~400倍，可加工成3500多种产品。随着玉米加工业的发展，其食用品质不断改善，形成了种类多样的玉米食品。目前，玉米加工业已成为世界重点发展的农业产品加工业，是人类21世纪的一个重要战略。

杂粮（含薯类）是重点研究各种小品种杂粮理论与生产技术的一门新兴学科，通过在品种培育、栽培技术、病虫害防治、收获和贮藏、加工工艺及营养价值和功能性等方面的研究，以期提高作物的产量和质量，优化种植技术和管理措施，推动作物的可持续发展，以满足人们对多样化、营养和安全的食品需求。同时，该学科也关注保护和发展杂粮和薯类作物的遗传资源，提高农民收入，促进农村经济发展。

习近平总书记在党的二十大报告中强调"要树立大食物观"，"大食物观"是"向耕地草原森林海洋、向植物动物微生物要热量、要蛋白，全方位多途径开发食物资源"的一种观念，是确保国家粮食和食物安全的重要保障。这一重要指示为粮食产业发展指明了方向，提供了根本遵循。近年来，粮油科技的发展趋势和重点是促进学科发展，推动行业科技进步，充分利用本学科研究备受全社会重视的有利条件，以及服务政府和社会、服务科技工作者、服务创新发展的独特优势，团结和带领广大粮油科技工作者树立"大食物观"，描绘中国粮食加工学科发展新蓝图。

二、粮食加工学科的最新研究成果进展

（一）学科研究水平

稻谷（含米制品）加工学科的研究水平：①"稻米适度加工技术体系"研究推动突出适度加工、节粮减损理念的《大米》国家标准（2019年实施）和《大米适度加工技术规

范》团体标准（2021年实施）等的发布实施，依托"十三五"国家重点研发计划项目"大宗米制品适度加工关键技术装备研发及示范""大米精准智造新技术研发与集成应用"所研发的大米适度加工关键技术装备，如柔性碾米机等，使籼米和粳米的碎米率分别降低了6%和3%，总体技术居国际领先水平。②"稻米精准加工技术体系"研究依托"大米精准智造新技术研发与集成应用"项目所研发的加工精度精准控制系统、碎米率精准控制装备等，白米留皮度（加工精度）可控制在设定目标的±0.5%，大米产品碎米含量可控制在设定目标的±0.5%，总体技术居国际领先水平。③"稻米柔性加工技术装备体系"研究突破了柔性化碾米和刷米/抛光、智能化砻谷和碾米、米粒外观品质在线检测、物料形选和质选等技术及装备，可降低碾米工序导致的增碎和电耗，成果入选了"国家'十三五'科技创新成就展"和国家粮食和物质储备局"节粮减损成果"，并且中共中央办公厅、国务院办公厅印发的《粮食节约行动方案》中明确"鼓励应用柔性大米加工设备"。④"内源营养米（留胚米）加工技术体系"研究推动了《留胚米》国家标准的发布（2022年），依托"大宗米制品适度加工关键技术装备研发及示范"项目所研发的"留胚米加工关键技术装备"，留胚率超过90%，总体技术居国际领先水平。⑤"专用米加工技术体系"研究依托"大宗米制品适度加工关键技术装备研发及示范"项目研发的"工业米饭专用米加工关键技术装备"，低胚米的留胚率可控制在1%以下，总体技术居国际领先水平。

小麦（含发酵面制品、面条制品）加工学科的研究水平：①小麦制粉学科依托国内粮食行业大中型企业、大专院校、科研院所等单位联合攻关，积极开展产学研合作，显著提升了小麦制粉行业的技术水平和科技创新能力，相关成果在小麦加工龙头企业实现示范应用，小麦粉的产出率及营养物质存留率明显提高，取得了显著的经济、社会和生态效益。②发酵面制品学科研发并应用馒头自动化生产线；开发适宜工业化生产、高抗逆和高活性的面用酵母，如安琪酵母系列产品规模居亚洲第一、全球第二，形成了较为成熟且前沿的研究方向，学科综合实力和创新能力不断提升，为发酵面制品行业工业化发展奠定了坚实基础。③面条制品加工学科中，传统高品质的非油炸方便面、生湿面条、半干面条及新型的高含量杂粮面条、全谷物营养面条、发酵空心挂面、低GI（glycemic index，血糖生成指数）功能性面条等产品的开发成为研究热点，企业在产品配方、技术开发、质量检测等方面均取得新突破，使挂面更加营养、健康，口味更加丰富，满足了消费者的需求。

玉米深加工学科的研究水平：在国家的大力扶植下，玉米淀粉、玉米油、玉米蛋白、变性淀粉、淀粉糖、乙醇、有机酸、聚乳酸、糖醇等玉米制品行业，以及发酵工程、发酵工业、饲料工业等相关衍生行业不断发展，这对提升玉米深加工行业技术水平，促进玉米深加工行业结构优化和区域经济的发展，打通从玉米粮食生产到食用化、高值化、功能化应用的经济链条有着重要的推动作用。玉米深加工分会针对我国玉米深加工产业存在的利用率低、转化增值低、关键装备性能较低、健康产品少等问题，在产品开发、技术创新、装备制造和人才培养等方面开展了一系列工作，有效解决了我国玉米深加工行业面临的高能耗、高水耗、高排放和低效能等突出问题，为实现绿色低碳制造提供了有力的理论和技术支撑。在完全自主的大型化、自动化加工装备领域，其发展水平已可与发达国家持平，且开始向国外出口成套技术及装备，淀粉糖的国产装备自给率达90%以上。开发了玉米淀粉及其多元化衍生产品精细化加工的成套技术，推动了我国玉米深加工产业的快速壮大和发展，淀粉、柠檬酸、谷氨酸、赖氨酸等大宗玉米深加工制品产量长期位于世界第一的位置。

杂粮（含薯类）加工学科的研究水平：①杂粮加工学科在2019—2023年完成了"十三五"国家重点研发计划项目"传统杂粮加工关键新技术装备研究及示范"，启动了"十四五"重点研发计划项目"全谷物营养健康食品创制"。首先，针对杂粮加工专通用装备缺乏的问题，开发了高效低耗的杂粮精制技术与专通用装备，不同用途杂粮专用粉的制备及连续化、规模化加工成套装备，大型智能化双螺杆挤压机。其次，针对杂粮功效基础理论研究薄弱的问题，明确了杂粮与主粮营养复配基础，明确了小米、青稞、绿豆、红小豆等多种杂粮在改善餐后血糖、调节血脂等方面的作用，阐明了其活性组分代谢转换机制。最后，针对杂粮适口性差、摄入量低的问题，采用杂粮与主粮复配的原则，改善杂粮主食品品质，创制了杂粮主食品，形成杂粮主食品品质调控、工业化加工、活性组分保持等技术，并实现了产业化应用。②薯类加工学科在2019—2022年完成了"十三五"国家重点研发计划项目"薯类主食化加工关键新技术装备研发及示范"、国家重点研发计划项目——政府间国际科技创新合作重点专项"薯类淀粉加工副产物的综合利用"、国家重点研发计划项目——政府间国际科技创新合作重点专项"优质薯条及烤薯加工关键技术研发"。首先，针对我国薯类发酵主食产品口感与风味有待改善、抗老化保鲜技术落后、货架期短、无麸质发酵主食产品匮乏等问题，发明了适用于薯类馒头等发酵主食生产的复合酶制剂和新型保鲜技术，创制发酵性能好、口感与风味优、货架期长的无麸质薯类发酵主食系列产品12种。其次，针对薯类加工副产物资源浪费和环境污染严重、营养与功效信息匮乏等问题，突破了"酸沉结合超滤"生产天然甘薯蛋白及"热絮凝法"生产变性甘薯蛋白等关键技术。最后，针对薯条和烤薯产业化过程中存在的国产加工专用薯种匮乏、产品品质易劣变、货架期短等突出问题，筛选出适合加工薯条的国产马铃薯和甘薯品种，创制了低油脂含量薯条、营养强化薯条、低血糖生成指数薯条、烤甘薯、冰烤薯、低血糖生成指数烤薯块6种新产品。

（二）学科发展取得的成就

1. 科学研究成果

（1）获奖项目、申请专利、发表论文、制修订标准、开发新产品等。

1）稻谷（含米制品）加工学科。

获奖项目：六步鲜米精控技术获2022年中国粮油学会科学技术进步奖特等奖，《大米》国家标准（GB/T 1354-2018）研究与修订和籼稻加工增值关键技术创制及应用分别获得 2021 年和 2020 年中国粮油学会科学技术进步奖一等奖，稻米安全加工与副产物综合利用技术及产业化、谷物及其高品质特色制品加工关键技术和装备创新开发与应用获 2021 年中国商业联合会科学技术奖一等奖，稻米提质增效关键技术创新与产业化应用获 2022 年中国轻工联合会科学技术进步奖一等奖，稻米蛋白食品化高值利用关键技术装备创新及产业化、大米蛋白多维食品化高值利用关键技术装备创新及产业化应用、稻谷加工提质增效关键技术与装备的研发及产业化获 2020 年中国商业联合会科学技术进步奖一等奖。

专利、论文、标准：授权专利 204 件、发表 SCI（Science Citation Index，科学引文索引）论文 472 篇，中文核心期刊论文 565 篇；颁布了《留胚米》（GB/T 42227-2022）、《大米加工企业设计规范》（GB/T 42299-2023）、《粮油机械低破碎斗式提升机》（GB/T 37513-2019）等国家标准，《稻米加工技术规程》（LS/T 1231-2023）、《蒸谷米》（LS/T 3271-2023）等行业标准，《大米适度加工技术规范》（T/CCOA 41-2021）等团体标准。

开发新产品：开发了"自然香"系列大米、工业米饭专用米、低胚米/无胚米、免淘留胚米、免淘 γ-氨基丁酸（GABA）米、"鲜米"等产品。

开发新装备：开发了（分层）柔性智能碾米机、智能砻谷机、（柔性）刷米机、谷糙分离专用色选机、碎米精准分离色选机、米粒外观品质检测仪等。

2）小麦（含发酵面制品、面条制品）加工学科。

获奖项目：优质专用小麦生产关键技术百问百答获国家科学技术进步奖（科普类）二等奖 1 项，淀粉加工关键酶制剂的创制及工业化应用技术获国家技术发明奖二等奖，小麦产后加工及副产物高值化关键技术及应用项目获河南省科学技术进步奖二等奖，小麦制粉智能粉师系统研发与应用、小麦高值化综合利用关键技术集成创新与示范等 4 个项目获中国粮油学会科学技术进步奖一等奖，传统粮食加工制品产业化关键技术装备研究与示范获 2019 年中国粮油学会科学技术进步奖二等奖，新型面包酵母有机氮源的绿色高效制造关键技术及装备创新与产业化获 2020 年度中国轻工业联合会科学技术进步奖二等奖，生物协同增效中华面制品营养关键技术与智能化制造和中国面食品营养倍增协同创新关键技术与应用分别获 2020 年中国食品科学技术学会科技创新奖的技术进步奖三等奖和中国轻工业联合会科学技术进步奖三等奖，营养健康面制品关键技术开发及产业化获 2021 年中国粮油学会科学技术进步奖一等奖，全麦粉稳态化制备关键技术及产业化获 2021 年中国粮油学会科学技术进步奖二等奖，中式面制品主食的营养健康创制理论与应用获 2021 年中国粮油学会科学技术进步奖三等奖，营养功能性全麦面制品创制关键技术及产业应用、传统面制品品质的数字化、可视化、归一化分析技术及其应用分别获得 2022 年度中国食品科学技术学会科技创新奖二等奖。

申请专利：发酵面制品学科申请中国专利 1815 件，其中发明专利 1189 件、实用新型专利 626 件；面条制品学科申请中国专利 991 件，其中发明专利 191 件、实用新型专利 796 件。

发表论文：小麦制粉学科发表学术论文874篇（SCI/EI收录论文511篇，中文核心期刊收录论文363篇），发酵面制品学科在国内外学术期刊发表中文论文960篇、外文论文448篇；面条制品学科在国内外学术期刊发表中文论文344篇、外文论文1361篇。

制定修订标准：小麦制粉学科立项标准制修订53项。发酵面制品学科制修订国家标准2项、行业标准1项、地方标准3项、团体标准31项，合计37项；代表性标准包括《小麦粉》（GB/T 1355-2021）、《面包质量通则》（GB/T 20981-2021）和《自动馒头生产线》（T/CFPMA 0022-2021）等，规范了发酵面制品原料、自动化生产技术，有效促进了产业化发展。面条制品学科制修订国家标准2项、行业标准3项、团体标准17项，合计22项；代表性标准包括《挂面》（GB/T 40636-2021）、《方便面》（GB/T 40772-2021）和《生湿面制品》（QB/T 5472-2020）等，相关标准涉及挂面、生鲜面、方便面等产品，规范和促进了面条制品的产业化发展。

开发新产品：开发了一批广受消费者喜爱的新产品，如五得利集团的905小麦粉，内蒙古恒丰集团的河套有机雪花粉、有机全麦粉，金沙河集团的高筋鸡蛋面、高筋手擀面，克明面业的华夏一面系列等，产品质量显著提升，市场效益明显提高。

3）玉米深加工学科。

获奖项目：获国家技术发明奖二等奖2项（淀粉加工关键酶制剂的创制及工业化应用技术，2019；淀粉结构精准设计及产品创制，2020）、国家科学技术进步奖二等奖2项（玉米精深加工关键技术创新与应用，2019；玉米淀粉及其深加工产品的高效生物制造关键技术与产业化，2020）、教育部科学技术发明奖一等奖1项（淀粉结构精准设计及产品创制，2019）。

申请专利：玉米深加工学科共申请专利4219件，其中发明专利3801件、实用新型专利358件，累计授权1031件，专利权人主要包括江南大学、天津科技大学、浙江大学、齐鲁工业大学、华南理工大学、南京宝辉生物饲料有限公司、济南浩诚生物科技有限公司、上海交通大学、北京一撕得物流技术有限公司和博益德（北京）生物科技有限公司等。

发表论文：发表SCI论文量达4063篇，远超美国，位居世界第一。

制定修订标准：制定修订标准17项，其中国家标准14项。

开发新产品：开发了玉米专用粉及玉米主食产品，创制了热固型淀粉胶黏剂、玉米降压肽、玉米须多糖、功能性麦芽低聚糖、抗性糊精、高分支慢消化糊精等。

4）杂粮（含薯类）加工学科。

获奖项目：荣获长城食品安全科学技术特等奖1项，中国食品科学技术学会科学技术进步奖一等奖1项，内蒙古自治区、西藏自治区、黑龙江省科学技术进步奖等多项奖励；薯类加工学科获得中国粮油学会科学技术奖一等奖1项，湖北省、甘肃省科学技术奖，神农中华农业科技奖，中国农业科学院科学技术成果奖等奖励。

申请专利：杂粮加工学科申请国家发明专利60多件，其中已授权15项；薯类加工学科申请国家发明专利 50 多件，其中已授权 10 多项。

发表论文：杂粮加工学科发表文章总数为 72 篇；薯类加工学科发表文章共计 90 多篇。

制定修订标准：杂粮加工学科制定及修订标准 16 项，其中国家标准 1 项、地方标准 1 项、行业标准 1 项、企业标准 12 项、团体标准 1 项。薯类加工学科制定及修订标准 60 项，其中国家标准 3 项、行业标准 7 项、地方标准 11 项、团体标准 39 项。

开发新产品：杂粮加工学科开发了低 GI 多谷物速食代餐粉、多谷物速食粥、多谷物重组米、多谷物三角片等 18 种新产品，上市了燕麦益生菌、70% 黑青稞挂面、杂粮酒酿等新产品，创制了青稞、豌豆和鸡爪谷多谷物重组米，青稞豌豆素肉，四麦五豆米等新产品。薯类加工学科开发了无麸质薯类馒头、无麸质薯类面条、无明矾薯类鲜湿粉条、薯类高纤营养粉、高品质薯泥、冰烤薯、低油脂含量油炸薯条、甘薯茎叶青汁粉等 25 种新产品，上市了无明矾薯类鲜湿粉条、高品质薯类主食及糕点、冰烤薯、低油脂含量薯条等新产品。

（2）在国家、省部级立项及重大科技专项的实施情况。

1）稻谷（含米制品）加工学科。

"十三五"国家重点研发计划项目大宗米制品适度加工关键技术装备研发及示范和大米精准智造新技术研发与集成应用，2022 年均通过绩效评价；稻麦适度加工及产品增值关键技术研发与产业化示范于 2021 年 12 月获批立项"十四五"国家重点研发计划项目。

2）小麦（含发酵面制品、面条制品）加工学科。

"十三五"国家重点研发计划项目大宗面制品适度加工关键技术装备研发与示范于 2021 年 6 月通过绩效评价。"十四五"期间，获批国家重点研发计划"食品制造与农产品物流科技支撑"重点专项项目中华传统与民族特色食品品质形成机理及调控技术研究，下设课题 1"传统特色谷物食品品质形成机理及其调控技术研究"、重点专项项目方便主食食品规模化加工关键技术研究与集成应用和稻麦适度加工及产品增值关键技术研发与产业化示范，下设课题 3"小麦加工精准调控技术研究及营养平衡型产品开发与示范"。

3）玉米深加工学科。

"十四五"国家重点研发计划项目特定疾病状态人群特殊医学用途配方食品创制（2022YFF1100600）、"十四五"国家重点研发计划项目玉米加工增殖关键技术研发与产业化示范（2021YFD2101000）、国家自然科学基金重点项目酶介导淀粉晶态及键型变化对其营养消化与加工应用特性平衡规律的影响研究（32130084）、江苏省重点研发计划（现代农业）项目酶法糖苷键重构改善淀粉生理功效的关键技术研究（BE2022323）、"十三五"国家重点研发计划项目食品绿色节能制造关键技术及装备研发（2017YFD0400400）、"十三五"国家重点研发计划项目特殊保障食品制造关键技术研究及新产品创制（2017YFD0400500）、国家自然科学基金优秀青年基金项目淀粉深加工的酶学基础研究（2017 年，31722040）、国家自然科学基金重点项目淀粉分子链重构制备低热量糊精的酶学基础研究（31730067）。

4）杂粮（含薯类）加工学科。

杂粮加工学科承担的传统杂粮加工关键新技术装备研究及示范（2017YFD0401200）；薯类加工学科承担的薯类主食化加工关键新技术装备研发及示范（2016YFD0401300）、薯类淀粉加工副产物的综合利用（2016YFE0133600）、优质薯条及烤薯加工关键技术研发（2017YFE0115800）。

（3）科研基地与平台建设（国家、省部级重点实验室、工程中心、技术开发中心）。

在国家发改委、科技部和有关省政府的关心支持下，粮食加工学科的科研基地与平台建设取得重大进展：在稻谷（含米制品）加工学科方面，中南林业科技大学等单位共建的稻谷及副产物深加工国家工程研究中心于2021年获准更名；浙江省衢州市库米赛诺粮机公司、国粮武汉科研设计院、江南大学共建的国家粮食产业（智能柔性碾米装备）技术创新中心于2020年获准设立。在小麦（含发酵面制品、面条制品）加工学科和玉米深加工学科方面，2022年度，与玉米深加工密切相关的小麦和玉米深加工国家工程实验室及粮食发酵工艺与技术国家工程实验室均通过了优化整合，顺利纳入国家工程研究中心新序列管理，正式挂牌成立了粮食小麦和玉米深加工国家工程研究中心及粮食发酵与食品生物制造国家工程研究中心。在杂粮（含薯类）加工学科方面，新成立了5个研究平台，即国家粮食产业（青稞深加工）技术创新中心、国家粮食产业（城市粮油保障）技术创新中心、湖南省全谷物面制品主食工程技术研究中心、山西大同广灵县教授工作站、山西大同广灵县科技小院。

（4）理论与技术突破情况。

1）稻谷（含米制品）加工学科。

2019年实施的《大米》国家标准突出了适度加工、节粮减损理念。国际上首创"留皮度"，将留皮留胚程度数字化，为稻米加工智能化发展奠定了基础；国际上首次对大米加工精度指标设定上限，减少加工过程的损失，有利于保障我国粮食安全；总体达到国际领先水平。

2019年鉴定的稻米多维高效利用关键技术与装备和质量安全管控体系创新和2021年鉴定的稻米品质评价体系创建及多维高效利用关键技术研究与应用，整体技术水平均实现了国际领先。

2021年评价的"营养大米、专用米等加工关键技术与设备"，建立的"内源营养米生产技术体系""专用米生产技术体系"，整体技术达到国际领先水平。

2）小麦（含发酵面制品、面条制品）加工学科。

以馒头全自动化生产线为基础建成馒头数字化车间，将企业资源管理、产品设计、服务与支持等环节通过工业网络形成有机整体，大幅提高生产能力，日处理小麦粉能力由10吨/日提高到30吨/日，实现了多品种、小批量的柔性化生产，改进了产品质量，同时通过全链条的产品追溯满足了食品安全监管要求。攻克了以淀粉水解糖为原料生产酵母的关键技术，拓宽了酵母生产的原料来源，同时降低能耗，酵母抗逆性和活力均得到提升，解决了酵母产业的糖蜜供需矛盾，满足了不同工业化生产需求。这些理论和技术的突破为发酵面制品行业实现工业化、柔性化生产多样且营养丰富的产品奠定了坚实的基础。

面条制品相关企业的生产方法除传统的在面粉中添加营养物质外，还可研发功能型、营养型、健康型面条，全面应用人类健康计划和现代分子营养学的研究成果，针对不同人群的营养特点和需求，研制营养健康的功能性面条。生产工艺技术方面的主要研发成果：常温绿色保鲜技术、常温与低温超细粉碎技术、挤压技术、生物技术、真空和面技术、活性包装技术、高温干燥技术、面粉自动输送技术、切面技术、自动包装技术等。此外，在检测分析技术方面的红外光谱测定技术、凝胶层析技术、电子扫描镜技术等取得突破，并应用于国内市场。

3）玉米深加工学科。

玉米深加工的技术开发已经从对玉米组分的初步分离和食用性开发发展到对玉米组分的精细分离和阶梯化利用，利用基因工程对玉米原料进行修饰改性的技术也日趋成熟，并进一步深度融合组学技术、合成生物学技术等，促使玉米深加工产业向高值化、健康化、多元化方向转型升级。同时，玉米深加工学科在淀粉结构设计、淀粉结构修饰机理、淀粉修饰用酶开发及产业化等方面取得了重要的理论和技术突破，创制出具有不同应用性能的淀粉衍生物，大幅提高了玉米深加工产品附加值，拓展了淀粉深加工产品的应用领域。主要技术成果包括基于淀粉分支酶改性和生物大分子耦合技术，创制了绿色、安全、消化性能可调的慢消化与抗消化淀粉；基于麦芽低聚糖生成酶理性设计和高浓度玉米淀粉酶解关键技术，实现了淀粉基糖品的定向合成与绿色低碳制造；基于环糊精酶法制备工艺、淀粉脱支酶定向催化和特殊化学官能团的引入，分别创新了功能因子原位装载、长效缓释、靶向控释及响应释放等技术；基于"内外共聚＋乳液聚合＋助剂组合"一步反应策略和引入的新型内交联单体，创制了绿色环保、价格低廉、性能优良的热固性淀粉胶黏剂。

4）杂粮（含薯类）加工学科。

杂粮加工学科在杂粮与主粮营养复配和加工基础理论、杂粮主食化及活性保持关键技术等方面取得重大进展。开展了杂粮精选、制米装备研发，突破了六层旋振筛分、变频调速的适度精准脱皮、雾化瞬时浸润和柔性抛光3项关键技术；创制了精细分级机、杂粮脱皮机和杂粮抛光机3种新设备，分级精度从80%提高到96%。开展了杂粮原粮清理、预处理装备研发，突破了变隙碾搓关键技术，创制了杂粮擦刷机，污染物清除率不低于95%；创制了杂粮脱壳机，一次脱壳率从40%提高到60%以上；创制了仁壳分离机，破碎率从5%降至2.6%。突破了辊磨与微粉磨组合、高压气体脉冲喷吹两项关键技术，创制了杂豆脱皮机、杂豆破瓣机、杂豆微粉磨、大粘度振动打击筛粉机、正压在线粉料圆筒清理筛5种新设备，开发了"轻刮去皮、多道碾磨和撞击出粉，筛、打结合提粉"的杂粮（燕麦、青稞）制粉新工艺，实现了黏性物料水平机械连续输送，出粉率提高了10%，粉尘污染排放减少 20% 以上；开展了挤压机产能及智能化程度提升技术研究，优化设计了关键部件结构和优选耐磨材料，突破了装备远程通信与移动终端监控预警、烤炉加热方式均匀排湿、压片机压辊间隙检测及自动调整 3 项关键技术，创制了单位产能 ≥ 1000 千克/时大型智能化双螺杆挤压机，以及配套的烤炉、流化床等 5 种新设备，实现了挤压机成套设备吨产品能耗降低 15%。

薯类加工学科在薯类加工基础理论、营养型薯类制品提质增效加工及副产物综合利用关键技术等方面取得重大进展。发明了适宜薯类馒头等发酵主食生产的多菌种复合发酵剂，研发了适用于薯类发酵主食的抗老化复合酶制剂和基于"芽孢萌发剂 + 表面抑菌"的新型保鲜技术，创建了基于物理改性或添加高直链淀粉改善无麸质面团发酵性能的新技术，创建了超声协同营养液真空浸渍、微波真空干燥、油炸相结合的低油脂薯条制备技术及 3D 环绕式焙烤结合梯度变温冷冻工艺生产优质烤甘薯及冰烤薯新技术，研发了"酸沉结合超滤"生产天然甘薯蛋白及"热絮凝法"生产变性甘薯蛋白关键技术，发明了"微波真空干燥制粉结合精准营养复配"生产薯类高纤营养粉关键技术，研发了"物理筛分结合磷酸氢二钠"连续制备薯类膳食纤维和果胶关键技术，创建了"护色灭酶结合微波真空干燥"制备甘薯茎叶青汁粉关键技术。

2. 学科建设

（1）学科结构。

在教育部和各省政府的关心支持下，粮食加工学科结构进一步优化，并得到快速发展。目前，我国有 146 所高校设置了与粮食加工相关的食品科学与工程专业学士学位，38 所高等学校具有硕士学位授予权，15 所高等学校具有博士学位授予权。

粮食加工学科涉及的本科专业有粮食工程、结构工程、食品科学与工程等，在硕士生培养层面有粮食、油脂及植物蛋白工程、农产品加工与贮藏工程、土木工程、粮食信息学等，其中，江南大学是以粮食加工为优势特色学科的"985"平台建设高校，其食品科学与工程学科连续两轮（2017 年、2022 年）入选"一流"建设学科名单，在教育部学科评估中位列第一（A+），以食品为主要贡献率的农业科学位列 ESI（Essential Science Indicators，基本科学指标数据库）全球影响评价排行榜 0.12‰，拥有博士授予权和博士后流动站。河南工业大学长期致力于粮食产后领域的加工基础理论及工程技术研究，构建了集储运、加工、装备、信息、管理等于一体的完整学科体系；拥有全国最完整的粮油食品加工学科群；拥有博士学位授权一级学科，硕士学位授权一级学科；粮食加工学科为国家特色专业建设学科和专业，为国家卓越工程师培养学科；"粮食产后安全及加工"学科群入选河南省首批优势特色学科建设工程；"粮食工程"为国家级综合改革试点专业、国家级卓越计划专业、河南省名牌和特色专业。河南工业大学和吉林农业大学等的粮食工程专业获批国家一流本科专业建设点，并且河南工业大学的粮食工程专业是国内首个且是唯一通过国际工程教育认证的专业。

（2）学科教育。

江南大学、河南工业大学、武汉轻工大学、南京财经大学、南昌大学、天津科技大学、华中农业大学是业内以粮食加工和食品营养为优势特色学科的高校。粮食职业教育深化产教融合、校企合作，河南工业大学获批首家国家级专业技术人员继续教育基地，建立了首家行业内示范性高技能人才培训基地。河南工业大学建设的粮食工程专业核心课《稻谷加工工艺与设备》获评河南省首批一流课程。

（3）学会建设。

中国粮油学会食品分会（简称食品分会）作为中国粮油学会最早建立的分会之一，充分发挥专业面广、科技工作者多、学术资源丰富的特点，大力发展会员，目前已有单位会员近200个、个人会员1260多人。分会积极组织和参与学术活动，构建了贯穿产学研的多专业交流平台，学术交流主题紧扣国家和行业的热点和焦点问题，如"大食物观"、全谷物健康食品、"一带一路"倡议等。近年来，食品分会专家多次参与中国粮油学会、联合国世界粮食计划署（World Food Program，简称WFP）、国际标准化组织（International Organization for Standardization，简称ISO）举办的国际国内学术交流活动，为传播粮食适度加工、节粮减损新技术、智能装备、加强国际水稻价值链合作等做出突出贡献。例如，谢健同志在中非稻米技术交流方面的工作被《人民日报》以头版"创新中国活力无限（奋进新征程建功新时代·非凡十年）"报道。

目前，发酵面食分会注册团体会员55个、个人会员648人。发酵面食分会微信公众号粉丝超1.3万人，发文超60篇；视频号发布原创视频18条，播放量超30万次。

面条制品分会成立8年来，积极开展学术交流与产学研活动，已经成功举办了六届"面条制品产业发展论坛"，有力推动了我国面制品行业的技术进步与装备升级。

玉米深加工分会现拥有个人会员300多人，鼓励分会成员参与"十四五"相关战略研究和规划工作，推动分会各项工作与玉米岗位体系相关工作的结合，为更多企业提供咨询和技术服务。针对"十四五"期间我国食品和粮食产业发展的新形势、新需求，推动分会各项工作有序开展，为玉米深加工企业积极争取国家政策支持、提供技术指导和技术服务，促进企业转变发展模式，实现转型升级。

中国粮油学会薯类分会成立于2021年5月，宗旨是团结广大薯类及相关领域企事业单位及科技工作者，促进薯类相关领域科技发展和繁荣，科技知识传播普及，科技人才成长和发展。薯类分会致力于开展国内外薯类相关领域的学术交流，普及薯类科学技术知识，促进国际科技合作；为国家薯类产业科技发展战略、政策和经济建设中的重大决策提供技术咨询，通过提供薯类相关技术咨询和技术服务，积极引导和带动薯类加工行业发展进步。

（4）人才培养。

学会会员积极与当地政府机构、合作社等协作，组织稻米产业发展培训班；积极配合国家粮食和物资储备局等编制《"十四五"粮食和物资储备科技和人才发展规划》，初步建成与事业发展相适应的人才工作体系。发酵面食分会联合行业内知名企业在北京、上海、广州、成都、武汉、沈阳、山南和宜昌等地开展了近400场面点和烘焙加工技术培训班，累计培训4800多人。联合安琪酵母创建了安琪烘焙公益大讲堂，2020年以来已推出《面点工艺学》《世界面包工艺解析》等141场精品课程，推广了新产品、新工艺和新技术。这些工作有力地提高了发酵面制品从业人员的专业技能，培养了高技能面点人才。面条制品分会立足于中国粮食行业发展实际，聚焦行业"立德树人"根本任务，瞄准"解决复杂工程问题能力"的人才培养目标，打造"锚定工程、多元协同、跨界融合、五彩育人"的新工科人才培养模式，培养了5000多名实践能力强的粮食加工行业精英。除各涉粮高校中培养的本、硕、博人才外，还有诸多粮食加工领域的优秀科技工作者荣获人才奖项及荣誉称号，如入选"全国粮食和物资储备领军人才""全国粮食和物资储备青年拔尖人才""最美粮油科技工作者""中国粮油学会青年科技奖""中国科协青年人才托举工程"等。

（5）学术交流。

粮食加工研究各领域积极举办或参与相关国内外学术交流，对推动科技成果转化、强化科技工作者与企业的联系及促进学科繁荣健康发展均起到了积极作用。

1）稻谷（含米制品）加工学科。

举办或参与第二届ICC（International Association for Cereal Science and Technology，国际谷物科技协会）亚太区国际粮食科技大会（2019年）、后疫情时代传统粮油产业发展与健康升级研讨会（2020年）、中非稻米价值链合作研讨会（2021年、2022年、2023年）、中日稻米科技研讨会（2022年）等国际学术交流会，以及粮食全产业链节粮减损科技创新峰会（2022年）、中国籼米产业论坛（2022年）、全国稻米精深加工产业技术创新发展大会（2021年、2022年）、功能稻米产业大会（2021年）等国内学术交流会，通过线上或线下方式分享在稻米加工和质量管理方面的知识、技术和经验，为我国乃至世界稻米加工行业的发展提供解决方案。

2）小麦（含发酵面制品、面条制品）加工学科。

举办粮食精准营养适度加工与健康谷物食品开发研讨会、第二届国际粮油食品科学与技术发展论坛暨第六届河南省农产品加工与贮藏工程学会学术年会、小麦制粉新技术暨产业发展高峰论坛、粮食全产业链节粮减损科技创新峰会等学术会议，积极推动了我国粮食科技创新发展，为保障粮食安全，推动人民营养与健康做出贡献。召开了第四次全国会员代表大会暨第十届发酵面食产业发展大会，探讨了发酵面食产品创新与产业发展、传统发酵面制主食工业智能化思考等问题。通过举办第五届和第六届中国面制主食发展论坛，聚焦探讨面制主食加工企业如何开拓创新，实现产品的结构调整，找到新的增长点，进一步促进面制主食行业的健康稳定发展。

3）玉米深加工学科。

举办了第六届淀粉科学会议、未来食品夏令营、学科交叉青年学者创新论坛等国内重大学术交流活动7次，为国内玉米深加工领域的科学研究人员进行学术交流搭建了良好的平台，有效促进了玉米深加工产业健康快速发展。

4）杂粮（含薯类）加工学科。

举办了2019国际杂豆产业科技论坛和2020国际杂粮产业科技论坛，邀请国内外知名专家学者聚焦国际杂粮产业发展的瓶颈问题，探讨了杂粮生产加工技术的前沿与趋势。组织了2019年薯类绿色加工与综合利用技术研讨会、2021年澜沧江-湄公河薯类加工技术与装备高峰论坛、2021年第一届马铃薯化学与技术国际论坛、2022年澜沧江-湄公河薯类加工技术与装备国际研讨会等薯类加工领域的国内外学术交流活动，对加强世界薯类科技领域前沿和前瞻性科学技术交流、提升加工技术在薯类科技领域的国际影响力及推动我国薯类产业健康发展具有重要意义。

（6）学术出版。

粮食加工学科技术形成了多部系列专业教材、专著和学科论文集，汇集了国内粮食加工学科领域的主要成果和成就，分析整理了基础性的理论和观点，提出了诸多有参考价值的新体系、新观点和新方法，具有很强的理论价值和实践价值。林亲录、杨玉民主编的普通高等教育"十三五"规划教材《粮食工程导论》于2019年出版，内容包含稻谷、小麦、玉米、杂粮等粮食产后储藏、加工和综合利用。涉及稻谷（含米制品）加工的著作有3部，包括蔡华锋主编的《稻米加工自动控制技术》，其内容涵盖控制系统方案设计、电路设计、控制软件设计、人机界面设计、数据采集和报表生产等；2020年出版了马涛、朱旻鹏主编的《稻米深加工》，其内容涵盖普通大米制品和大米生化深加工产品；2021年出版了易翠平主编的《米粉加工工艺学》，从产业链的角度出发，系统介绍了米粉加工的原辅材料，鲜湿米粉、干米粉和方便米粉的加工工艺流程、操作要点、主要设备，米粉的调味料和软罐头配菜，米粉的分析与检测及HACCP（Hazard Analysis and Critical Control Point，危害分析和关键控制点）体系等。涉及小麦制粉的著作和教材共有8部，有《小麦产业关键实用技术100问》《小麦工业手册（第二卷）：小麦加工》《谷物加工副产物综合利用关键技术及产品开发》《粮食加工副产物研究与综合利用》《谷物加工技术》《粮油加工实验指导》及《粮油加工学》等。涉及发酵面制品的著作和教材共有5部，包括2019年河南工业大学刘长虹教授出版的专著《馒头生产技术（第三版）》，李里特、江正强等主编的中国轻工业"十三五"规划立项教材《焙烤食品工艺学（第三版）》，李保云、梁荣奇主编的普通高等教育"十四五"规划教材《小麦面食品加工理论与实践》，刘婷婷、王大为主编的普通高等教育农业农村部"十三五"规划教材《焙烤食品工艺学》及保拉·菲戈尼（Paula Figoni）著、许学勤翻译的全国职业教育"十三五"规划教材《烘焙原理（第三版）》。涉及面条制品的著作和教材有10多部，如《小麦加工工艺与设备》《小麦工业手册》(第四卷)、《谷物化学》等汇集了国内粮食加工学科领域的主要成果和成就,分析整理了基础性的理论和观点,提出了诸多有参考价值的新体系、新观点、新方法,具有很强的理论价值和实践价值。涉及杂粮和薯类的著作:2019年出版的《中国杂粮研究》、2021年出版的《全谷物营养健康与加工》、2022年出版的《杂粮与科学的美味邂逅》、2023年出版的《五谷杂粮》、2019年出版的《探秘甘薯世界》、2021年出版的《马铃薯特色主食加工技术与装备》《传统甘薯方便食品》《中国甘薯》《甘薯储藏与加工技术手册》等薯类加工相关著作。

(7)科普宣传。

在稻谷(含米制品)加工学科,配合全国粮食和物资储备科技活动周活动编制了各类科普手册,从节粮减损和健康膳食两个方面进行科普宣传,引导消费者科学选择产品。中央电视台经济频道于2023年6月开始播出食品分会专家参与指导制作的《中国米食大会》,整合中国丰富的地域特色和地方资源,展示了中国米食界的厨艺,展现了中国丰富多彩的米食美味及以米为主食的生活文化。中央电视台记录频道2019年播出了由中央新影集团出品的纪录片《稻米之路》,从稻米文明、历史、文化、发展等方面讲述了稻米从古至今的传播及与人类社会密切相关的故事。中央电视台记录频道2019年播出了由吉林广播电视台创作的《稻米的故事》,以东北鲜明的季节变化为背景,将水稻作为独立的主体,塑造其与人类共同的成长历程。

在小麦(含发酵面制品、面条制品)加工学科,举办了中华发酵面食大赛:"安琪酵母杯"第六届中华发酵面食大赛共设置11个国外、6个国内城市预选赛场,决赛于2019年8月在长沙宁乡举行,海内外29个个人和30个团体代表队参赛;第七届中华发酵面食大赛选出20支代表队在湖北省监利县举办决赛。河南工业大学等涉粮高校多次承办"世界粮食日和全国粮食安全宣传周"活动,积极向社会各界普及粮食及其制品健康知识,呼吁各界采取更加有力的行动以改变世界粮食生产和消费方式,为共同推动农业粮食体系转型做出贡献。在科普基地建设方面,2022年,江南大学食品学院、安琪酵母股份有限公司烘焙与中华面食技术中心、安徽青松食品有限公司三家会员单位入选"2021—2025年第一批全国科普教育基地"。组织"发酵面食科普宣讲团"在全国30多个县开展线上、线下培训,发放技术资料2000多份,受众数万人;制作多条科普视频,其中《兰州拉面》播放量超过3万次;冷建新、位凤鲁等6名志愿者被授予"中国粮油学会科普志愿者"称号。

在玉米深加工学科,玉米深加工分会组织了包括食品安全进社区、食品博士科技服务团、乡村儿童食育课堂和节粮减损科普宣传等科学普及活动,并联合石河子大学食品学院师生组建了"南国北疆"实践团深入10个社区、连队及广场开展"食品安全科普"和"生活中的微生物"等主题宣讲活动,用通俗易懂的方式为市民讲食品安全知识,获得一致好评。

（三）学科在产业发展中的重大成果与应用

2019—2023年，粮油技术学科从基础理论研究到应用技术研究都有较大的发展，取得了一系列科学技术成果，提高了我国粮食加工学科的整体实力，在粮油产业中得到推广应用，产生了巨大的社会效益和经济效益。

1. 稻谷（含米制品）加工学科

获2021年中国粮油学会科学技术奖一等奖的《大米》国家标准，自2019年实施到2022年年底，全国共加工稻谷约5.66亿吨，生产大米约3.78亿吨，由于该标准的实施，大米产品增加了700多万吨，相当于增加了良田约2263万亩，可节约种植2263万亩水稻所需的人力、灌溉水、肥料、农药等，社会效益、经济效益和生态效益显著。

低温升碾米设备和柔性大米加工设备经长期实践证明碎米率可降低3%以上、出米率可提高约5%、吨米电耗下降约10千瓦时，得到2021年中共中央办公厅、国务院办公厅《粮食节约行动方案》的肯定和推荐。

2. 小麦（含发酵面制品、面条制品）加工学科

近3年来，企业采用学科最新技术成果新增产值32600万元，新增利润约2938万元/年；小麦出粉率较现有工艺提高了1.0%~1.5%，相当于净节约原粮约51万吨（按2360元/吨，约合12036万元）。近3年来，企业采用传统风味馒头生产技术，其产品的市场占有率提高了约23%，每年实现利润增加约1985万元。《小麦粉》（GB/T 1355-2021）国家标准取消粗细度要求，修改灰分限量要求，将加工精度定等改为分类，总出粉率提高了0.5%~3%，对推动我国小麦行业适度加工、节粮减损有重要的社会效益和经济效益。

传统拉制面条工业化加工关键技术与应用成果形成了品质改良、延长货架期和保鲜度两项关键技术，建立了典型拉制面条（兰州拉面）感官评价体系及原料质量标准，解决了拉制面条生产原料的标准化问题；创建了高水分拉制面条"三醒三压三拉"工艺技术和装备，解决了高水分拉制面条工业化生产的技术难题。发酵面条加工关键技术研发与应用成果形成了发酵面条品质改良、特色风味等关键技术4项［仿手工面带复合与轻擀细柔连续压延工艺技术、面絮醒发技术、面线熟化（微发酵）与慢速脱水技术、结构调控技术］，提高了发酵挂面的产品品质和风味。开发出发酵空心挂面、发酵微孔挂面、自然微发酵挂面等工业化挂面新产品，解决了传统手工空心挂面难以规模化生产的技术难题；通过挖掘传统手工空心挂面自然发酵工艺，解决了工业化挂面风味不足、柔弹劲道不够的技术难题。

3. 玉米深加工学科

在玉米淀粉及变性淀粉领域，促成加工装备企业进行资源重组整合，推动企业的生产经营模式向规模化、集约化方向发展。在装备数字化设计与先进制造方面，促进关键核心技术的应用与前瞻性研发，推动玉米深加工装备朝着精准化、智能化方向发展。在淀粉改

性领域，突破了淀粉结构的精准设计与性能调控技术，开发了慢消化淀粉、功能性淀粉基载体和环境友好型淀粉胶黏剂等产品。在淀粉糖及糖醇技术领域，突破了淀粉深加工关键酶制剂的基础理论研究、产品创制及工业化应用技术，推动赤藓糖醇、木糖醇、功能性麦芽低聚糖、阿拉伯糖等产品的收率和质量达到国际领先水平。

4. 杂粮（含薯类）加工学科

杂粮加工学科成功突破了杂粮高压气体脉冲喷吹技术、低破损精准脱皮技术、辊磨与微粉磨组合技术、窄面链轮弹性张紧和清扫板联用技术、多杂粮共挤压技术等关键技术，降低了杂粮破碎率，提高了筛分精度和出粉率，解决了黏性物料过筛、水平输送的技术难题。项目在3个国家级贫困县建设了4条示范线，拉动30亿元产业投资，带动当地订单种植20万亩，支撑6000个家庭2.5万人脱贫，增加了农民收入，为相关贫困地区全面脱贫做出了较大贡献。项目成果辐射多个国家级贫困地区，上市40多种杂粮新产品，年销售近亿元，有力地带动了当地杂粮产业的发展，助力"健康中国2030"。薯类加工学科成功突破了"酸沉结合超滤"生产天然甘薯蛋白、"热絮凝法"生产变性甘薯蛋白、护色灭酶结合微波真空干燥生产马铃薯主食专用粉等新技术，相关研究成果有效提升了我国薯类加工产业的技术水平，增加了产品附加值，拓宽了薯类加工利用途径，马铃薯馒头的常温货架期由2天延长至10天，马铃薯馒头中马铃薯全粉的占比从30%提高至80%以上，马铃薯馒头、豆包、花卷、丝糕等主食产品已在京津冀地区700多家超市上架销售，有效推动了甘薯加工产业的快速发展。

三、国内外研究进展比较

（一）国外研究进展

1. 稻谷（含米制品）加工学科

近年来，日本在食品专用米、功能大米生产技术装备，以及碎米、米糠等副产物食品化利用方面取得一定成效。此外，美、日等发达国家在稻谷加工装备的材料和制造工艺方面也均有进步。

在米糠加工方面，研究采用固态发酵、酶法处理、挤出、热风和远红外辐照等米糠稳态化加工新技术，提高了米糠中生物活性成分的可萃取性，提高了米糠的功能性和附加值。研究超临界流体萃取、亚临界流体萃取、超声辅助酶萃取、脉冲电场辅助提取、欧姆加热和微波辅助萃取等米糠油新兴组合处理技术，提高了米糠油的提取效率和质量。

在新型米制品开发方面，研发富含稻米油的婴幼儿食品、低蛋白糙米等营养健康食品。研究涡旋压缩空气辅助流化床干燥、微波辅助热风干燥等新技术对即食米饭品质的影响。探究碎米在方便米饭生产中应用的可行性。从分子层面探究加工过程中淀粉、蛋白质等分子间结构变化及相互作用，建立加工工艺、分子结构与食品品质之间的相关性，为后续开发具有功能性成分的新型米制品提供理论支撑。近年来，国外则围绕米制品加工工艺改进、营养价值及食用品质提升等，开发了低蛋白糙米等一系列米制主食新产品，促进了米制主食的多元化发展。

在米制品质量检测新技术方面，研发基于高光谱成像、荧光光谱、近红外光谱和傅里叶变换红外光谱等新兴非破坏性方法，用于评估谷物及其产品中真菌污染、质量鉴别和掺假检测的新技术；推进传感器、物联网和人工智能等在储存谷物质量监测和预测方面的应用；进一步完善管理体系及理论研究，建立完备的大宗米制品质量安全追溯与监管体系。

2. 小麦（含发酵面制品、面条制品）加工学科

在小麦制粉领域，目前国外技术发展集中于小麦专用粉生产技术及小麦粉加工核心装备的研发，如美国小麦粉产品种类有3000多种，瑞士布勒公司的小麦制粉装备磨粉机、清粉机、高方筛几乎占据了国内小麦加工行业装备的半壁江山。国外小麦加工装备技术水平高、性能稳定，加工产品质量稳定，小麦粉专用产品种类多，能够满足不同面制品加工的需求，经济效益高。

日本等国家采用真空、微波和高温蒸汽等方式代替传统的油炸干燥，使得方便面的营养价值更高，并且提高了其复水性，缩短了其复水时间。在挂面产品方面，营养型挂面、功能型挂面、特色挂面等中高端挂面成为市场主流，其中，营养型荞麦挂面作为日本的大众食品，相关的产品标准较为完善，为我国荞麦面条产品质量的监管提供了参考。

在发酵面制品方面，欧、美、日等地区和国家已形成以冷冻发酵面团为主要形式的发酵面制品产业。在小麦粉专用化、高抗逆性酵母菌种选育及利用、抗冻和保鲜剂、智能化自动化生产线、评价标准、产品保鲜、风味品质保持、冷链物流等产业关键技术领域均取得重要进展。以连锁餐饮业为例，发酵面制品如面包类产品基本是冷冻发酵面团解冻后现烤为主，质量安全稳定、口感好、成本低、生产效率高，且具有易于协调产销存、品类丰富多样、人员要求不高等优点。

3. 玉米深加工学科

以美国为代表的发达国家在玉米深加工领域仍然保持着较强的创新力度，特别是在前沿技术的应用方面，主要包括对海藻糖、低聚龙胆糖、阿洛酮糖、赤藓糖醇等新型功能性淀粉糖及糖醇产品的开发和生理特性研究日趋深入，驱动玉米深加工产业向高值化、健康化、多元化方向转型升级。"工业4.0"战略加速了工业机器人、智能化控制等新技术、新装备与物性重构、柔性制造等的深度交叉融合，推动玉米深加工向自动化、信息化和智能化转变，推动玉米深加工过程的精确、高效和低耗。随着食品合成生物学的发展，各类微生物细胞工厂技术不断成熟，成为番茄红素、L-谷氨酸、姜黄素、核黄素等功能性营养组分高效、定向合成的重要手段，正在引领未来高效、低碳、绿色生产的新模式，为玉米生物转化和产业增值提供新策略。

4. 杂粮（含薯类）加工学科

在杂粮加工领域，发达国家或地区对杂粮作物原料的加工研究起步早、投入大、发展快，其杂粮加工的特点是：机械化、自动化、规模化、集约化、品种多样化，严格作业，清洁卫生，环保意识强，可实现加工过程无污染。目前，发达国家或地区的杂粮初深加工技术处于国际领先水平，在美国、加拿大、芬兰等发达国家，农产品加工企业一般采用"企业+农场"的模式，农业纵向一体化程度不断加深，其杂粮生产向机械化、现代化方向发展。

在薯类加工领域，美国、日本、韩国等国家薯类种质资源通常建有综合性的国家长期库，承载着各国作物种质资源长期战略保存、技术研发、信息管理、国际交流及科普宣传等功能。欧美国家，特别是美国不仅对薯条有着严格的分级，而且有严苛的马铃薯相关产品的安全检测和先进的加工技术，美国的马铃薯加工业者都必须遵循美国农业部和美国食品药品监督管理局严格的安全标准。

（二）国内研究存在的差距

1. 稻谷（含米制品）加工学科

与日本等发达国家相比，我国稻谷（含米制品）加工学科在食品专用米、功能大米加工技术方面仍需拓展；技术装备尤其是主机设备的原创性开发，机械装备的外观、稳定性、使用寿命、专用零配件的材质等方面尚有一定差距；多数稻谷加工企业研发能力不足，科技投入较少，创新意识较薄弱。

在以日本为代表的发达国家，除稻壳外，稻谷副产物基本实现了全利用，而我国米糠的深加工综合利用只占约20%，稻壳发电及综合利用只占约30%，缺乏高值化深加工产品，这造成了副产物的资源浪费和环境污染，制约了稻谷加工行业的结构调整和整体效益提升。

2. 玉米深加工学科

欧美发达国家的大型玉米深加工企业已经形成了从基础研究、技术创新、产品创制到装备制造的成熟创新体系。目前，我国玉米加工企业对科技创新的重视程度、资金投入与欧美相比仍存在较大差距，科研经费的持续投入力度不足，研发经费占比普遍达不到国家规定的3%~5%，且严重依赖大专院校和科研院所。玉米深加工领域科研投入仍然偏低，企业科研力量薄弱，学科的基础研究层次偏低，仍停留在采用现有玉米原料辅以配方改良、工艺改进的阶段，针对玉米的营养保留、加工调控、产品创制的基础研究欠缺，某些高附加值产品的品质与国外头部企业的产品仍存在较大差距。我国玉米深加工产品中，低附加值、高耗能、高污染的深加工产品较多，饲料用途占2/3；精深加工产品不到1000种，与国外相比停留在较低水平的恶性竞争和重复建设阶段。

3. 小麦（含发酵面制品、面条制品）加工学科

与国外小麦制粉技术、装备及工艺发展相比，国内小麦制粉工艺比较成熟，处于世界领先水平，但是受国内消费市场影响，小麦粉产品专用化程度不高，市场上小麦粉产品多以通用粉、民用粉为主，专用小麦粉的比例不足30%，产品市场经济效益较低（利润率普遍低于2%）。另外，国内小麦粉加工装备的生产水平还有较大提升空间。

在面条制品方面，我国的研究仍处于起步阶段，相比于国外先进的干燥工艺，我国的技术落后，仍多采用传统热风干燥的方法。产品类别单一，市场份额小，营养价值低，口感差，最根本的原因在于我国面条制品生产未能摆脱传统工艺的局限，导致产能结构性过剩，具体表现在低端产品产能过剩，高端产品稀缺；企业同质化严重且数量多，创新能力弱，生产工艺较为落后。

在发酵面制品方面，以冷冻发酵面团为基础的工业化生产在发酵面制品的保鲜、抗老化、质量安全、风味品质和口感保持方面优势明显，但国内冷冻发酵面团的研究和技术较落后。①我国高抗逆性酵母菌种的收集及其利用、天然保鲜剂和小麦粉专用化等领域的研究与发达国家之间存在差距，无法满足工业化生产需求。②我国的馒头等发酵面制品的一体化、自动化和智能化程度有待提高。③我国的冷链品质保鲜物流体系与发达国家之间存在差距，如冷冻、冷藏、运输和解冻设备及其温度参数的控制等无法达到工业化生产和产品质量要求。

4. 杂粮（含薯类）加工学科

在杂粮加工领域，我国杂粮加工技术开发起步晚，投入人力、资金有限，与欧美等农业发达国家相比有很大差距。农业发达国家用于深加工的杂粮数量占其总产量的50%以上，而我国杂粮深加工的利用率还不到其总产量的10%，且大多数加工水平停留在初级加工水平，存在原料生产发展水平低，产品质量不稳定；加工企业规模小而分散，技术创新能力有限，市场竞争优势不强；低档次、低层次和低水平的产品加工多，而深精加工不足；杂粮加工附加值低，加工转化率低；杂粮研究投入少，技术人才匮乏，全国性龙头企业尚未出现等问题。

在薯类加工领域，目前国内薯类贮运损失达到15%~20%，简易贮藏损失高达15%~30%，而发达国家薯类（主要是马铃薯）贮运损失不到10%。发达国家薯类的贮藏、运输、加工设备及产品线较为全面，能够满足薯类的生产需求，而我国薯类贮藏、加工设备行业起步晚，设备产品质量与种类不完善，市场需求较依赖进口。我国薯类种质资源丰富，但绝大多数为鲜食品种，淀粉、全粉、薯条、薯片等加工专用型品种较少，无法满足马铃薯产业快速发展和市场多样化的需求。我国薯类淀粉、粉条（丝）等传统加工产品仍占据市场主导地位，产品结构单一、营养价值低、同质化现象较为严重，缺乏适合我国居民日常消费的营养健康型马铃薯加工产品。薯类加工产生大量副产物，主要有薯浆、薯渣、薯皮，目前这些副产物大部分被直接丢弃，综合利用率和产品附加值较低，资源浪费严重，如不能妥善处理，将严重影响企业周边环境，限制薯类加工产业发展。

(三)产生差距的原因

1. 稻谷(含米制品)加工学科

(1)对学科建设、科研项目的重视不够。与20年前相比,粮食加工专业的稻谷加工专业课时缩短一半以上、稻谷加工专业科研机构和研发人员也大幅减少;稻米加工领域"十三五"国家重点研发项目中设有两个独立项目,而"十四五"国家重点研发项目中未设独立项目。

(2)高层次科技创新人才培养机制不完善,有影响力的学科带头人等顶级人才缺乏。政府部门和相关学术团体对行业发展有关键推动作用的科研项目立项支持不足,尚未形成一支联合攻关、优势互补的科技团队。

(3)交叉学科建设和高层次科技创新人才引进亟待提升。如稻谷加工装备涉及材料学、稻谷加工工艺、机电控制等多学科交叉,但缺乏具备交叉学科综合知识的人才。

(4)相关基础研究薄弱。稻谷(含米制品)加工学科研究多为工艺改进,缺乏产品加工品质及食用特性形成机制等基础研究,缺乏指导技术创新以解决共性关键问题的理论体系,导致新技术开发能力、产品创制能力及工程化能力不足。

(5)体制有待完善。目前大米加工产业集中度低、企业平均规模小、加工产业链条较短,稻米附加值低;米制品加工业缺乏统一规划和指导,导致产业需求与学科发展之间协调性不足。

(6)主食产品标准及制度规范匮乏。我国现有的米制主食产品遵循的质量标准多以企业标准为主,权威性的行业标准和国家标准较少,对产品质量的稳定性及产品出口的可靠性有影响。

2. 小麦(含发酵面制品、面条制品)加工学科

(1)工业化起步晚,区域发展不平衡,企业创新能力不强,资金投入不足,导致在人才、原料、加工机械和冷链物流等不足。

(2)面条和发酵面制品行业缺乏加工工艺和品质评价的标准,对科学合理的原料、新产品、机械设备等的研究开发和新工艺的制定引导、带动不足。

(3)市场监控管理不规范,对面制品的成分检测不够科学详尽,对有害因子的检测不够严格。

3. 玉米深加工学科

(1)基础研究相对薄弱。我国玉米加工科学技术领域基础研究层次偏低,主要停留在配方和工艺技术改进层面,没有从分子层面等阐明产品加工品质及食用特性形成的机制,尚未形成指导技术创新解决共性关键问题的理论体系,尤其是前沿技术与玉米深加工技术融合交叉不足,原始创新与技术集成难以为产业发展提供充足的源动力。

(2)关键技术交叉融合创新不足。我国玉米深加工技术创新与大数据、人工智能、育

种等领域的交叉融合不足，从育种到加工的链条性创新体系尚未得到系统构建，导致难以产出原创性、颠覆性的技术成果，原料保质减损、真菌毒素脱除、智能化加工、节能降耗等关键环节的支撑能力不足。

（3）产品加工结构与成熟度有待提高。玉米组分功能特性、玉米淀粉分子结构、加工专用品种筛选、变性淀粉改性机制、玉米生物转化过程及调控机理等方面的科学理论研究与发达国家均存在一定的差距；玉米及其产品品质和加工过程参量原位感知技术装备缺乏，限制了智能化生产线的集成，进一步影响了下游深加工技术的发展。

4. 杂粮（含薯类）加工学科

（1）基础研究层次偏低。杂粮加工学科的研究较多侧重于杂粮食品的工艺、杂粮最佳配方、杂粮添加量对食品品质的影响，缺乏形成指导技术创新以解决共性关键问题的理论体系。

（2）科研与实际成果转化脱节。目前，我国杂粮加工学科的成果转化率及其对与产业发展的贡献不甚理想。高等院校、科研院所的科技成果成熟度不够高，科学研究方向和成果与产业需求脱节，科研成果难以有效转化为实际生产力。粮食加工企业在科技研发方面的资金投入和重视程度不够，产学研结合程度有待提高，导致新技术开发能力、产品创制能力及工程化水平明显不足，从而导致技术系统集成创新能力差，不少有价值的成果不能高效地转化为市场产品。

（3）成果转化平台不足。杂粮加工学科缺乏有行业影响力的国家级平台，导致成果转化效率不足。由于是以科研兴趣和项目引导，高校的科技成果大多呈散点式分布，一个领域相关的技术成果可能分布在多所高校。虽然一个产品或一项技术的链条上需要的散点成果也可能在一所高校全部找到，但是缺乏强有力的科技服务机构把这些散点式的成果集聚整合起来，形成大的技术成果。

四、发展趋势及展望

（一）战略需求

1. 稻谷（含米制品）加工学科

以米糠、抛光粉、碎米等为挖掘对象的稻米加工副产物的可食化利用，以全糙营养米、发芽糙米和留胚米等为代表的主食大米营养升级，是实现稻谷资源多途径拓展和全值化利用的重要途径。具体表现在：①夯实米制品加工行业人才队伍，加大领军人才和高层次人才教育培训和队伍建设，以满足现代粮食产业和国家储备事业发展需要。②重视米制品加工基础研究，研发原创性技术，推动米制品产业的原始技术创新。③开展米制品加工重要科研攻关，深化科研创新水平。④健全米制品加工产学研用融合机制，提升新技术、新成果集成能力，提高成果转化应用水平。⑤充分发挥米制品加工相关企业科技创新和人才培养的主体作用，健全以米制品加工产业发展、企业需求为导向的创新要素配置模式。通过激发人才创新活力，推进产业链、价值链、供应链"三链协同"，推动深化改革转型发展，助推米制品加工高质量发展。

2. 小麦（含发酵面制品、面条制品）加工学科

主食面条制品急需向规模化、工业化方向发展。面条制品工业化发展的热点主要集中在强化营养、风味多样化、优化品质、减盐降脂、延长货架期、标准化评价方法、生产关键技术及加工设备的改进等方面。发酵面制品作为大宗主食品类，面临着提质增效、提升行业工业化水平的战略需求，研究开发适宜工业化生产的原料和保鲜剂，丰富产品品类，提升加工、贮藏、运输装备技术水平，延长货架期，保持风味口感、品质和质量安全，以确保人民饮食质量，提升全民营养健康水平。

3. 玉米深加工学科

玉米是加工程度最高、产业链最长的粮食品种，可加工3500多种产品。随着玉米深加工理论研究的不断深入、玉米深加工技术的日益改良及产品的大量开发，玉米深加工学科呈现出以下发展趋势：①以产品营养精准化为抓手，依托品种改良和加工技术创新，不断改良玉米复合食品的品质和口感，推动玉米食品化、主食化发展。②贯彻落实"双碳"目标，通过更多的环境友好提取技术、综合利用技术和绿色智能加工装备的创新，显著提升行业的绿色低碳发展水平。③强化玉米原粮及加工副产物生物减毒技术创新，在玉米生产过程中开展拮抗微生物有效控制原粮微生物污染防控技术研究，并利用微生物和降解酶解决玉米加工副产物中的残留毒素，开展玉米加工副产物中生物毒素脱毒减毒研究，提高玉米原粮和加工副产物的安全性。

4. 杂粮（含薯类）加工学科

聚焦"农民持续增收"问题，多途径精准制定新型技术路线，完善杂粮精准科技发展体系，开辟杂粮产业发展带动农业增效的新路径；突出"创新驱动发展"导向，多方式科学组配自主技术集成，加快农业科技供给侧结构性改革，实现杂粮种植技术自主创新；瞄准"科技助推产业"目标，多元化加快杂粮产业提质增效，培育一批市场竞争力强、产品特色鲜明、带动效果明显、具有发展潜力的杂粮生产新型经营主体和企业；提升"品牌引领市场"价值，实施绿色高质高效示范创建和提质增效工程，不断提升杂粮产品精深加工水平，培育互联网、大数据、农村电商、乡村旅游新产业、新业态，全链条加快小农户与现代农业发展的有机衔接。

薯类加工学科急需向薯类采后保鲜减损与精准调控、营养型薯类制品提质增效加工、薯类加工副产物高值化利用方向发展。①在薯类采后保鲜减损与精准调控方面，研发新型保鲜技术及复合保鲜剂/膜，攻克薯类采后愈伤、预冷、贮藏、运输等采后保鲜技术，降低薯类采后损失率，提升鲜食产品品质。②在营养型薯类制品提质增效加工方面，重点开展不同薯类品种加工适宜性评价、品质形成与调控机制、提质增效加工关键技术研究，揭

示加工品质形成机理与调控机制，建立完善的原料适宜性加工理论体系，研发薯类食品加工减损增效新技术，创制高品质薯类食品。③在薯类加工副产物高值化利用方面，突破薯类蛋白、多肽、膳食纤维、果胶、多酚类物质、纳米纤维素等成分绿色高效制备技术，阐明上述成分抗氧化、降血糖、降血压等生物活性及其作用机制，研发高附加值产品。依托产学研深度融合与协同创新，助推薯类加工高质量发展，助力全民营养健康。

（二）研究方向及研发重点

1. 稻谷（含米制品）加工学科

围绕适度加工提质升级柔性碾磨技术，进一步加强碾米装备的数字化和智能化开发，开展留胚米、低温升米等食品专用米的品质调控研究及多元化产品开发；围绕米糠、抛光粉、碎米等副产物进行营养挖掘和可食化利用，拓展米糠、抛光粉、米胚等产品的功能，在米糠稳态化、碎米质构重组等技术开发和生产线建设方面，聚焦低碳减排、节本降耗和加强工艺的基础理论研究。研究米制品原料营养保全适度加工技术和装备，建立适度加工标准体系，开展大米适度加工生产示范；研究构建米制品原料工艺参数及品质关联模型，完善米制主食标准化生产技术体系；研究米制品淀粉糊化回生机理和品质控制技术；进行米制主食贮藏品质劣变机理研究，开发米制品智能气调提质保鲜包装技术，研发耐储方便米制主食品生产技术及应急食品；深入研究米制品加工副产物资源高效利用技术，高效环保副产物、高值生物转化技术；研究米制品及加工副产物生产加工和贮藏过程真菌毒素削减技术，开发原位阻控技术，探索超级储存稻谷高效利用技术。实施基于大数据的米制品智慧加工示范、米制食品专用粉加工示范、营养健康米制品创新示范，开展功能化米制品精准设计和智能化制造示范；开发米制食品供应链数据自动采集和存储技术，研发米制食品供应链风险评估预警技术，基于数据驱动开展成品粮应急保供优化布局研究。

2. 小麦（含发酵面制品、面条制品）加工学科

小麦（含发酵面制品、面条制品）加工学科研究方向及研发重点应集中在：专用小麦粉、全麦粉产品加工技术及新产品开发。针对不同人群，加快研发安全、营养、方便、专用型面条，如婴幼儿营养强化面条、特殊人群功能性（如低 GI）面条。探究小麦粉与无麸质谷物粉的互作机制，合理提高小麦面条制品中杂粮的含量，解决高杂粮含量面条的品质下降与风味劣变等问题，推进面条制品的品类细分和质量提升。研发保鲜技术为生鲜面条的储存提供高效安全的保鲜方案，最大程度减缓生鲜面条腐败变质的速率，延长产品货架期。优化加工工艺，开发先进加工设备，提高产学研成果的有效转化，推动我国传统主食面条制品的工业化、智能化发展。开展生产线的自动化和智能化研究，满足发酵面制品品类丰富多样及其柔性生产的需求，提高生产效率、产品质量和产品稳定性。建设酵母菌种资源库，加强菌种资源的收集与研究，开发抗冻能力强、活性高、适宜发酵面制品工业化生产的高抗逆酵母及其应用技术。研究保质保鲜添加剂，尤其对冷冻冷藏环境下提高酵

母活力、保持产品风味品质、口感和质量安全的天然营养健康添加剂的研究。研究冷链物流所需的高效速冻、解冻、精准控温、持续保持最优低温环境的技术和设备，提升工业化技术水平。

3. 玉米深加工学科

未来国内玉米深加工领域的研究方向主要有：针对深加工产品的"高值化、健康化、多元化"需求，推进玉米的梯次化、精准化加工；针对不同加工原料和消费方向的玉米特性需求，研发相匹配的玉米品种、玉米加工方式和储运玉米脱毒技术。

4. 杂粮（含薯类）加工学科

杂粮加工学科的研究内容主要围绕杂粮食品加工工艺、装备和产品质量提升、杂粮营养组分研究等，包括：①通过基础研究了解杂粮风味与功能特性、食品组分及其相互作用，杂粮食品加工前后的感官品质测定，解决杂粮食品风味提升、品质提升、活性保持和保存技术等共性关键技术难题。②大力改进加工工艺，应用新型分离技术对现有分离工艺进行改良，得到具有较高价值特性的二级产品，开展深加工增值研究。③开发杂粮功能性食品，研究杂粮中生物活性物质的分离、鉴定、生物活性物质的保健作用及减少慢性疾病危害的作用机理。④开展杂粮的多元化利用途径研究，根据不同杂粮的原料特性与人们的消费习惯，将杂粮原料深加工转化为方便食品、休闲食品、食品配料及生物质材料等产品。⑤建立高效育种与产业发展技术平台，培育高产、优质、多抗、专用型特色杂粮作物新品种，延长杂粮产业链，带动提高杂粮产业化水平和农业综合效益。

薯类加工业的发展趋向薯类保鲜减损与节本增效、营养食品制造、绿色加工等关键技术领域。①以绿色安全为前提，基于生物、化学和物理手段的保质减损控制措施、新型高效绿色安全保鲜剂、绿色保鲜纳米材料及其精准控释保鲜技术等。②以精准营养为靶向，开展薯类食品加工过程中主要营养素的含量及结构变化规律、配方优化与工艺升级、质构改善与风味形成、精准营养与个性化设计、营养与感官品质平衡等的研究。③以乡村振兴为基点，开展节能、节水、零排放薯类加工技术，薯浆益生饮品及薯渣营养原料粉等高值化加工关键技术，薯类功能性成分精准分离提取关键技术等研究。

（三）发展策略

1. 稻谷（含米制品）加工学科

围绕加工副产物和主食大米的营养升级，以解决过度加工和营养损失、节能降耗、提升大米出品率，提升米糠等副产物品质等共性关键技术为需求点，在"大食物观"的指引下，完善副产物综合利用和主食大米营养升级技术，推广低温升、柔性加工装备，升级全脂米糠在线稳态化技术，创新稻米加工副产物精细分离技术，全面提升稻谷加工智能化研究和研发设计水平，健全标准体系和环保、节能保障体系，完善科普教育配套体系。

依托国家级科研院所、工程中心、实验室和龙头企业，大力选拔国家级稻米加工和米制品加工领军人才、青年拔尖人才；充分发挥高水平人才在集聚创新资源方面的优势，加强原创性研究和产品产业化研发；建立健全推动新型智库建设的制度机制，加强软件、硬件建设。

推进国家稻米加工与米制品专家咨询委员会建设，进一步提高服务决策的能力水平。引导有关院校围绕稻米加工与当地优势稻米制品产业需求，吸引龙头企业深度参与，打造稻米加工与稻米制品产业集群；努力创新校企合作方式，支持职教集团实体化运作，培育一批产教融合型企业，支持建设一批现代产业学院，有效促进融通创新。

2. 小麦（含发酵面制品、面条制品）加工学科

（1）增加投入力度，选用自动化、智能化加工设备，先进的生产工艺，选取优质原料，选用安全卫生的监测管理系统、完善的质量监控、完整的营销网络和顶尖的技术人才。

（2）产品品种多样化。通过开发具有不同口味和功能特性的产品，为消费者提供更大的选择空间，以满足不同顾客的需求。

（3）根据不同产品的特点，对应研发生产适应该产品的机械设备。改善生产流程，提升自动化水平，降低原材料损耗，提高成品率，降低故障率，降低企业的生产成本，降低工人的劳动强度，提高经济效益。

（4）加强相关标准和评价方法的研究和制定，引导新产品、新技术、新装备和新工艺的研究开发。

（5）引进和创新产业集群。抱团取暖，提升品牌知名度，严格企业的管理制度，提升面食企业的管理水平，完善产供销环节，让产品既能生产得出，又能销售出去，取得较好的经济效益。

（6）优秀专业人才的培养。以教育部门为主导，协同制订人才培养方案，营造良好的人才发展环境，加强亟须、高技能和创新型人才培养；针对所涉及的食品科学、工程学、信息学等学科大类，采用交叉学科思维，提高研究与实践能力；组建先进的研发团队、技术团队和销售团队。

（7）推进"产学研"协同创新体系建设。围绕关键核心技术组建一批由企业、科研机构和高校参与的创新联合体，推进"产学研"协同创新和攻关，积极解决行业的重大科技问题。

（8）加强政策扶植和创新资源投入。在科技、税收、用地、资金、上市等方面给予政策倾斜，完善多元化投入机制，鼓励政府、企业和社会资金加大投入，鼓励优势企业兼并重组，推动企业高质量发展。

3. 玉米深加工学科

结合我国玉米深加工领域的发展现状及对国内外研究所存在差距的分析，未来国内玉米深加工领域的研发重点主要涵盖：以酶法浸泡、全组分高度综合利用和节能减排技术为核心的玉米淀粉绿色制造技术；满足不同应用需求、市场高度细分的变性淀粉开发，以及微波、挤压等新型改性手段和装备的应用及推广；色谱、树脂等分离纯化技术；基于基因工程的育种、酶工程、发酵等生物技术；纤维素乙醇、淀粉基生物新材料的开发及应用技术；新型功能性糖醇产品的开发及生理特性研究；高值功能与营养型玉米食品新产品的研发与产业化示范等。

4. 杂粮（含薯类）加工学科

（1）技术创新与研发。加强对杂粮（含薯类）加工技术的研究和创新，提高加工效率和产品质量。鼓励开展针对杂粮（含薯类）的新工艺、新设备和新产品研发，推动技术进步和行业升级。

（2）建立标准与质量管理体系。制定和完善杂粮（含薯类）加工的标准和质量管理体系，确保产品的安全和质量。加强对原料的选择和检测，提高产品的营养价值和食品安全水平。

（3）增加附加值与产品多样化。通过加工技术和工艺的创新，提高杂粮（含薯类）加工产品的附加值。开发多样化的产品，满足消费者对健康、营养和方便的需求，拓展市场空间。

（4）提升行业竞争力与鼓励品牌建设。加强杂粮（含薯类）加工企业的管理和运营能力，提高行业的整体竞争力。鼓励企业进行品牌建设，提升产品知名度和市场所占份额。

（5）促进农业与加工业的协同发展。加强农业生产与杂粮（含薯类）加工业的协同发展，建立稳定的供应链和产业链。推动农产品深加工，提高农民收入，促进农村经济发展。

（6）人才培养与技能提升。加大对杂粮（含薯类）加工领域人才培养的支持力度，提高从业人员的专业知识和技术水平。加强培训和学术交流，促进人才的交流与合作，旨在推动杂粮（含薯类）加工学科的发展，提升行业的技术水平、产品质量和市场竞争力，实现可持续发展，并为人们提供更多健康、营养和多样化的食品选择。

参考文献

［1］石叶蓉. 稻谷加工过程中的营养损失及防控措施研究［J］. 现代食品，2023，29（06）：85-87.
［2］丁艳明. 我国稻谷加工行业产能布局研究——以黑龙江、湖南、江西、江苏、湖北五省为例［J］. 中国粮食经济，2022（08）：49-52.
［3］李心蕊. 稻谷加工生产数字化关键技术研究［D］. 武汉：武汉轻工大学，2022.
［4］严帝. 稻谷加工工艺改进［J］. 食品安全导刊，2022（08）：119-121.
［5］毕文雅，魏雷，石天玉. 不同变温干燥工艺对稻谷加工及食味品质的影响［J］. 粮食与油脂，2022，35（01）：21-24，34.

[6] 杨书林. 小麦加工及其制品品质提升专栏介绍[J]. 粮油食品科技, 2022, 30(06): 7-9.
[7] 周冠华, 李圣军. 我国小麦加工损耗情况探析[J]. 中国粮食经济, 2022(06): 65-68.
[8] 王小洁, 蒿宝珍, 谢艺可, 等. Co-γ辐照对小麦加工品质及终产品质构特性的影响[J]. 食品工业科技, 2022, 43(11): 74-82.
[9] 汪桢, 马森, 王晓曦. 小麦加工过程中营养组分变化及其对面条品质影响研究[J]. 粮食与油脂, 2021, 34(10): 23-26.
[10] 易文强. 浅谈中国小麦加工工艺[J]. 现代食品, 2021(12): 68-70.
[11] 徐小青. 面筋蛋白对馒头品质的影响[D]. 郑州: 河南工业大学, 2020.
[12] 卢露. 冷冻生坯馒头品质劣变及改良研究[D]. 无锡: 江南大学, 2021.
[13] 钱晓洁, 孙冰华, 王晓曦. 冻藏对馒头水分状态以及品质影响研究[J]. 食品研究与开发, 2019, 40(14): 1-6, 149.
[14] QIAN X, GU Y, SUN B, et al. Changes of aggregation and structural properties of heat-denatured gluten proteins in fast-frozen steamed bread during frozen storage[J]. Food Chem, 2021, 365: 130492.
[15] GAO H, ZENG J, QIN Y, et al. Effects of different storage temperatures and time on frozen storage stability of steamed bread[J]. J Sci Food Agric, 2023, 103(4): 2116-2123.
[16] 闫博文. 老面酵头微生物菌群多样性差异分析及其对馒头风味特性的影响[D]. 无锡: 江南大学, 2021.
[17] 杜云豪, 刘长虹, 王雪青, 等. 发酵方式对馒头在冷藏过程中品质及其货架期的影响[J]. 食品工业科技, 2020, 41(09): 264-268.
[18] 尹志慧. 预制面条加工保藏过程中的品质变化机理[D]. 西安: 陕西科技大学, 2023.
[19] 张蒙丽. 面条加工过程中面筋蛋白组分分布与迁移规律解析[D]. 青岛: 青岛农业大学, 2022.
[20] 张丽丽. 小麦球蛋白聚集特性及其对面条加工品质的影响研究[D]. 郑州: 河南工业大学, 2022.
[21] 刘玲. 水分子运动对小麦面条加工品质的影响机制研究[D]. 西安: 陕西师范大学, 2022.
[22] 赵明华, 曹斌. 我国玉米加工产业空间集聚特征及成因研究[J]. 山西农业大学学报(社会科学版), 2021, 20(05): 10-20.
[23] 李令金, 李才明, 班宵逢, 等. 从加工视角关注玉米产业链中的相关环节[J]. 江苏农业科学, 2020, 48(17): 47-53.
[24] 张庆芳. 玉米加工工艺及产品开发研究进展[J]. 农业科技与装备, 2020(03): 57-58.
[25] 王乐, 鲁久林, 孙祖林, 等. 杂粮加工现状及发展研究[J]. 粮食与食品工业, 2023, 30(03): 1-3.
[26] 裴春敏. 复合杂粮食品的配比加工优化及对血糖的影响分析[J]. 农业开发与装备, 2022(10): 95-97.
[27] 木泰华, 陈井旺. 中国薯类加工现状与展望[J]. 中国农业科学, 2016, 49(09): 1744-1745.

撰稿人: 姚惠源 顾正彪 谢 健 王晓曦 谭 斌 位凤鲁 木泰华
　　　　李兆丰 程 力 沈 群 安红周 肖志刚 孙 辉 刘 翀
　　　　赵思明 孙红男 易翠平 朱小兵 任晨刚 刘 洁[1] 王 展
　　　　　　　　　　　　　　　　　　　　　　　　　　　黄海军

油脂加工学科发展研究

一、引言

油脂加工是一门综合性较强的学科，其内容主要包括油脂、蛋白和脂类伴随物及相关产物的化学与物理性质，油脂及蛋白的加工技术，综合利用技术，工程装备技术及所依托的科学理论。

油脂加工业是食品工业的重要组成部分，国家统计局数据显示，2021年食品工业规模以上工业企业总产值为72983.4亿元，油脂加工业总产值占食品工业的8.2%。油脂加工业是农业生产的后续产业，又是食品、饲料和轻化工业的重要基础，肩负着保障国家粮油安全、满足人民健康生活的物质需求、为社会提供多种必不可少的工业原料多重任务。据国家粮油信息中心提供的数据，2021年我国植物油消费量为4254.5万吨，与2011年植物油消费量2765万吨相比，增长了53.9%。近5年，我国油脂加工业集约化、规模化、精细化程度进一步提高，部分领域达到了国际先进水平，跟跑、并跑、领跑的"三跑"并存格局已经形成。油脂机械朝着专业化、大型化、集成化、智能化、绿色环保的方向发展，油脂加工学科为油脂行业的发展提供了强有力的支撑。

5年来，我国油脂相关科技人员获得国家科学技术进步奖二等奖1项、省部级奖项24项；获得授权国家专利179件；出版了多部具有影响力的专著；承担了"十三五""十四五"国家重点研发计划13项；油料油脂标准制修订工作成效显著，在完善了油料油脂标准体系的基础上，颁布了54项国家、行业和团体标准；中国油脂博物馆的建成和油脂科普工作的开展提升了公众科学消费的理念；成立了核桃油、亚麻籽油、稻米油等产业创新战略联盟及中国轻工业食用油加工与绿色制造重点实验室等科研平台。这些成绩的取得极大地促进了我国油脂加工产业的快速发展，促进了行业的高质量健康发展。

二、油脂加工学科 5 年来的研究进展

（一）油脂加工学科研究水平

1. 应用基础研究

（1）精准适度加工理论。

精准适度加工理论是近年油脂加工学科研究热点，广泛研究了油脂和微量伴随物的健康作用及其与慢性病发生发展的关系，深入解析了原料 – 工艺 – 产品质量关系，进一步丰富和完善了精准适度加工理论的科学内涵、技术要素、实施路径和标准体系，为其推广应用奠定了坚实的基础，成为国际植物油加工理论研究的新趋势。

（2）油脂结晶和乳化稳定理论。

研究阐明了非氢化油脂中不同熔点甘油三酯分子迁移聚集、分级结晶引发的不相容机理；发现了甘油二酯的界面结晶特性，揭示了基于这一特性的甘油二酯皮克林乳液稳定机制；发现了蛋白微凝胶颗粒的乳液稳定作用，揭示了高内相皮克林乳液"3D 弹性界面膜"促稳机制，丰富和完善了油脂结晶和乳液稳定理论，为采用非氢化油脂制造低饱和、零反式食品专用油脂和构建乳液递送体系开辟了新途径。

（3）结构脂质的营养学及重构机理。

脂质营养不但涉及能量和脂肪酸的平衡，还与脂质结构密切相关，广泛开展了中碳链甘油三酯（MCT）、中长碳链甘油三酯（MLCT）、1,3- 不饱和脂肪酸 –2- 棕榈酸甘油三酯（UPU）、甘油二酯（DG）、2 位二十二碳六烯酸甘油酯（sn–2DHA）、磷脂等结构脂的消化、吸收、转运和代谢行为与健康功效，丰富了脂质精准营养研究内容。深入研究并构建了脂肪酶催化酯化、酯交换、定向水解等多相反应体系，探明了反应过程的酰基迁移机制、sn–1,3 位特异脂肪酶催化反应可控机制，为脂质重构和功能调控提供了理论依据和技术支撑。

（4）凝胶油构建及形成机制。

深入开展了以甘油一酯、天然蜡、植物甾醇、脂肪酸、脂肪醇等为可食性凝胶因子的凝胶油构建，解析了其在液体油中三维网络结构形成的机制，为零反式、低饱和塑性脂肪的制备开辟了新途径。

（5）植物蛋白加工与构效关系。

基于大豆蛋白结构存在柔性区间且其部分影响蛋白结构折叠与解折叠、亚基聚合与解离等的研究，提出了蛋白纤维结构形成的"分层叠变"机制和蛋白柔性化加工理论；研究了植物基肉制品纤维的形成机理，解析了蛋白质、淀粉和脂肪等组分的物理化学性质变化和互作规律，为开发植物蛋白产品和品质调控提供了理论支撑。

2. 关键技术和装备研究

（1）精准适度加工技术与装备。

以"提质、减损、增值、低碳"为新发展理念，针对多种油料开展了适度加工新方法建立、新技术突破、新装备保障、新产品创制和新标准引领的科技创新链条及技术规范建设取得了重大进展。

油料预处理与油脂制取：重点突破了大宗油料气调保质、原料精选，以及大型轧胚机、调质干燥机和螺旋榨油机等核心技术和装备，研制应用世界上最大的万吨级E型浸出器，打破了国外垄断，预处理压榨车间智能化系统的操作更便捷、指标更可控，其综合能耗、生产稳定性、技术经济指标达到国际领先水平。

水酶法、水浸法、超临界、亚临界萃取等技术在特色油脂制取中得到进一步推广应用。

油脂精炼：我国精炼工艺与设备已比较成熟和完善，创新层出不穷。酶法脱胶替代传统脱胶已从大豆油拓展至米糠油；复合吸附剂脱色、干法脱酸、纳米中和脱酸、低温短时脱臭、填料塔脱臭等技术广泛应用，达到了节能减排、提高油脂得率、抑制风险物生成的目的。

（2）食品专用油脂加工技术。

重点开发和推广大型连续化干法分提、酯交换等低反、零反脂肪酸生产技术，实现了对部分氢化油的全替代。现在我国干法分提规模世界领先，由非氢化工艺加工的低反、零反脂肪酸专用油脂的市场占有率达95%以上，能满足各种食品加工业发展需求。超临界CO_2冷冻结晶技术在专用油脂加工中实现应用。

（3）功能油脂制备技术。

针对特殊人群、慢性病患者开展人乳替代脂、甘油二酯、中长碳链甘油三酯（MLCT）等结构脂的营养需求、构效关系、重构方法与技术、品质稳定性等研究，重点研究酶法重构脂的分子设计技术和装备，一批成果得到转化，新一代健康油脂走向市场。

（4）新油源开发。

木本油料、小宗油料及粮油加工副产物等新油源，以及利用生物技术生产二十二碳六烯酸（DHA）、二十碳四烯酸（ARA）、藻油和高油酸植物油脂得到大力开发，产业化规模进一步扩大。

（5）植物蛋白资源开发。

植物油料蛋白产品趋向系列化，生产规模不断扩大，产量已占国际市场近一半份额。高水分挤压–酶法改性联用制备植物基肉制品关键技术与装备有所突破。油料蛋白肽生产技术和装备得到规模化应用推广，采用膜分离技术显著提高了产品品质和生产效率。发酵粕类需求量和生产量不断扩大，全自动化发酵工艺和设备的应用助力年产能达150万吨。

（6）油料油脂综合利用。

磷脂、维生素E、甾醇、角鲨烯、异黄酮、皂苷、低聚糖等天然植物基实现了工业化生产；建立了稻谷生产和米糠制油的"吃干榨净"循环经济增值加工模式，打造生态智慧现代工厂，践行绿色工业发展理念；中碳链油脂、月桂酸油脂等在饲养业替抗方案中扮演了重要角色；利用油脚及废弃油脂生产生物能源、绝缘油、增塑剂、润滑油、乳化剂、脂肪酸相变材料等的研究及应用取得突破。

（7）食用油安全控制与监管技术。

广泛研究和明确了油料油脂中内源及外源危害物的成因与变化规律，建立了劣质油、反式脂肪酸、3-氯丙醇酯、缩水甘油酯、多环芳烃、真菌毒素、矿物油、对羟基苯甲酸酯、双酚等危害物的风险评估和防控标准。基于光学、电化学和压电技术、分子印迹仿生传感器技术实现了高灵敏度、高特异性的快速检测。黄曲霉毒素、苯并芘和地沟油标志物——辣椒素单检及多合一快检卡、快检试剂盒和手持式智能检测仪实现了食用油主要危害物一步式快速检测，在食用油安全监管领域意义重大。

（8）智能化和数字化技术。

智能化、数字化技术在油脂加工企业得到应用，油脂加工业从生产到销售的各环节积极融入数字技术，大型智慧化工厂不断建成并取得相关部门的智能化工厂认证，推动了油脂加工业的高质量发展和转型升级。

（二）油脂学科取得的成就

1. 科学研究成果

（1）获奖项目、申请专利、发表论文、制修订标准等。

获奖项目：食品工业专用油脂升级制造关键技术及产业化获2020年国家科学技术进步奖二等奖；食品专用油脂品质调控关键技术开发及产业化、葵花籽油精准适度加工与品质提升关键技术研发应用获中国粮油学会科学技术进步奖特等奖，营养家食用植物调和油技术体系研究及应用等7个项目获中国粮油学会科学技术进步奖一等奖；亚麻籽脱皮适温制油功能性膳食补充剂加工技术示范项目、油料功能脂质高值化利用关键技术研究及示范、大豆绿色加工高值化利用关键技术研发及产业化等19个项目获有关省部级科学技术进步奖特等奖、一等奖。

申请与授权专利：5年间共获得授权专利189件，其中外国授权专利9件、国家发明专利100件、实用新型专利80件。

发表论文：5年间发表各类论文合计1200多篇，其中科学引文索引（SCI）收录论文550多篇。

制修订标准：在全国粮油标准化技术委员会油料及油脂分技术委员会和中国粮油学会团体标准油料油脂技术委员会的组织下，学科制修订各类标准55项，有力地推动了我国油脂工业的健康发展。

（2）国家、省部级立项及重大科技专项的实施情况。

完成了"十三五"国家重点研发项目大宗油料适度加工与综合利用技术及智能装备研发与示范、食品加工过程中组分结构变化及品质调控机制研究、特色油料适度加工与综合利用技术及智能装备研发与示范、大豆及其替代作物产业链科技创新、特色食用木本油料种实增值加工关键技术、新型海洋生物材料与海洋酶制剂产品研发与产业化等。

承担了"十四五"国家重点研发项目大宗油料绿色加工及高值化利用关键技术及新产品创制、大宗油料加工副产物综合利用关键技术及新产品创制、婴配乳品新型核心配料规模化制备技术创新及示范、新疆核桃等特色油料作物产业关键技术研究与应用、深海新型生物酶制剂创制与产业化、绿色工业酶催化合成营养化学品关键技术；"十四五"政府间国际科技创新合作项目葵花籽适温压榨制油与蛋白联产关键技术研究与应用等。

功能性油脂创制关键技术研究与示范、甘油二酯酶法生产关键技术研发与示范、大宗食用油脂功能化加工关键技术与产品研发、大豆生物制取油脂及蛋白制品关键技术集成与示范、高油酸花生适度精准制油及综合利用关键技术研究与示范、核桃高值化加工关键技术集成创新与示范、油莎豆产业化关键技术研发与集成示范、医用食品中结构酯的高效精准检测方法的建立和推广等项目分别列入各省（直辖市、自治区）重大项目。

（3）科研基地与平台建设。

成立了国家市场监管重点实验室（食用油质量与安全）、中国轻工业食用油加工与绿色制造重点实验室、国家花生油加工技术研发专业中心、国家菜籽油加工技术研发专业中心、国家芝麻油加工技术研发专业中心、中原食品实验室油脂加工研究中心、中非花生品质评价与加工利用合作研究中心、新疆–中亚植物蛋白与营养健康研究院、江苏省粮油安全与绿色低碳制造工程研究中心等国家（省部级）研发中心。

（4）理论与技术突破情况。

非氢化专用油脂加工理论：系统研究油脂结晶网络形成及演变的分子机制，发现了非氢化油脂中不同熔点甘油三酯分子迁移聚集、分级结晶引发的晶体不相容是影响其结晶网络构建和导致产品质量有缺陷的关键因素，完善了油脂相容性理论，为低饱和、零反式脂肪酸专用油脂的高效制造和品质控制奠定了理论基础。

食品专用油脂生产技术：攻克干法分提和酶促定向酯交换耦合技术，提高了非氢化油脂的结晶相容性和 β′ 晶型的形成；创新开发了"静态"混合预乳化–低速剪切二次柔性乳化技术，克服了传统高速剪切乳化导致的非氢化油脂结晶网络失稳和高能耗问题；突破了油脂均一性瞬时结晶调控关键技术，设计和制造了具有自主知识产权的 2~30 吨/时系列激冷和捏合核心装备，实现了专用油脂生产成套装备的国产化。突破静电自组装乳化和低温喷雾–塔内原位–塔外流化三重包埋技术，开发出冷水可溶型、耐酸型粉末油脂；优选富含营养伴随物的油脂，开发出针对薯条、鸡块、方便面等的低饱和专用型煎炸油，提高了煎炸食品的营养安全性。

母乳替代脂相似性定量评价技术：构建了全球最大的乳脂数据库，建立了多指标相似性评分模型和多级分类评价体系，创新提出了用相似系数量化婴配奶粉脂肪与母乳脂肪的相似度，实现了相似性的定量评价。

新酶创制和应用技术：优选了多种油脂加工用新酶，应用于甘油二酯食用油的制造；发明了鼓泡式酶反应器，采用固定床反应器无溶剂反应体系，实现了甘油二酯食用油多相体系高效绿色催化，突破了固定化酶重复使用率低的瓶颈。

绿色低温保质保鲜储油技术：研发应用了地下和半地下自然低温储油、隔热库房储油和隔热保冷油罐储油等方法，在零抗氧化剂添加、非充氮、非机械制冷条件下实现了储油"长储长新"及质量、营养和风味三保鲜，将精准适度加工模式成功复制到储油环节。

亚麻籽制油关键技术：针对亚麻籽油味苦、易氧化等难题，研发集成了亚麻籽脱皮和皮仁分离技术和装置，攻克了低温脱胶、絮凝吸附脱苦等关键技术，实现了亚麻籽精准适度加工。

蛋白加工关键大型装备：在研制出固液萃取、固液分离和脱溶烘干等工艺装备的基础上，研制出专用于浓缩蛋白萃取、干燥的装备，进一步耦合自动化、智能化控制和检测系统，开发出了大型智能化醇法浓缩蛋白制取工艺技术装备，单线产能从10年前的1万吨/年发展到目前全球最大规模的8万吨/年，其生产的低温粕质量和技术指标都达到或优于国际先进水平，蒸汽、溶剂消耗方面较进口设备有着明显优势。

2. 学科建设

（1）学科结构。

油脂加工学科属于食品科学与工程学科的重要组成部分，主要研究油脂与植物蛋白的理化性质、营养与安全、质量控制、加工技术与装备等，重点研究油料油脂资源的深度开发和高效利用技术。

（2）学科教育。

我国建立了完整的油脂加工学科人才培养体系。1986年开设油脂工程专业博士点，1998年将油脂工程与粮食工程合并成粮食、油脂及植物蛋白工程专业博士点，成为食品科学与工程一级学科下设的4个二级学科之一。现在越来越多的高校参与油脂加工学科的研究和人才培养。

（3）学会建设。

围绕学科热点、难点问题，中国粮油学会油脂分会（简称油脂分会）广泛开展学术交流、研讨及多种形式的技术咨询活动。近3年，虽然受新冠疫情的影响，但一年一度的学术交流年会和组织专家到企业进行专家咨询现场答疑活动并未间断过。学术交流年会已成为油脂行业最具影响力的品牌会议，截至2023年已成功举办了32届。油脂分会在规范行业行为、维护油脂行业健康发展等方面发出了许多正能量声音。针对不良媒体和以盈利为目的的机构歪曲事实的说法，油脂分会会及时组织专家讨论，最终形成科学严谨的声明，以正视听，确保行业持续健康发展。会员是学会的基石，为会员服务是油脂分会工作的重中之重，油脂分会拥有个人会员4310人、团体会员448个、会员之家60个，5年来针对会员企业的产品开发、品质安全和提升、技术改造等，积极组织知名专家开展咨询服务，做到有求必应。

油脂分会积极向政府建言发展油料油脂生产。油脂分会呼吁政府有关部门像支持大豆产业一样支持米糠资源的利用。2023年1月，国家卫健委经商农业农村部、市场监管总局、国家药监局发布了支持米糠安全食用产业发展的意见，中国粮油学会花生食品分会提出了《关于"大力推动我国花生产业高质量发展"的建议》和《关于大力发展新疆花生产业夯实新疆长治久安基础的建议》，2021年5月先后得到中央领导批示，推动了全国和新疆花生产业高质量发展。

（4）人才培养。

油脂加工学科毕业生在食品、油脂、粮食、饲料等食品加工相关企业、科研单位、高等院校、设计院，以及质量监督、卫生防疫、商品检验等单位从事科研、工程技术、设计、产品开发、制造、质量检测、教学和经营管理等工作，就业前景良好。截至2023年，全国制油工行业职业技能竞赛已成功举办5届，成为人力资源和社会保障部批准的国家级二类竞赛。

（5）学术交流。

成功组织举办了各类学术交流会，例如，亚麻籽、芝麻、橄榄油、茶籽油、葵花籽油高峰论坛会，大豆制油加工技术研讨会，国际脂质科学与健康研讨会，国际联合实验室学术年会，全国樟树籽开发利用研讨会，"一带一路"国际花生产业与科技创新大会，植物基肉制品前沿科技国际研讨会，第六届国际稻米油科技大会等国内国际会议60多场，并组织行业专家在国内外著名学术会议上主持并作主旨报告，扩大了油脂学科的国内外影响力。

"瑞元杯"油脂科技青年论坛由油脂分会发起、主办，2019—2023年已经成功举办了四届，分别由中粮营养健康研究院、江南大学、武汉轻工大学和河南工业大学承办，对建设青年人才队伍、培养优秀后备人才、促进油脂行业技术进步起到了重要作用。

（6）学术出版。

出版了《葵花籽油加工技术》《核桃油加工技术》《花生油加工技术》《菜籽油加工技术》《亚临界生物萃取技术及应用》《农产品加工适宜性评价与风险监控》、*Phytochemicals in Soybeans*、《油脂生物科学与技术》8部专著，《粮油副产物加工学》《食品脂类学》《油脂化学》《食品脂质》4部高等学校教材。油脂加工学科已有《中国粮油学报》《中国油脂》《粮食与油脂》《粮油食品科技》等专业性核心学术期刊。

（7）科普宣传。

出版了《中国油文化》《少吃油，吃好油》《食用油与健康》《美好生活"油"此而来：

油科学概论》《食用油的科学》《为健康生活加"油"》《多出油出好油用好油》7部科普书籍。开设中国油脂、中国花生食品、江南大学油脂园地、脂质江南、油脂工程师、油讯、丰益科普之家、脂质营养与健康、油料脂质分析实验室等微信公众号,推出大量原创科普文章,其中"江南大学油脂园地"入选《环球科学》杂志2020年度学术公众号TOP10榜单。2021年,中国油脂博物馆正式开馆,其是我国唯一的油脂专业博物馆。中国油脂博物馆设有古代油脂、近代油脂工业发展、油脂行业名家名人、油脂分会发展沿革、油脂名校名企、油脂标准、油脂科普、国家油脂安全八大展区,展陈面积2000多平方米,馆藏展品包括文物1200多件、书籍资料6000多册、油料油脂标本1000多种,成为湖北省科普教育基地、湖北省"大思政课"实践教学基地、武汉市科普教育基地。建馆以来,中国油脂博物馆开展特色科普活动20多场,接待观众约3万人次。积极组织专家学者通过走进社区和学校、开设慕课、举办讲座等方式传播油脂科学消费观念。

3. 学科在产业发展中的重大成果、重大应用

通过承担国家和地方重大科技项目,取得了一大批先进、实用的新技术、新工艺、新设备等成果,实现了行业的技术进步和产品升级。

(1)智能化工厂建设。

在工厂自动化、数字化基础上开发的智能化工厂系统包含企业资源计划(ERP)、制造执行过程(MES)、智能物流、产品溯源、安防监控、全厂智能网络、全厂核心数据信息等,运用互联网、大数据、人工智能等技术,结合全厂数据,从原料采购、工艺、生产、化验到营销等进行一体化、数据化管理,实现智能制造。

道道全重庆工厂2020年被认定为重庆市"市级智能工厂",海南澳斯卡国际粮油有限公司3000吨大豆、菜籽智慧工厂被工信部、国家发改委等授予2021年度智能制造示范工厂,道道全靖江工厂作为靖江市首家省级"智能工厂"入选2022年江苏省级智能制造示范工厂名单,2022年年底,国内单线最大的山东渤海青岛董家口6000吨智能工厂投产。这些智能工厂的建成,大幅优化了能源利用率、生产效率、运营成本和良品率,助力我国油料油脂加工各项经济技术指标处于世界领先地位。

(2)食用油精准适度加工技术。

精准适度加工技术在全行业得到了广泛推广,在保证工艺效果的同时高效保留营养物质和大幅度降低反式脂肪酸、3-氯丙醇酯、缩水甘油酯、多环芳烃、塑化剂的生成,零反式脂肪酸食用油成为行业的主导产品之一;技术的推广应用使得蒸汽消耗降低了69%、废水排放量降低了78%、碳排放量减少了30%,节能减排效果显著。

(3)非氢化专用油脂加工技术。

非氢化专用油脂加工核心技术、关键装备在国内83条专用油脂生产线成功应用,并出口美国、加拿大、新西兰等13个国家,实现了专用油脂生产成套装备的国产化,实现了对氢化油脂的全取代和非氢化专用油脂系列产品的创新制造,推动了食品专用油的升级换代。

（4）结构酯制备技术。

中长链甘油三酯（MLCT）、中链甘油三酯（MCT）、1,3-油酸-2-棕榈酸甘油三酯（OPO）、1,3不饱和脂肪酸-2-棕榈酸甘油三酯（UPU）及甘油二酯食用油等实现量产，标志着我国新一代健康食用油品质大幅提升，市场占有率稳步提高，正在成为国内结构脂产业的核心力量。全酶法制造甘油二酯食用油技术入选了油料油脂加工行业新技术。MLCT进入新国标婴配奶粉配料表，并与UPU一起首次应用于大型乳企婴配奶粉的设计与生产，解决了婴配奶粉核心脂肪配料的"卡脖子"问题。

（5）花生加工适宜性评价与提质增效关键技术。

创建了花生加工适宜性评价理论体系与技术方法，创制了高通量快速检测新技术、新设备，按加工用途进行科学分类并筛选出花生加工专用品种，破解了混收混用问题；创建了专用品种的专用加工工艺，实现了花生油和花生蛋白的联产。成为农业农村部粮油生产主推技术之一。

（6）大豆绿色加工与高值化利用关键技术。

创建了与传统大豆加工副产物梯次化利用配套的间接全豆加工体系和全豆加工体系；开发了功能型系列豆制品、高乳化性和稳定性大豆分离蛋白、大豆膳食纤维粉、全籽粒植物饮料和植物肉等产品及其配套专用设备和生产技术。成为国家大豆产业技术体系主推技术之一。

三、国内外研究进展比较

（一）国外研究进展及现状

1. 油料与油脂加工新理论、新理念

近几年，国外油料与油脂研究的理论和思想不断更新，主要体现在以下几个方面：阐明了油脂合成基因表达方式，利用基因工程生产所需结构的油脂；明确了微生物油脂胞内脂肪酸、甘油三酯的合成途径；完善了甘油三酯结晶的分子层次组装理论，从纳米和介观尺度洞察脂肪的形成及物理功能特性；创建了饱和磷脂分子定向诱导可可脂结晶理论，减少了巧克力"调温"工序；深化了剪切诱导蛋白纤维化理论，促进以大豆蛋白为原料的整块植物素肉产品开发。

近年来，欧盟委员会通过预算为955亿欧元的欧盟研究与创新框架计划，"欧洲地平线"计划的第一个战略计划，提出了2021—2024年研究与创新投资的战略，强调建立生物经济、循环经济和蓝色经济（HORIZON-CL6-2022-CIRCBIO-01），在此框架基础上，科学家提出全酶法油脂制取加工新理念，最大程度保留油脂营养成分，并高效利用蛋白与磷脂资源，以实现油料加工产业升级，这也是当代油脂加工科技革命和产业变革的方向和全球产业竞争重点。

基于油脂结构化理念发展液体油脂的凝胶化或固定化技术，在制备结构化油脂的基础上着重研究结构化油脂的功能定位、营养特性和贮藏稳定性。

随着消费者对食品要求的不断提高，欧、美等发达国家对油脂加工产品提出加工可持续、注重食用享受的新发展理念。

2. 油料与油脂加工新技术

欧、美等发达国家在油脂加工领域继续加强新技术研究与创新，且拥有核心知识产权。从清洁生产和可持续循环角度开展系列技术革新，主要包括欧盟批准增加植物基2-甲基氧杂环戊烷作为己烷替代萃取溶剂，用于食用油浸出和天然成分提取，制备脱脂蛋白质产品、脱脂谷物胚和天然调味料；另外，欧盟批准了超声波辅助萃取初榨橄榄油项目，采用超声波反应器处理橄榄，替代传统加工中的融合工序，以提高出油率和节省制油时间；采用兆频超声波、超滤和纳米膜技术、吸附技术及酶技术提高脱胶效率。利用乳化技术开发出不含氢化油、动物脂肪或棕榈油的人造黄油，突破传统急冷捏合生产工艺，生产成本低、产品稳定性高；利用油脂凝胶化技术开发出功能性脂（Smart Fat），替代高饱和脂肪（如椰子油），用于植物肉制造，作为更健康食品的配料；通过干法研磨与气流（静电）分级实现对植物蛋白质的转移和富集，建立了可持续生产的干法浓缩蛋白加工新技术。将大数据技术、区块链技术和人工智能技术等应用到油脂生产制造与仓储物流各个阶段，建立、完善了油脂产品溯源体系。

油脂工业专用酶开发与固定化的技术和材料不断更新，促进了油脂加工业的绿色高效可持续发展，生物酶已被成功应用于油料细胞破壁提油、酶法精炼、副产物（植物甾醇和维生素E）的绿色提取与高值化利用，以及二十二碳六烯酸（DHA）甘油酯的选择性富集。

开发专用膜分离技术，用于不饱和脂肪酸如亚油酸、油酸的分离与提纯。

3. 油料与油脂大型加工设备

一些国际品牌在关键油脂大型加工设备方面仍然占据绝对的优势地位。包括生产人造奶油的高压刮板式换热器、急冷捏合单元，大型油料挤压膨化机和低温榨油机，油脂精炼的碟式离心机、真空系统、高压锅炉，大型植物肉高湿挤压设备等。

4. 油脂加工与深加工新产品

随着育种技术和基因技术的发展，高油酸、高γ-亚麻酸、高亚麻酸、高芥酸、富含ω-7脂肪酸、高熔点脂肪酸、富含二十二碳六烯酸和二十碳五烯酸（EPA）等油料作物被培育出来，有的已经实现了商业化和规模化生产，油脂的种类更加丰富。另外，一些昆虫油脂，包括蚕蛹油、蟋蟀油等也被开发利用。借助超微包埋技术或纳米乳液技术对磷虾油、鱼油等富含ω-3脂肪酸的油脂进行深加工，并应用于面包、果汁、巧克力等产品生产。

欧盟各国及印度等相继推出了维生素D强化食用油产品；瑞典的食品公司基于真菌蛋白质研制出了具有黄油质地的纯素黄油；美国的食品公司利用植物性成分开发出类似动物

脂肪的植物脂，可替代传统反式/动物脂肪为植物肉提供丰富的口感；美国的食品公司通过微生物发酵生产出富含油酸（≥90%）的烹调油，实现了烹调用微生物油脂的商业化。在油脂加工的副产品综合利用方面，国外的一些产品国际领先，例如，美国的磷脂产品风味好、色泽浅、产品性质更稳定，其复配产品种类更丰富、应用领域更广泛；甾醇和维生素E产品的纯度更高、产品种类更多；日本和英国某些公司的脂肪酸型乳化剂分类更精细，在食品或化工领域的应用效果有明显优势。

油料蛋白的应用开发已经趋于成熟，波兰的生物技术公司研发并推广从菜籽饼中提取全功能蛋白的商业化技术；德国的食品公司研发并推广从葵花籽饼中提取多功能蛋白的商业化技术，并推出多种蛋白营养强化剂产品；美国的食品公司推出与大块动物肉质构相似的大豆基植物性蛋白质产品；美国将植物蛋白做成植物基黏合剂，用于制作动物饲料料槽、家具黏合等。

（二）国内研究存在的差距

1. 基础研究

相较于欧美发达国家，我国在油脂加工专用酶、油脂合成生物、油脂营养与健康、油脂感官感知、高品质蛋白制造与检测和加工核心设备等方面的基础研究存在一定的差距。油脂加工过程中存在的细胞破壁酶、脱胶酶、脱酸酶及副产物和深加工制造生物酶的菌种设计和定向改造等基本科学问题有待解决，且缺乏自主知识产权。合成生物学对功能性油脂的开发具有重要意义，然而我国在合成基因组、高通量测序、数据分析等方面仍需要加强基础探索，以通过理性设计提高油脂生物制造能力。油脂营养与健康的研究尚处于起步阶段，油脂营养健康功能及代谢机制有待进一步研究，个性化营养功能性油脂生产不足。欧美发达国家通过开展食品感官评价研究，解析人在食用油脂及其制品的过程中的生理响应机制和感官心理，满足消费者的多元需求，提升饮食愉悦感。油料蛋白结构与功能间构效关系的基础理论解析相较于日本、美国及欧盟还存在一定的差距，极大限制了油料蛋白的高附加值利用及个性化油料蛋白产品的高效制造。油脂加工产业中的检测和加工核心设备设计与制造理论的匮乏，导致目前我国高通量测序、脂质组学等设备仍然依赖进口。

2. 技术与装备

在油料加工副产品利用方面，我国已建立起较为完整的副产物资源综合利用方案和体系，但在油脂加工副产品高值化利用和技术集成化创新方面仍需进一步提升。如创制绿色高效分离与精制制备技术，并结合生物技术、油凝胶技术、纳米技术等，开发出优质蛋白粉、功能性短肽、具有动物蛋白风味和口感的植物基蛋白产品等。我国需在优质食用蛋白生产和蛋白质深加工技术方面开展研究和技术推广，如低温/适温制油联产蛋白关键技术，以减少蛋白质变性并进一步实现蛋白质的精深加工，突破油料加工副产物绿色萃取和增值加工关键技术。

此外，国外持续开展安全可生物降解的油脂包装新材料的研发，并对羟基酪醇等新型天然高效油脂抗氧化剂及其应用技术进行研究。

3. 油脂质量指标及检测技术

国外标准覆盖面广、更新速度快，在某些危害物指标的限定上早于、严于国内。欧盟标准（EU 2020/1322）规定常见植物油，如椰子油、玉米油、菜籽油、葵花籽油、大豆油、棕榈油、橄榄油中 3-氯丙醇酯 ≤ 1250 微克/千克、缩水甘油酯 ≤ 1000 微克/千克，而国内暂无相关规定。国际上针对油脂中矿物油检测标准的制订处于征求意见阶段，欧盟动物、植物、食品和饲料委员会（PAFF）建议将婴幼儿配方乳粉中的矿物油上限定为 1 毫克/千克；欧盟标准（EU 835/2011）规定油脂中苯并[a]芘限量为 2 微克/千克，苯并[a]蒽、苯并[b]荧蒽、苯并[a]菲总量的限量为 10 微克/千克，而国内标准（GB 2762—2022，《食品安全国家标准食品中污染物限量》）只规定了苯并[a]芘的限量是 10 微克/千克。欧盟标准（EC 1881/2006）规定用于食品加工的花生原料的黄曲霉毒素 B_1 限量为 8.0 微克/千克，黄曲霉毒素 B_1、黄曲霉毒素 B_2、黄曲霉毒素 G_1、黄曲霉毒素 G_2 总量限量为 15.0 微克/千克，而国内标准（GB 2761—2017，《食品安全国家标准食品中真菌毒素限量》）规定花生及其制品的黄曲霉毒素 B_1 限量为 20 微克/千克，花生油中黄曲霉毒素 B_1 限量为 20 微克/千克。

在油脂检测技术方面，我国油料油脂的检测方法已经基本达到国际水平，但是检测所需要的核心设备如质谱仪、核磁共振仪、色谱、光谱仪等仍高度依赖进口。

（三）产生差距的原因

油脂加工学科建设、人才培养、学科融合交叉不足，导致油脂加工复合型人才缺乏，限制了学科的基础研究水平和科技创新水平。因此，仍需持续开展和推进多学科交叉领域的技术革新，如生物、纳米、膜分离、工业分子蒸馏等新型油脂精炼技术的研究和工业化推广，以最大限度保留油脂天然活性成分，并通过技术升级有效控制油脂加工过程中风险因子的形成。

油脂研究涉及多个学科、领域和方向，需要不同知识背景的专家学者共同参与、通力合作。然而，国内关于油脂学科不同方面的研究大多是对应知识背景下专家学者的研究，如脂质组学和脂质营养健康多为公共营养学和医学背景的专家学者的研究、生物酶技术多为微生物工程背景的专家学者的研究、农学和合成生物学多为基因工程专家学者的研究，彼此间及与油脂加工间的衔接和联系不够紧密，交叉学科研究不充分，导致技术系统集成创新能力不强，科研成果转化与推广不足。

我国油脂加工产业结构有待升级，产业链需进一步延伸；研发投入和产业化不足，油脂加工技术与装备开发应用落后，自主创新能力不强，导致低端产能过剩，副产物资源利用不充分，精深加工产品开发相对滞后，产品不够多元化。此外，油脂加工相关标准体系有待进一步补充与完善，以规范油脂加工企业生产和保证产品质量，提升产品竞争力。

我国的油脂加工技术已经达到国际先进水平，但在专业化、精细化、原创性方面仍有较大提升空间。国外设备制造企业已经形成了完备的体系，设备的设计、加工、安装、售后等体系完备，享有较好的声誉，尤其是在美、日、韩等发达国家。国内油脂加工业起步较晚，受人才、材料、工艺、实践机会等的限制，适于不同油料和加工规模的专业化、细分化和稳定性优良的成套设备等落后于发达国家。

四、发展趋势及展望

1. 战略需求

习近平总书记强调要树立大食物观，让"中国饭碗"端得更好、更健康。油脂是人体所需的三大宏量营养素之一，食用油也是人们日常生活不可缺少的必需品。近5年，我国油料产量稳定在6000多万吨，进口油料已经超过1亿吨，油脂自给率降至30%左右，2023年中央一号文件要求扩种大豆油料，推行稻油轮作，支持木本油料发展，促进我国乡村振兴战略实施，实现我国农业农村现代化的总目标，将我国加快建设成为农业强国。在百年未有之大变局、国内外环境发生深刻复杂变化的情况下，多种渠道增加我国油料油脂的供应，提高自给率，已经成为确保国家粮油安全的重要组成部分。

近20年来，我国居民因高脂饮食诱发的肥胖、心脑血管疾病、糖尿病等慢性病人数日益增加。为推动健康中国建设，提高人民健康水平，党的十八届五中全会战略部署制定了《"健康中国2030"规划纲要》，提到要解决部分人群油脂等高热能食物摄入过多等问题，逐步解决居民营养不足与过剩并存问题。中国疾控中心提出了"三减三健"的全民健康生活方式，油脂科技界出版了科普图书《少吃油吃好油》，提倡公众控制食用油的摄入量、均衡摄入膳食油脂、摄入更加营养健康的油脂的健康饮食模式。

我国油脂加工业高质量发展问题突出，存在产能过剩严重、对外依存度高、精深加工转化能力不足等问题，产业链条短，产品同质化严重，副产物综合利用率低、附加值低，创新能力不强，急需加强研发和科技成果转化投入，建立企业和科研院所为联合体的创新主体，健全科技创新体系和机制，加快产业升级。

总体而言，我国食用油生产量和人均消费量增速已经明显放缓，进入快速发展后的产业优化与结构调整的高质量发展战略机遇期。在新时代，人们消费水平和健康理念不断提升，营养与健康成为人们对食用油产品的重要需求。

2. 研究方向及研发重点

在新时代，为提升我国油脂自给率，让百姓的"油瓶子"里多装中国油，在大食物观、未来食品等新概念的驱动下，油脂加工学科需要适应高质量发展需要，使我国油脂科技水平由跟跑和并跑向领跑转变。因此，在"双碳时代"的背景下，油脂加工学科将在原基础上，持续聚焦油料资源开发、油脂加工技术、油脂营养与健康、油脂智能化关键核心装备制造、油料蛋白加工技术、副产物综合利用、油脂质量与安全、油脂智能制造装备等传统科学研究内容，结合合成生物学、绿色萃取、组学分析等新兴学科，推进油脂加工学科交叉融合发展，建设以油脂加工学科为基础的交叉学科。加快技术和未来油脂产品的创新，延长产业链，拓宽产品范围，提升油脂加工业的核心竞争力，实现高质量发展的同时提高全民健康水平，助力"健康中国2030"。

（1）油料资源开发领域研究方向及研发重点。

油料资源开发领域的研究方向及研发重点体现在以下几方面：开发可持续型油料资源，缓解我国食用油资源紧缺现状。①完善以大豆、菜籽、花生等大宗油料为中心，棉籽、葵花籽、芝麻、油茶籽、核桃和橄榄等为补充的油料种植体系。②继续推广亚麻籽、牡丹籽、红花籽等特色油料种植，综合利用米糠、玉米胚、小麦胚等粮食加工副产物制油，开发油莎豆、樟树籽、乌桕籽和山苍子等新兴油料资源。③结合海水淡水养殖业和畜禽产业，充分挖掘我国潜在的动物油脂资源优势，丰富猪油、牛油、深海鱼油等动物油脂资源的利用。④深入研究微生物油脂和昆虫油脂生产技术，形成新型功能油脂资源。

（2）油脂加工技术领域研究方向及研发重点。

油脂加工技术领域的研究方向及研发重点体现在以下几方面：①研究油脂加工过程中甘油三酯及油脂伴随物的变化规律，以精选原料、精准识别、精细制油、精炼适度的"四精原则"为导向，积极开发与推广油脂精准适度加工技术，最大程度保存油料中的固有营养成分并减少危害物的生成。②研发植物油正己烷浸出可替代性绿色溶剂及相应浸出和溶剂回收装备，推动油料浸出向绿色可持续发展转型升级。③开展油脂保质技术研究，推进生物、纳米、膜分离、工业分子蒸馏等新型油脂精炼技术研究。④研发安全可生物降解油脂包装新材料，研发新型天然高效油脂抗氧化剂及其应用技术。⑤以智能化、成套化、绿色化、节能化为导向，进一步开发油脂精准适度加工技术配套设备，完善相关操作规程和标准体系。⑥研究食用油脂的保质保鲜技术，建立绿色储油系统，研发能实现食用油"长储长新"的精准适度加工技术与设备。

（3）油脂营养与健康领域研究方向及研发重点。

油脂营养与健康领域的研究方向及研发重点体现在以下几方面：①根据婴幼儿、儿童、青少年、成人和老年人营养需求的差异，开发针对不同生命周期人群的特膳油脂产品。②针对特殊医学状况婴儿、妊娠期和产后哺乳期妇女、特定生理状态老年人等的营养需求和代谢模式，开发特医食品油脂组件。③研发油脂中生物活性成分的高通量筛选、品质调控和活性保持技术。④探究功能性油脂营养健康作用机理，研究油脂及功能活性物质的量效关系，靶向设计"精准营养型"功能性油脂。⑤基于交叉学科开展油脂及功能活性物质对慢性病的调控机制研究，开发糖、脂代谢调节功能型油脂产品。

（4）油脂智能制造装备领域研究方向及研发重点。

油脂智能装备领域的研究方向及研发重点体现在以下几方面：①以专业化、大型化、成套化、智能化、绿色环保、安全卫生、节能减排为导向，发展高效节能降耗的食用植物油加工装备。②推进真空泵、膨化机、碟式离心机及卧式螺旋压榨机等油脂加工设备的大型化与精细化，实现油脂加工关键核心装备的自主化制造。③采用数字化设计、数控制造、样机虚拟仿真、机电一体化等技术原理，研发油脂加工装备稳态化及精准化关键控制技术、实时在线安全监测智能化控制技术，开发油脂加工装备智能化控制系统，以及相关工业应用软件、传感和通信系统，实现油料、油脂及其副产物的柔性化、智能化和集成化加工。④推进互联网、大数据、人工智能等信息技术、生物技术、绿色低碳技术与油脂装备开发的深度融合，推动行业技术改造和流程再造，建设油脂加工智慧工厂。

（5）油料蛋白加工技术领域研究方向及研发重点。

油料蛋白加工技术领域研究方向及研发重点体现在以下几方面：①基于"大食物观"理念，积极开发与推广低温、适温压榨与饼粕蛋白联产关键技术，最大程度降低油料蛋白变性程度。②基于不同种类油料蛋白固有特性，创制绿色高效分离与精制技术，开发蛋白粉、浓缩蛋白、分离蛋白、蛋白组分、功能性短肽等油料蛋白精深加工系列产品。③研究不同油料蛋白在传统食品工业中的应用特性，揭示油料蛋白结构对传统食品色、香、味、形及营养品质的影响机制，拓展油料蛋白在传统食品工业中的应用范围。④研究开发以油料蛋白为核心的植物基肉制品、乳制品、蛋制品、海产品等，探究油料蛋白多尺度结构变化与未来食品品质形成及调控机理，创制高效绿色制备技术及装备。⑤建设油料蛋白精深加工与高值化利用示范线，并形成技术推广体系。

（6）油脂副产物利用领域研究方向及研发重点。

油脂副产物利用领域研究方向及研发重点体现在以下几方面：①基于油料加工副产物特性，研发高值化综合利用的新技术、新产品及集成配套的高效智能装备，并形成示范。②针对传统油料加工副产物提质增效、功能产品创制、节能降耗、绿色环保的产业新要求，突破油料加工副产物绿色萃取和增值加工关键技术。③开发绿色高效制取生物技术及精细分离新技术，创制大宗油料副产物高效智能化加工新装备。④开发绿色健康的符合市场需求的高值化产品，提升副产物功能活性和生物利用度。⑤建设大宗油料加工副产物综合利用示范线并形成技术推广体系。

（7）油脂质量与安全领域研究方向及研发重点。

油脂质量与安全领域研究方向及研发重点体现在以下几方面：①研究原料收储运输、油脂加工、上架售卖及食品加工等过程中危害因子的形成、迁移及转化规律，开发监测检测、追溯预警、过程控制等关键技术。②探究多环芳烃、缩水甘油酯、3-氯丙醇（酯）、反式脂肪酸、真菌毒素等的生成机制及迁移规律，研究物理、化学、生物降解等危害因子脱除技术，开发危害因子原位阻控技术，开发用于有害因子消除的高效酶制剂。③研究已知危害因子多类别、多组分高通量精准检测及快速检测技术，潜在未知污染物精准筛查识别技术，优化危害因子检测前处理技术。④基于现代生物传感技术研发危害因子快速检测技术与装备，研究自动化多识别探针技术，开发收购、生产或抽查现场使用的便携式快速检测技术和设备，建立健全油脂快速检测标准体系。

（8）油脂生物合成领域研究方向及研发重点。

油脂生物合成领域研究方向及研发重点体现在以下几方面：①创建适用于油脂工业的细胞工厂，筛选具有产油能力的酵母、霉菌、细菌和藻类等微生物，突破基因工程、细胞代谢工程、定向进化、成簇规律性间隔短回文重复序列（Clustered Regularly Interspersed Short Palindromic Repeats，CRISPR）基因编辑技术及蛋白结构预测系统（Alphafold2）等合成生物学关键技术，加速构建产油微生物数据库。②针对不同产油微生物的生长特性开发"光合自养""光能异养""化能自养"和"化能异养"型微生物培养设备，实现微生物的高细胞密度培养。③研究微生物油脂高效绿色制取及精细分离新技术，开发适用于微生物油脂提取、有害因子消除的高效酶制剂，突破微生物油脂加工副产物综合利用关键技术，提升副产物综合利用率及功能活性。

（9）油脂组学分析领域研究方向及研发重点。

油脂组学分析领域研究方向及研发重点体现在以下几方面：①基于多组学联合模式开发高灵敏度、高分辨率和高通量的组学分析技术，进一步完善油脂组学数据库。②结合互联网、大数据、人工智能、深度学习等手段，建立不同人群的营养需求特征数据库，研发营养配餐智能技术和特殊人群膳食干预技术，调节人体代谢。③基于油脂组学分析，实现食品原料的品质控制、加工技术的优化及食品的智能设计与制造。

3. 发展策略

（1）推进油脂加工产业提质升级，发挥科技创新驱动作用。

油脂加工业关系国计民生，应多措并举开拓油源，优化食用油供给结构；倡导食用油精准适度加工，解决产品营养损失、产业链条短、综合利用率低、附加值低等问题；倡导健康消费模式，积极开发健康型油脂产品，通过科技创新提升产业竞争力。

（2）完善组织领导和行业集成，提高财政资金使用效益。

完善各级政府科研项目的立项管理机制，从问题导向、需求导向、政策导向出发，常态化编制发布各领域的科技攻关难题榜。建立以政府投入为引导、企业投入为主体、银行贷款为支撑、社会资金为补充的油脂产业化资金投入体系，集聚油脂加工所需的政策、技术、资金、人才，协调和推进全国油脂行业的健康发展。

（3）扎实做好人才培养，增强学科发展活力。

加强专业人才培养和创新团队建设。引导青年人才参加各类学术交流活动，促进新理论、新思路、新成果、新技术的交流互鉴，为青年人才成长创造良好环境；积极发挥中国粮油学会的桥梁作用，促进建立产教融合、校企院企合作的技术技能人才培养模式，培养支撑中国制造、中国创造的技术技能人才队伍；鼓励和支持科研人员长期专注相关领域技术瓶颈的持续攻关，为我国油脂工业和油脂科技的不断发展打造一支优秀的后备队伍。

（4）加强国际交流与合作，提升全球影响力。

紧密结合学科专业发展需求，积极落实"一带一路"倡议。一方面，把国外专家"请进来"，与之开展学术交流和科研合作，共同举办油脂加工领域国际学术会议；另一方面，让专家"走出去"，鼓励国内学者到技术先进的国家进行学术访问、参加国际学术会议和合作研究，进一步深化在油脂加工领域的科研、人才培养合作与交流。共同构建跨国油脂加工学术圈与产业圈，开创合作互利、发展共赢的新局面。

（5）发挥标准引领作用，提升品牌价值。

及时制修订油脂相关标准，完善标准制修订衔接机制；加大国家标准、行业标准、团体标准、地方标准的研制力度，强化标准跟踪评估，完善油脂及其制品的分类标准；鼓励企业个性定制标准，引导建立标准自我声明制度；提高仲裁和认证能力与业务水平，充分发挥标准的引领作用，提升监管效能。

立足资源禀赋，以提质增效为目标，通过质量提升、科技支撑、品牌构筑、特色挖掘等，培育出一批具有自主知识产权的、家喻户晓的、有较强市场竞争力的全国性名牌产品，推动我国从农业大国向品牌强国转变。

参考文献

[1] 国家统计局. 2022年中国统计年鉴［M］. 北京：中国统计出版社，2022.
[2] 王瑞元. 我国粮油加工业在"十三五"期间的发展情况［J］. 中国油脂，2022，47（03）：1-4.
[3] 王瑞元. 2021年我国粮油产销和进出口情况［J］. 中国油脂，2022，47（06）：1-7.
[4] 姚专，周政. 对油脂适度加工产业相关技术问题的研究及探讨［J］. 粮食与食品工业，2020，27（5）：1-3.
[5] 刘玉兰，邓金良，马宇翔，等. 地下储油对提升浓香花生油风味稳定性及综合品质的作用［J］. 中国粮油学报，2023，38（2）：104-111.
[6] 王瑞元. 我国油脂机械制造业的创新发展［J］. 中国油脂，2021，46（1）：1-4.
[7] 王瑞元. 创新抢占大豆蛋白开发利用的至高点［J］. 中国油脂，2021，46（3）：1-2.
[8] MARANGONI A G, VAN DUYNHOVEN J P M, ACEVEDO N C, et al. Advances in our understanding of the structure and functionality of edible fats and fat mimetics［J］. Soft Matter, 2020, 16（2）：289-306.
[9] CHEN J, GHAZANI S M, STOBBS J A, et al. Tempering of cocoa butter and chocolate using minor lipidic components［J］. Nature Communications, 2021, 12（1）：5018.
[10] LAMBRÉ C, BARAT BAVIERA J M, BOLOGNESI C, et al. Safety assessment of 2-methyloxolane as a food extraction solvent［J］. EFSA Journal, 2022, 20（3）：e07138.
[11] GABER M A F M, JULIANO P, Mansour M P, et al. Improvement of the canola oil degumming process by applying a megasonic treatment［J］. Industrial Crops and Products, 2020, 158：112992.

［12］ASSATORY A, VITELLI M, RAJABZADEH A R, et al. Dry fractionation methods for plant protein, starch and fiber enrichment: A review［J］. Trends in Food Science & Technology, 2019, 86: 340-351.

［13］SYAHRUDDIN S, WARDANA I N G, WIDHIYANURIYAWAN D, et al. The Effects of the Polarity and Molecular Dynamic Energy of Bamboo Activated Carbon on the Degumming Process of Calophyllum inophyllum Oil［C］//IOP Conference Series: Earth and Environmental Science. IOP Publishing, 2022, 1097（1）: 012062.

［14］YAO W, LIU K, LIU H, et al. A valuable product of microbial cell factories: microbial lipase［J］. Frontiers in Microbiology, 2021, 12: 743377.

［15］ABDELLAH M H, SCHOLES C A, LIU L, et al. Efficient degumming of crude canola oil using ultrafiltration membranes and bio-derived solvents［J］. Innovative Food Science & Emerging Technologies, 2020, 59: 102274.

［16］ZAMBELLI A. Current status of high oleic seed oils in food processing［J］. Journal of the American Oil Chemists' Society. 2021, 98（2）: 129-137.

［17］何东平, 罗质, 高盼. 我国食用植物油市场的挑战及机遇［J］. 粮油食品科技, 2020, 28（01）: 1-5.

［18］王兴国, 金青哲. 食用油精准适度加工理论与实践［M］. 北京: 中国轻工业出版, 2016.

［19］LI Y, CHEMAT F. Plant Based "Green Chemistry 2.0": Moving from Evolutionary to Revolutionary［M］. Singapore: Springer, 2019.

［20］徐勇将, 雷竞男, 张哲皓, 等. 未来健康油脂: 精准营养与适度加工［J］. 粮油食品科技, 2023, 31（01）: 6-11.

［21］汪勇, 李爱军. 粮油副产物加工学［M］. 广州: 暨南大学出版社, 2019.

［22］王忠兴, 雷咸禄, 郭玲玲, 等. 食用油安全危害因子快速定量检测技术现状及前景［J］. 中国油脂, 2021, 46（08）: 105-109.

［23］LIN W R, NG I S. Development of CRISPR/Cas9 system in Chlorella vulgaris FSP-E to enhance lipid accumulation-ScienceDirect［J］. Enzyme and Microbial Technology, 133.

［24］CUI R, CHE X, LI L, et al. Engineered lipase from Janibacter sp. with high thermal stability to efficiently produce long-medium-long triacylglycerols［J］. LWT, 2022, 165: 113675.

［25］叶展, 徐勇将, 刘元法. 油脂组学在人体营养健康研究中的应用进展［J］. 粮油食品科技, 2023, 31（01）: 21-32.

撰稿人: 何东平　王兴国　王　强　周丽凤　金青哲　汪　勇　毕艳兰
　　　　谷克仁　刘玉兰　刘国琴　张世宏

粮油质量安全学科发展研究

一、引言

粮油质量安全是粮油科学技术学科的基础学科，也是粮油科学技术学科中重要的综合性分支学科，涉及粮油营养学、粮油检验学及粮油质量与安全控制等领域。该学科主要研究粮油质量安全评价与控制技术，运用物理、化学、生物、卫生等学科相关理论与技术，对粮油及产品的质量安全进行科学分析和评价，为维护生产者、经营者和消费者的合法权益，引导粮油生产，推动粮油资源合理利用，保障国家粮油质量安全提供科学依据。

粮油质量安全一直受到社会的广泛关注。近年来，粮油质量安全学科开展了一系列粮油质量安全指标、检测监测技术、检测仪器研制等方面的研发工作。主要研究开发了用于粮油收购质量、储存品质质量、粮油质量安全指标及溯源的现场快速检测、实验室精准分析等一批新检测技术，研发了集智能扦样、不完善粒机器识别、关键质量安全指标自动检测、多光谱快速监测的扦检一体化仪器，基于催化热解－原子吸收的全自动测镉仪，基于电化学法和丝网印刷电极的重金属快速检测仪等。研究内容突出绿色仓储、营养健康、节粮减损、适度加工，注重构建全要素、全链条、多层次的粮食全产业链标准体系。近年来，以中国粮油学会为代表的各级粮油学会、协会、产业技术联盟组织开展了粮油团体标准的制修订工作，充分发挥市场主导作用，为优质粮油产品的供给提供了重要技术支撑。

二、近5年的研究进展

（一）学科研究水平

近5年来，我国粮油质量安全标准化体系得到进一步完善，基本构建了全要素、全链条、多层次的粮食全产业链标准体系，粮油标准化工作体制机制进一步健全，粮油国际标准化工作逐步加强。我国粮油质量安全评价技术研究稳步前行，基于物联网技术和机器视觉信息学的粮油物化特性评价技术研究取得较大进展，光谱学、色谱学、波谱学等与化学计量学相结合的多学科联用技术得到广泛应用，真菌毒素、重金属、农药残留快速检测技术研究取得突破。

1. 粮油质量安全标准体系与建设研究进展

（1）粮油标准体系进一步完善。

以高标准引领高质量发展，粮食行业着力构建全要素、全链条、多层次的现代粮油全产业链标准体系，全面提升国家粮食安全保障能力。截至2022年年底，全国粮油标准化技术委员会（TC270）归口管理的粮油标准共有662项，其中国家标准379项、行业标准283项。

以中国粮油学会为代表的各级粮油学会、协会、产业技术联盟等在现有粮油标准体系的基础上，充分发挥市场主导作用，增加粮油的有效供给。2019—2023年来共发布团体标准164项，涉及粮食收储、运输、加工、销售等环节。黑龙江、山西、江苏、四川等省制定的"黑龙江好粮油""山西小米""苏米""天府菜油"等团体标准促进了当地特色粮油产业的发展，充分释放市场活力。2021年，国家粮食和物资储备局标准质量管理办公室组织开展了粮食领域团体标准培优计划活动，确定了10家社会团体和24项团体标准为粮食领域团体标准培优计划对象，给予了重点指导、帮助和服务，做优、做强粮油团体标准化工作，助推粮食节约行动实施。

为进一步激发市场活力，不断提高粮油产品质量，2020—2022年，国家粮食和物资储备局连续3年组织开展了粮油产品企业标准"领跑者"活动，共有104家企业的178项企业标准被评选为"领跑者"，形成了较为显著的社会认知度和行业影响力，营造出了"生产看领跑、消费选领跑"的市场氛围。

（2）粮油标准化工作体制机制进一步健全。

2019年9月，国家粮食和物资储备局、国家标准化管理委员会联合印发了《关于改革粮食和物资储备标准化工作 推动高质量发展的意见》（国粮发〔2019〕273号），对粮食标准化工作作出部署。在新的粮食安全形势下，国家粮食和物资储备局陆续出台了《粮食和物资储备标准化工作管理办法》（国粮发规〔2021〕13号）、《国家粮油标准研究验证测试机构管理暂行办法》（国粮标规〔2022〕73号）、《粮食和物资储备行业标准化技术委员会管理办法》（国粮发规〔2021〕41号）和《粮食质量安全风险监测管理暂行办法》（国粮标规〔2022〕30号）等，进一步规范和完善了粮油标准化工作体制机制。

为加强技术委员会管理，按程序组织完成全国粮油标准化技术委员会原粮及制品、油料及油脂、粮食储藏及流通、粮油机械4个分技术委员会的换届工作，进一步优化技术委员会委员构成。同时，为保证粮油标准化工作有序开展，国家粮食和物资储备局发布了《粮食和国家物资储备标准制定、修订程序和要求》（LS/T 1301—2022），进一步规范了粮油标准制修订各阶段的程序和要求，确保粮油标准化管理工作有据可依，提高标准化文件的质量和标准化管理效率。

（3）标准导向性进一步加强。

坚持"谷物基本自给、口粮绝对安全"的新粮食安全观，组织修订了《玉米》《小麦》《稻谷》《大豆》4项主粮强制性国家标准，有利于引导粮食作物种植结构调整、保护种粮农民利益，进一步规范粮食流通市场秩序，保障国家粮食收储政策顺利执行。坚持绿色储粮、节粮减损，发布了《二氧化碳气调储粮技术规程》《氮气气调储粮技术规程》《平房仓横向通风技术规程》等一批涉及储存、运输环节的行业标准。坚持适度加工、营养健康，发布了《小麦粉》《菜籽油》等一批关系民生的重点粮油产品标准，合理确定粮食加工精度等指标，引导消费者转变过度追求"精米白面"的观念。为提高收储环节粮食品质保障能力，减少粮食损失损耗，遴选59家粮食储备企业作为绿色储粮标准化试点单位，通过指导试点企业按照绿色储粮有关国家标准和行业标准的要求，改造升级储备仓库，健全完善储粮技术，打造绿色储粮标杆，带动更多企业绿色储粮，减少储存期的粮食资源浪费。

（4）粮油国际标准化工作进展显著。

国家粮食和物资储备局标准质量中心承担了国际标准化组织（ISO）谷物与豆类分技术委员会（ISO/TC34/SC4）秘书处工作，2019—2022年共组织召开3次国际会议，参加国际会议4次。秘书处发布国际标准13项，其中，《谷物中镉含量的测定》（ISO 23637）是由我国牵头制定的国际标准；由我国主导制定的5项在研国际标准是：《大豆 规格》《谷物储存的一般建议》《谷物 词汇》《谷物及制品中17种真菌毒素的测定》和《植物油中黄曲霉毒素的测定》；向ISO/TC34/SC11提出《动植物油脂中二噁英的测定》国际标准制定建议并成功争取由中国专家担任项目负责人。在国家标准化管理委员会的支持下，开展粮食领域标准外文版编译52项。建立并完善粮食国际标准化工作机制，公布首批6家粮油国际标准研究中心名单，充分发挥粮油标准研究、验证、测试机构的作用，推动更多的中国标准转化为国际标准，促进粮油标准对外交流合作。建立粮油国际标准专家库，由我国专家担任ISO/TC34/SC4术语和词汇工作组召集人；注册2名专家为豆类工作组专家；提名1名专家参与ISO乳与乳制品分技术委员会（ISO/TC34/SC5）标准制定；提名8人次专家参与油脂国际标准制定；推荐6人次专家参与油脂标准协同验证实验。加大对青年人才的培养，为青年专家参与国际标准化工作创造有利条件，拓展我国参与粮食国际标准化工作的深度和广度，为粮食国际标准体系贡献中国方案。

2. 粮油物化特性评价技术研究进展

（1）基于物联网技术和机器视觉信息学的粮油物化特性评价技术。

扦样是开展粮食检验工作的首要环节，也是保证样品质量的代表性环节。科学合理的扦样、分样及样品的制备是保证粮油检测准确度的重要前提。近年来，针对粮油检验检测中存在的耗时、费力、效率较低等问题，中储粮成都储藏研究院有限公司基于物联网技术研发了一种用于粮食收购的智能扦样系统，通过扦样机器人技术、图像识别技术和信息化技术，充分适应车型随机、停车位置随机的情况，随机生成扦样点，有利于提高扦样速度和智能化程度。该系统采用螺旋式粮食分样机理，简化了原有的分样结构，可根据需求自动调节缩分比，显著提高了分样效率。

随着信息技术的不断发展，机器视觉技术目前已成为一项热门技术，广泛应用于农产品的外形、性状、颜色、破损度、新鲜度等检测，有效提高了农业生产中各个检测环节的工作效率和检测精度。将大米品质检测与机器视觉技术结合，进行加工精度、垩白度、粒型等大米外观品质参数判别，由此更全面、快速、客观地认识大米品质，助力优质粮食工程实施。

基于机器学习和深度学习的不完善粒检测技术研究成为科技工作者研究的热点。通过构建小麦、高粱、玉米等完善籽粒和不完善籽粒样品数据库，利用动态或静态拍照、扫描或高光谱成像等技术采集实物图像信息，通过图像处理技术进行图像预处理和特征提取，再进行信息比对识别，运用机器学习算法处理小麦不完善粒的图像特征，进而根据学习结果来判别麦粒是否为不完善粒。朱俊松基于机器视觉建立了逆传播算法神经网络识别小麦不完善粒，准确率达97%；孙钰莹等利用高光谱成像技术采集小麦霉变籽粒等不完善籽粒光谱信息，优化光谱信息预处理方法，提取特征波长，基于偏最小二乘判别分析（PLS-DA）、支持向量机（SVM）等算法建立了小麦不完善粒识别模型；陈文根等将以卷积神经网络（CNN）为代表的深度学习技术应用于小麦不完善粒判别模型的构建，进一步改善了小麦不完善粒的识别效果。

针对粮仓中稻谷数量和质量信息，GoSLAM RS100三维激光扫描系统可以进行散粮堆表面三维点云数据采集，对获取的初始点云数据进行流程化去噪、简化、融合处理，配合专业物联网数据处理软件，获取堆体三维数据模型，自动计算和分析堆体精确体积等数据，结合相关温度、湿度及害虫等传感器，检测不同时期粮堆的体积变化量和动态品质指标。

（2）基于光谱学和化学计量学的粮油物化特性评价技术。

光谱技术具有快速、有效、高精度、高灵敏度和无接触等优势，目前广泛应用于食用油的品质检测。光谱技术包括荧光光谱法、拉曼光谱法、傅里叶变换红外光谱法、太赫兹光谱鉴别法等，通过对光谱图特征、时间延迟、折射率、吸收系数和吸收峰的分析，结合化学计量学，可以对不同加工方式、不同等级和不同油料作物来源的植物油进行辨别和检测。油脂的植物来源、地理来源等常与粮油食品中的生育酚、核黄素、叶绿素和多酚等荧光物质有关。荧光光谱技术在粮油食品检测中的应用主要有品质检测、品质分类分级、掺假鉴别及粮油食品中有害物质的检测。胡珂青等用同步荧光光谱技术鉴别杜仲籽油中的掺假物质，通过对比光谱峰面积成功区分了杜仲籽油中掺杂的花生油、玉米油、菜籽油等7种不同植物源的食用油。吴平平等利用三维全同步荧光光谱数据对不同品牌的花生油、大豆油、橄榄油、调和橄榄油、花椒油、辣椒油等二十余种食用植物油进行主成分分析，表明宽范围、全同步光谱法对各种植物油具有良好的指纹识别能力。粮油品质劣变的主要原因是油脂中脂肪酸的氧化，其中与脂肪酸氧化过程相关的甘油三酯和维生素 E 等天然荧光基团也随之发生了变化。郑宇等将固相萃取技术与原子荧光光谱技术结合，对稻米中的无机硒进行固相分离萃取后再进行原子荧光光谱检测，无需对样品进行酶解，简化了样品处理过程，准确性和重复性相对较好，实现了原子荧光光谱技术在该领域的技术优化。

杜秀洋通过太赫兹光谱技术结合化学计量学方法，利用 PLS-DA、主成分分析和 LS-SVM 等对数据进行预测建模，可以较为准确地区分发芽、发霉及不同霉变程度的稻米。

（3）基于色谱学和化学计量学的粮油物化特性评价技术。

食用油特有的香味是其品质的主要影响因素，也是感官评定的重要指标。对食用油挥发性成分的分析可为食用油的品质研究、掺伪鉴别和加工储藏条件的优化提供理论依据。顶空固相微萃取 – 气质联用技术广泛应用于粮油挥发性成分的研究，如谢亚萍以不同产地的 6 份亚麻籽油为研究对象，对亚麻籽油的营养特性、感官评价及主要挥发性物质的成分和含量进行了研究，结果表明亚麻品种、产地、加工工艺和储存时间等因素显著影响亚麻籽油中 α– 亚麻酸、生育酚和主要挥发性物质种类及含量，为亚麻籽油从营养到香味科学合理的综合评价提供理论依据。徐莹等采用顶空固相微萃取 – 气相色谱 – 嗅闻仪 – 质谱联用法（HS-SPME-GC-O-MS）对同种工艺条件下不同批次大豆油中的挥发性风味化合物进行了测定分析。结果表明：10 个批次的大豆油中共鉴别出 105 种挥发性风味化合物，其中能被人闻到的化合物有 44 种，多为吡嗪、醇、醛、酮及芳香族化合物。利用热图分析、主成分分析及指纹图谱分析对 10 批次大豆油的风味化合物进行差异性分析，其中指纹图谱的分析结果表明 10 批次大豆油样品的相似度为 86.89%~98.27%，具有高度相似性。任凌云等采用气相色谱 – 离子迁移谱法对不同厂家、不同工艺的花生油样品的挥发性有机物组成进行了分析，并利用指纹图谱及动态主成分分析研究了不同工艺对花生油挥发性风味品质的影响，实现了花生油、玉米油、大豆油、菜籽油等挥发性风味品质简便、快速、准确、灵敏的测定，可为厂家产品工艺优化和油脂品质加工提供理论依据。李殿威等以顶空固相微萃取技术（HS-SPME）结合气相色谱质谱联用仪（GC-MS）对五常稻花香米（五优稻 4 号）的挥发性成分进行了定性、定量分析，并建立了挥发性成分指纹图谱。

3. 粮油品质特性评价技术研究进展

（1）基于波谱学的粮油品质特性评价技术。

由于低场核磁配件制造技术的改良和国产化仪器的推广，加快了低场核磁技术在国内的普及应用。低场核磁目前最成熟的应用是直接测定食品中的水分和脂肪含量。大米的食用品质与其水含量相关，对于高水分稻谷籽粒来说，水分超过 28% 时，若利用粉碎烘箱法测定，其水分损失较大，测定水分误差偏高。低场核磁共振法（LF-NMR）能够在不破坏样品的条件下进行水分测定，且精确度较高，适用于稻谷收割实验、原粮收储过程中的水分检测。低场核磁技术作为一种有效的表征手段，可以研究粮油食品储藏加工过程的成分和状态变化，包括淀粉糊化、蛋白质变性、油脂融化、玻璃态转变过程等。另外，也可以较好地对储藏过程中粳稻米的硬度、黏性变化进行预测。掺伪检测是食用油品质检测的一个重要方面，LF-NMR 技术通过测定样品中的固体和液体脂肪信号，经过计算处理得到固体脂肪含量，并利用弛豫时间及扩散系数等结合化学计量学方法实现对掺假油脂的快速鉴别。

（2）基于光谱学的粮油品质特性评价技术。

纳米计算机断层扫描对推动科技发展和生产技术进步具有极其重要的意义。近年来，计算机断层扫描技术可以获取单个籽粒的 3D 图像，能检测出细微的内部结构（种皮、外壳、胚、空腔）及谷物颗粒遭受虫害的情况，实现对种子内部结构的稳定、清晰成像，几何分辨率约为 2 微米，可用于粮食质量控制及种子检测。德国 Frauhofer 研究院专门开发了粮食品质检测 CT 及配套的算法。X 射线断层扫描技术提供了一个极好的实现食品内部组分无损评估的工具。周颖利用图像滤波、阈值分割、重建算法对 X 射线断层扫描获取的小麦籽粒发霉后内部特征的三维可视化图像进行了重建和渲染，实现了感染籽粒及内部孔隙的三维可视化，也能够获得籽粒体积、籽粒内部孔隙率等参数。Zandre Germishuys 利用 3D μCT 成像技术解析了不同温度和烘烤条件下冷冻面团的三维结构及制作面包过程中起泡的形成规律。Ingrid Contardo 利用 3D μCT 成像技术研究了真空油炸过程中油脂的渗透分布及淀粉的老化规律。

（3）基于矿物质元素分析的粮油品质特性评价技术。

食品原产地的不同会影响其价格及品质，在经济利益的驱动下，市场上常出现以次充好或粘贴虚假标签冒充名优特产品的现象，严重损害了消费者和生产者的利益。通过电感耦合等离子体质谱法（ICP-MS）测定稻米及土壤中多种元素的含量及不同产地稻米中元素含量特征及其产地判别级风险评估等研究，有利于推动解决粮油产品中以次充好等质量问题。刘天鹏用 ICP-MS 同时测定了 100 份稻谷样品中 Cd、Pb、Cr 和 As 的含量，并根据稻谷中各元素的含量水平，分别计算了其靶标危害系数、综合危害指数和主要重金属元素综合得分值。邢常瑞等以来自 3 个省的 66 份稻谷为研究对象，通过加工研磨获得糙米和精米，采用 ICP-MS 获得并筛选出包含铅、镉和砷在内的 17 种无机元素，结合出糙率和整精米率数据，研究其在稻谷不同部位的分布规律，探讨其形成原因。赵海燕利用 ICP-MS 测定了来自河北省、河南省、山东省和陕西省 4 省的 120 份小麦样品中 24 种矿物元素的含量，并进行了方差分析、主成分分析和判别分析，不同地域来源的大多数样品能被正确区分，通过逐步判别分析筛选出 11 项可用于小麦产地判别的矿物元素指标。冯利芳对内蒙古 6 个主产旗县两个年度的 60 份甜荞米和 30 份裸燕麦米中 27 种矿物质元素谱进行了测定和特征分析，结果显示内蒙古甜荞麦和裸燕麦的矿物质含量十分丰富。秦慧芳以 17 种食用油样品为研究对象，采用微波消解 - 火焰原子吸收光谱法对食用油中 6 种元素——Ca、Mg、Fe、Zn、Cu、Cr 进行了测定，并结合中国居民膳食营养素参考摄入量，对 18~50 岁的一般人群每日从食用油中摄入矿物质的量进行了分析和风险评估。

4. 粮油食品安全评价技术研究进展

（1）重金属检测技术研究进展。

粮油中的重金属问题一直受到社会的广泛关注，尤以镉、铅和无机砷为重点。《粮油检验 粮食中镉的测定 胶体金快速定量法》（LS/T 6144-2023）、《粮油检验 粮食中铅的测定 胶体金快速定量法》（LS/T 6145-2023）等行业标准的颁布实施，有效满足了收购现场粮食中重金属的检测需求。并且将胶体金、电化学及 X 射线荧光等技术与多组分、高通量的新兴技术融合，进一步提高了重金属的检测效率。罗志浩等采用单色聚焦 X 射线荧光光谱法快速测定了粮食中镉、铅、砷的含量，为现场快速筛查提供了方法。多通道的铅、镉胶体金快检技术已经形成较为成熟的产品，并进行了推广应用，对基层粮食收储企业把好粮食入库关发挥了重要作用。一些科研团队致力于无机砷的阳极溶出伏安法检测，并取得了一定的成效，成功克服了联用设备成本高、场景受限和效率低等问题。许艳霞等创建了一种基于酸浸提 - 阳极溶出伏安法的稻米中镉含量快速测定方法，结果与原子吸收光谱法的测定结果无显著差异。

（2）真菌毒素检测技术研究进展。

随着真菌毒素的研究和检测技术的发展，一些新兴真菌毒素不断被发现。目前检出频次高、污染较为严重的新兴真菌毒素主要包括镰刀菌产生的白僵菌素、恩镰孢菌素、串珠镰刀菌素、镰刀酸等，以及链格孢属产生的细交链孢菌酮酸、链格孢酚、交链孢酚甲基醚、交链孢烯等。这些新兴真菌毒素通常与主要毒素复合污染，汪爽等十分关注我国粮食中新兴真菌毒素的污染状况及其毒理学，建议将粮食中污染较为严重且毒性较强的新兴毒素纳入常规监测，重点开展研究并形成标准，切实加强粮食中真菌毒素的风险管控。周贻兵等采用固相萃取柱净化超高效液相色谱 - 串联质谱法测定了小麦粉中白僵菌素和恩镰孢菌素 B 的含量，定量限分别为 3 微克 / 千克和 1.5 微克 / 千克，为了解小麦粉中两种新兴真菌毒素的污染水平提供了依据。何迎迎等利用超高效液相色谱 - 串联质谱法创建了大米、玉米和小麦中 4 种交链孢霉毒素同步测定的方法，可满足实际样品的检测需求。

为保障粮食真菌毒素快检方法的实际应用，国家粮食和物资储备局发布了《粮食真菌毒素快速检测方法性能评价》（LS/T 6142-2023）、《粮油检验 粮食中黄曲霉毒素的测定 免疫磁珠净化超高效液相色谱法》（LS/T 6138-2020）、《粮油检验 谷物中黄曲霉毒素 B$_1$ 的测定 时间分辨荧光免疫层析定量法》（LS/T 6143-2023）等快检方法标准。同时，一些新技术、新材料陆续在粮食真菌毒素检测领域落地，如老国丹等将基于纳米抗体（VHH）技术开发的快速检测试剂盒用于储存稻谷中镉和三唑磷的快速检测，相较于气相色谱法优势明显。徐正华等采用阵列装置研制的胶体金侧流免疫分析试纸，可同步检测玉米、玉米面和麦仁中的 4 种真菌毒素（黄曲霉毒素 B$_1$、玉米赤霉烯酮、赭曲霉毒素 A 及脱氧雪腐镰刀菌烯醇）。黄伟等采用生物传感和化学发光技术相结合的方法，研制了适用于现场快检的化学发光光纤免疫传感器，实现了谷物中呕吐毒素的现场快速检测。Tang 等发明了一种甲萘威和克百威的时间分辨荧光纸传感器，检测结果与高效液相色谱法一致。Bilal 等基于昆虫乙酰胆碱酯酶研发了一种生物传感器，用于小麦样品中亚胺硫磷的检测，其加标回收率高达 99%。袁光蔚等开发了直接提取／稀释－超高效液相色谱－四极杆／静电场轨道阱高分辨质谱技术，可同时测定粮油中 77 种真菌毒素。吴俊威等研发了同位素稀释－液相色谱串联质谱同时测定花生中 4 种真菌毒素的方法，相关系数均大于 0.99。

（3）农药残留量检测技术研究进展。

《粮油检验 粮食及其制品中有机磷类和氨基甲酸酯类农药残留的快速定性检测》（LS/T 6139-2020）行业标准的颁布实施，对及时发现粮油产品中有机磷类和氨基甲酸酯类农药提供了技术支撑，有效填补了国内空白。周丹等研究并制备出基于单克隆抗体的农残同步快速检测阵列芯片，建立了一种现场高灵敏同步快速检测技术，可在 30 分钟内实现克百威和甲萘威的同步定量。王超等探索了新型纳米荧光材料量子点在粮油中农药残留、重金属和真菌毒素等危害物快速检测方面的应用，并对未来研究进行了展望。不少研究者从优化仪器条件的角度出发，将快速、非靶向且高通量的高分辨质谱与色谱结合，并成功应用于粮食及果蔬的多种农残检测。邱世婷等建立了基质固相分散萃取－超高效液相色谱－串联质谱法检测大米中 27 种农药残留的方法，线性关系良好。

（二）学科发展取得的成就

1. 科学研究成果

粮油质量安全领域获中国粮油学会科技奖项 2 项，其他省部级奖项 2 项。授权国家发明和实用新型专利 40 件；制修订标准 22 项。

2. 学科建设

出版教材 1 部；有关学者在国际学术期刊任主编或副主编；有关专家在国际标准化组织、美国分析化学家协会担任重要职务。组织召开食品营养与安全学术研讨会暨国家标准制修订研讨会、2021 年中奥粮食质量安全科技研讨会、中日稻米科技研讨会等学术会议。

3. 学科在产业发展中的重大成果、重大应用

一是粮食真菌毒素检验监测技术体系的创建与应用。由国家粮食和物资储备局科学研究院、国家粮食和物资储备局标准质量中心等完成的"粮食库存数量网络实时监测关键技术及系统研发与推广"荣获 2021 年度中国粮油学会科学技术奖一等奖。该项目针对粮食真菌毒素检测监测过程中存在的关键问题，构建了基于粮食真菌毒素广域扦样技术和管理系统。开发了以"多、快、好、省"为特点的粮食真菌毒素新型检测技术并进行了标准化。创建了真菌毒素标准物质研制体系。构建了我国粮食真菌毒素可视化污染数据资源动态库，数据资源的质量和范围显著提升和扩大，实现了从表观数字到内在规律的解析。本项目成果对外销售服务上千家单位，为政府监管部门制定粮食收购政策提供技术支持。

二是基于机器视觉的不完善粒检测技术不断创新。该技术有利于解决感官检测费时、

费力、准确率不高、人为因素过大等问题，目前该技术已达到国际领先水平。以物联网技术为基础，以机器视觉技术检测不完善粒为核心，结合多光谱技术检测主要成分，国内自主研发了满足收购入库粮食质量安全把控需求的扦检一体化成套仪器设备，实现了粮食收购无人化检测，技术应用前景广阔。

三是构建粮食防霉质量安全智能数据库监测预警平台与应用。国家粮食和物资储备局标准质量中心牵头承担的国家重点研发计划《食品腐败变质以及霉变智能化实时监控与报警、溯源技术应用示范》中《全系统应用示范》课题的研究成果得到中国生物技术发展中心认可，课题顺利完成验收。该课题将粮油食品安全检测预警信息服务WEB平台、食品防腐防霉在线指导App、特定腐霉因子复核指标检测设备、早期腐霉细菌预警指标检测设备等项目软硬件成果，广泛应用于相关粮油储存加工企业、检验机构，解决了粮油产品质量安全检测数据孤立问题，为粮油腐霉状态提供实时质量安全监测数据，并进行整体状态感知预判。

三、国内外研究进展比较

（一）国外学科发展情况

世界各国尤其是欧美等发达国家高度重视粮食安全问题，在粮油质量安全领域的研究取得了显著进展。近年来，受极端天气、地区冲突、新冠疫情等国际安全形势的影响，国外在粮油质量安全方面的研究和创新持续加强。通过强化标准引领、提升质量安全检验监测能力，将新技术广泛应用于粮油生产领域，为实现粮食质量安全提供保障。一方面加强粮油标准的制定与实施，满足本国及全球市场对粮油标准的要求，进一步提高粮油产品质量，保障消费者的健康，促进粮油产业发展。另一方面，研发了快速、无损和高效的粮油检测技术。利用近红外光谱、红外光谱、拉曼光谱等，对粮油样品进行非破坏性分析，实现了无损快速检测；开发了电化学传感器对粮油中的有害物质进行高灵敏快速分析；研究了生物传感器对粮油中微生物、真菌毒素等进行了高灵敏、高特异性筛查。同时，侧重粮油监测预警技术的积累和调查技术体系的完善。欧美等发达国家通过历史数据和实验数据建立了粮食真菌毒素预警模型，用来预测即将收获或已收获的当季作物中真菌毒素风险情况。日本等发达国家以健全的法律、法规为基础，融合包括物联网、区块链、人工智能、大数据和传感器技术等，实现了粮食追溯信息的实时采集、存储和共享，进而建立起高效的粮食追溯系统，实现从源头到终端的全程监控和溯源。

（二）国内研究存在的差距

1. 粮油标准已形成体系，但仍需进一步加大制修订力度

近年来，我国加强了对粮食质量标准的制修订，服务于粮油收购、储存、运输、加工等环节，进一步规范了粮油市场秩序；加强源头把关，推动免疫磁珠、时间分辨荧光、丝网印刷电化学传感器等先进快速检测技术标准制修订，初步建立了粮油质量安全快检方法行业标准体系。促进规程防控理念与国际接轨，首次发布了在采收、储存、运输、加工等环节控制黄曲霉毒素的基本要求和管理准则。同时，粮油标准物质研制取得明显进展，一系列粮油真菌毒素和重金属国家有证标准物质获得国家证书，为粮油相关指标检验分析结果的量值统一和准确可靠提供了重要保障。当前，我国粮油产品质量安全检验方法标准体系已基本建立，并且与国际标准基本一致，成为保障国家粮食质量安全的重要支撑。然而，随着国家经济的快速发展，人们对粮油质量安全也提出了新要求，需进一步结合我国国情，针对人民日益增长的美好生活需要和节粮减损等方面的需求，进一步完善相关标准的制修订。

2. 粮油快速检测技术的稳定性和一致性仍需改进

随着国内快检技术研究的深入及市场需求的放大，国内快检技术与国外发达国家的差距不断缩小，其中，针对真菌毒素、重金属等的快检技术达到了持平或领先水平。国产化快检产品的市场占有率不断增加，其中基于免疫分析技术的胶体金免疫层析法和时间分辨荧光免疫层析法在粮油快速检测中发挥着越来越重要的作用，更多的快检产品开始走向市场，但在一些方面仍需要进一步完善提高，如持续降低产品成本，扩大应用范围，不断提高检测的精密度、准确度和效率。下一步，研究需结合当前的传感技术、信息采集技术等，使快速检测技术更加智能化，从而实现对粮油产品的生产、储存、运输、销售等全流程的检测和监管。同时，在现有的快检技术的基础上，国内相关研究团队结合我国粮食收储实际需求，基于智能数字化技术、自动化技术与物联网技术等，构建了粮食收购质量自动化检测技术体系和关键装备，取代了传统的人工操作，全面提升了检测结果的精度和效率，进一步从技术上防范粮食收购过程中的"人情粮""关系粮"，为深入整治粮食购销领域的腐败问题提供科技支撑。

3. 粮油监测预警技术不断积累，预警模型初步构建，但其广泛性和适用性有待进一步提高

对新收粮食中的真菌毒素开展早期预测预报是提前进行人工干预、有效防控真菌毒素污染的重要手段。近年来，我国科研团队建立了新收获粮食质量安全风险监测技术体系，提高了粮食污染风险监测的可靠性，解决了监测调查的科学性、代表性、时效性和真实性。通过构建基于网格化的粮食收获后质量安全监测布点采样技术体系，进一步提高了采样布点方案的科学性和样品的真实性，有效避免了采样的不足和过度，能够满足及时发现、评价和确认区域性粮食污染风险的需求。同时，我国科研团队通过对历史气象数据、农业管理数据的融合分析和深度挖掘，构建了黄淮海小麦呕吐毒素预测模型，实现了粮食收获前约1个月的早期预测，为粮企提供了技术支持。但受不同地区的地形、气候、粮食品种、农业情况和微生物差异等因素影响，真菌毒素的预警模型有待进一步完善，预警模型的科学性、准确性有待进一步加强。因此，需要对影响真菌毒素发生的因素进行深入研究论证，建立更加科学的真菌毒素预警模型，不断提高预警能力，切实从源头保障粮食质量安全。

4. 粮油质量安全监管体系已构建形成，但信息化仍需深入推进

在深入推进优质粮食工程中，不断强化粮食质量安全检验监测体系，我国粮油质量安全监管体系及监管平台得到了快速升级，粮食质量和安全指标的监测工作也取得了良好效果，极大地保障了流通环节粮油的质量安全。但是，监管数据的收集大部分还处于人工上传、逐级报告的原始阶段，数据的分析处理及数据库的建设仍处于起步阶段。因此，数字化检验检测智能监管系统需要加快建设，以提升数据综合管理能力和信息化服务水平，进一步提高监管数据的利用率和传递信息的准确性和可靠性，为粮食和储备行政管理部门的政策、决策制定提供技术支撑。

5. 粮油质量追溯体系和平台建设进展不平衡

虽然粮食等农产品质量溯源体系在中国起步较晚，但也在不断进步，特别是在"十三五"国家重点研发计划食品安全大数据关键技术等项目的支持下，基于区块链技术的食品质量安全溯源系统得以形成，真正实现了粮油食品质量追溯。下一步还要继续针对追溯系统操作繁杂、数据安全存在风险、企业实施存在人员和经费困难、追溯系统建设过程缺乏沟通等问题，开展相关关键技术攻关。同时，与发达国家相比，粮食质量追溯的立法保障尚有缺失，标准规范还需要不断完善，通过关键技术的研发和相关政策的支持，建设粮油质量追溯体系和平台，实现优质粮食从农田到餐桌全程可追溯。

（三）产生差距的原因

我国在粮油质量安全学科建设方面虽然取得了长足的进步，但与发达国家相比仍存在较大差距。产生这种差距的原因是多方面的。首先，与发达国家相比，我国粮油质量安全检测技术的起步相对较晚、科研投入不足、技术基础相对薄弱。其次，我国粮油质量安全的专业人才相对缺乏。粮油质量安全学科的发展离不开专业的技术人才，而我国在这方面的培养和引进存在一定的不足，由此导致人才储备不足，影响了相关技术水平的提高。最后，我国粮油仪器设备自主研发能力不足。粮油质量安全检测需要使用各种高精度的仪器设备，而我国在这方面的投入相对较少，自主研发设备少，仪器设备的更新换代速度较慢，影响了仪器设备自主研发水平的提高。要缩小国内外的差距，需要我国加大在粮油质量安全学科研究方面的投入力度，提高科研经费的支持力度，加强自主粮油设备研发，扩大国际合作与交流。同时，要不断加强对粮食质量安全问题的重视，促进学术界、产业界和政府之间的合作，形成合力，共同推动粮食质量安全学科的发展。

四、发展趋势及展望

百年未有之大变局下，粮食安全是国家安全的重要基础，是人类生存的基本保障。粮油质量安全既是保障粮食安全的重要方面，又是满足人民对美好生活向往的必要保证。确保粮食质量安全，是保障国家粮食安全的应有之义，须臾不可放松，结合我国国情，粮油质量安全领域还需持续发力。

（一）坚持目标导向，完善粮油标准体系

围绕满足人民群众需求和粮食节约行动，制修订口粮和食用油加工标准，合理确定加工精度等指标，积极引导粮油适度加工，提高粮油产品出品率、加工转化率和副产品利用率，减少加工损耗和营养流失。积极参与国际规则制定，加大国际标准采用力度，积极转化先进适用的国际标准，推进国际国内粮油标准融合发展。

（二）加强信息技术研究，发展完善快速、智能化、无人化的检测技术

针对粮食质量安全检验检测人员数量、专业、经验等参差不齐的现状，加强机器视觉、模式识别、数据挖掘、智能传感器等新技术的研发，着力开发一些无毒环保、经济、高通量的检测技术，促进检测装置逐步向集成化、数字化、智能化、自动化、无人化方向发展，实现在线无损检测、自动识别和实时监控，有效提高粮油质量安全的检测监测效率。同时，配套开展质量控制技术的研究及质量控制体系的构建，无人环境下全程监督检测体系的运行状态，在线校准粮油质量安全检测结果，确保检测结果的可靠性和一致性。

（三）综合多学科技术，加强粮油质量安全溯源体系和平台建设

将粮油收购、储存、运输、加工等环节的检验监测向数字化、信息化、智能化转变，综合运用大数据、云计算、物联网、人工智能、区块链等开展粮食质量安全风险数据信息的整合，搭建"感知-预警-追溯-防控"一体化粮食质量安全智慧监管标准体系，集成构建国家级粮食质量安全智能感知监测和防控云服务平台，减少粮食损耗，更好保障国家粮食安全。

（四）加强基础研究，进一步完善粮油质量安全数据库建设和预警模型构建

积极推广溯源监测模式，推动粮油生产各环节信息化建设，实现数据自动采集上传，构建区域性粮食质量安全特征数据库，并对国内粮食典型种植区域真菌毒素发生发展规律及影响因素进行系统研究，建立适用于我国的真菌毒素区域监测预警模型，实现对我国粮食主产区真菌毒素发生的提前预警。

通过进一步研究，实现"家底清晰、风险可控、标准严谨、监管高效"的粮油质量安全保障战略目标，构建以预防为主导、以科学决策为依托和以风险评估为基础的防控体系，提升粮油质量安全检验监测和预测技术水平，全面提升粮食行业质量安全保障能力，形成预防为主、主动防控的粮油质量安全保障新格局，确保国家粮食安全。

参考文献

[1] 史鑫, 罗永康, 张佳然, 等. 荧光光谱分析技术在食品检测领域的研究进展[J]. 食品工业科技, 2022, 43(11): 406-414.

[2] 张晋宁, 金毅, 尹君. 机器视觉技术在大米品质检测中的研究进展[J]. 中国粮油学报: 2023, 1-10.

[3] 韦鲜美. 气相色谱技术在粮油食品质量检测分析中的应用[J]. 食品安全导刊, 2023, 369(04): 162-164.

[4] 吕寒玉, 邹晶, 赵金涛, 等. 纳米计算机断层扫描成像技术进展综述[J]. 激光与光电子学进展, 2020, 57(14): 9-24.

[5] 邢常瑞, 汤志宏, 汪金燕, 等. 稻谷不同部位多元素分布规律[J]. 中国粮油学报, 2020, 35(01): 7-11.

[6] 赵璐瑶, 段晓亮, 张东, 等. 基于特征标志物的粮油食品掺假鉴别技术研究进展[J]. 中国粮油学报, 2022, 37(10): 305-312.

[7] 鞠皓, 姜洪喆, 周宏平. 油料作物与产品品质近红外光谱及高光谱成像检测研究进展[J]. 中国粮油学报, 2022, 37(09): 303-310.

[8] 汪爽. 粮食中新兴真菌毒素的污染现状及毒理学研究进展[J]. 中国粮油学报, 2023.

[9] 周贻兵. 小麦粉中2种新型真菌毒素含量测定方法[J]. 现代面粉工业, 2021, 35(04).

[10] 罗志浩. 单色聚焦X射线荧光光谱法测定粮食中镉、铅、砷[J]. 质量安全与检验检测, 2021, 31(03).

[11] 许艳霞. 基于酸浸提-阳极溶出伏安法测定稻米中镉含量[J]. 粮食科技与经济, 2019, 44(08).

[12] 耿成钢. 多肽His-Trp-His(HWH)修饰电极检测Cd2+研究[J]. 食品与发酵工业, 2023.

[13] 狄慧. QuEChERS-超高效液相色谱-串联质谱法检测粮食中4种新型真菌毒素的研究[J]. 现代食品, 2022, 28(23).

[14] 何迎迎. 超高效液相色谱-串联质谱法同时测定粮食中4种交链孢霉毒素[J]. 中国粮油学报, 2023.

[15] 刘笑笑. 杂质吸附固相萃取-液相色谱串联质谱法同时测定粮食中15种真菌毒素[J]. 粮油食品科技, 2021, 29(01).

[16] 老国丹. 储藏稻谷有害物质的确定及基于纳米抗体技术快检法的应用[J]. 粮食加工, 2018, 43(02).

[17] 徐正华. 多真菌毒素同步快检试纸阵列装置的研制与应用[J]. 华中农业大学学报, 2022, 41(05).

[18] 周丹. 基于阵列芯片现场高灵敏同步快速检测粮油中氨基甲酸酯类农药残留混合污染[J]. 中国油料作物学报, 2020, 42(03).

[19] 王超. 荧光碳量子点的制备及其在粮油食品安全检测中的应用[J]. 粮食科技与经济, 2021, 46(04).

[20] 李丽. 基于免疫磁珠黄曲霉毒素全自动净化方法适用性评价[J]. 粮油食品科技, 2020, 28(03).

[21] 黄伟. 化学发光光纤免疫传感器的研制及其对谷物中呕吐毒素的快速检测[J]. 华中农业大学学报, 2022, 41(05).

[22] TANG X Q, ZHANG Q, ZHANG Z W, et al. Rapid, on-site and quantitative paper-based immunoassay platform for concurrent determination of pesticide residues and mycotoxins[J]. Analytica Chimica Acta, 2019, 1078(C): 142-150.

[23] BILAL S, MUDASSIR H M, FAYYAZUR R M, et al. An insect acetylcholinesterase biosensor utilizing WO3/g-C3N4nanocomposite modified pencil graphite electrode for phosmet detection in stored grains[J]. Food Chemistry, 2021, 346: 128894.

[24] 周青梅．近红外技术应用于大米水分和脂肪酸值测定的可行性分析［J］．中外酒业，2021（21）．
[25] 蒋晓杰．漫反射红外光谱法结合 PLS 测定稻谷脂肪酸值研究［J］．中国粮油学报，2019，34（03）．
[26] 刘向昭．一种基于 NIR 的收获油菜籽质量现场评测新模式研究与应用［J］．粮油仓储科技通讯，2022，38（03）．
[27] 郑宇．固相萃取原子荧光光谱法检测稻米和虾仁中的无机硒［J］．分析试验室，2020，39（06）．
[28] 高敬铭．X 射线荧光光谱仪测定小麦中镉含量的适用性验证［J］．粮食与饲料工业，2022（06）．
[29] 段迪．电子舌技术在橄榄油检测中应用研究进展［J］．中国油脂，2021，46（01）．
[30] 金文刚．基于顶空气相色谱 – 离子迁移谱分析洋县不同色泽糙米蒸煮后挥发性风味物质差异［J］．食品科学，2022，43（18）．
[31] 杜秀洋．基于太赫兹时域光谱技术的稻米品质检测研究［D］．南昌：华东交通大学，2020．

撰稿人：王耀鹏　徐广超　尚艳娥　王松雪　袁　建　杨　军　杨利飞
　　　　袁　强　杨卫民　郭玉婷

粮食物流学科发展研究

一、引言

当今世界正经历百年未有之大变局，我国正推动构建以国内大循环为主体、国内国际双循环相互促进的新发展格局，保障国家粮食安全具有新的历史特点。粮食物流连接粮食生产、流通和消费，对于保障国家粮食安全、维护粮食产业链和供应链安全稳定、加快粮食产业高质量发展具有重要意义。粮食物流学科研究为粮食物流技术与装备的创新、物流系统的优化、物流设施建设及国家粮食安全政策的制定等提供理论支撑和研究方法。

近5年，粮食物流学科研究聚焦粮食物流经济、粮食物流运作与管理、物流技术与装备等方面。"粮食物流经济"方面的主要成果包括粮食物流顶层规划、粮食物流标准化建设、粮食物流发展新模式等。"粮食物流运作与管理"方面的主要成果包括发展多式联运新方式和新线路、打通多条国际新通道、加快完善粮食物流网络等。"物流技术与装备"方面的主要成果包括"全程不落地"收储技术得到应用、粮食装卸运输装备不断创新、智慧物流技术和智能装备逐步得到应用等。

在新形势、新要求下，聚焦突破总体规模大、集约化程度偏低，产销区之间运距长、粮食供需匹配难度大、粮食物流专业化程度不高、区域发展不平衡的瓶颈，我国粮食物流学科体系更加丰富，有效推动了我国粮食物流行业高质量发展。近年来，主要研究单位有国家粮食和物资储备局科学研究院、北京国贸东孚工程科技有限公司，以及郑州、无锡、武汉等粮食科研设计院所，河南工业大学、南京财经大学、武汉轻工大学、黑龙江八一农垦大学等高等院校，中粮、中储粮、北大荒、象屿等大型国有企业。积极实践粮食供应链创新、推动"上云、用数、赋智"步伐，积极探索多式联运，打造中粮"供应链运营"模式、中储粮"港库对接"模式、北大荒"三库一中心"模式和象屿"全产业链一体化服务"模式。

粮食物流学科通过研究和优化粮食流通体系，提高粮食的运输效率和质量，通过研究和推广新型物流模式和技术手段，为解决"三农"问题提供支持；通过研究和开发先进的储存技术，保障粮食质量和安全；通过推动多元化、综合性、高效率的区域物流网络建设，促进区域协调发展。粮食物流学科的发展促进形成了集粮食运输、储存、加工、信息传输于一体的规模化、现代化粮食物流网络，从而使主产区和主销区信息及时交互，并充分发挥集聚辐射功能的优势，打破行政区域局限，统筹利用行政区域内外的存量资源，将"弱协作"提升为跨区域"强合作"，大力促进产销衔接，激发市场活力。

二、近5年的研究进展

（一）粮食物流学科的研究进展

1. 粮食物流学科研究的新观点、新技术

（1）数字化赋能粮食供应链创新研究。

李莹佳利用区块链技术，研究在供应链的不同节点实时更新粮食的种植地环境状况、化肥施用情况、质量品质、物流储藏、销售方向和顾客特点等信息，解决了传统信息追溯手段差、追溯效率低的问题。田军等提出了网络环境下粮食供应链风险管理的信息集成化策略，解决了由于缺乏新一代信息技术手段及"牛鞭效应"导致的粮食供应链信息风险。

（2）粮食物流新业态、新模式研究。

数字零售时代驱动着物流系统的发展，催生线上、线下零售融合，物流一体化，原产地直供+智能工厂+全渠道销售，云仓模式，厂仓合一、店仓合一模式等创新业态。阮毅致力于研究新业态、新销售背景下企业物流的演变，通过实证研究提出了在线和店内分别配送供给（OISD）、在线和店内由门店配送供给（OIJD）、店内集成系统供给（IISD）和在线和店内由配送中心供给（DCD）等新型物流仓储配送模式，以满足新业态、新销售模式下对仓储配送一体化管理提出的更高要求。

（3）粮食跨省调运网络布局优化研究。

近5年，粮食跨省调运方面的研究聚焦在三个方面：一是主动嵌入社会整体物流系统，加强粮食物流系统专业化设施与社会物流网络通用性设施的协同运作研究。二是完善国内重点粮食物流通道与枢纽节点功能，开展高效粮食物流多式联运系统研究。三是着眼培育具备国际化完整供应链和跨区域一体化运营能力的国际大粮商，构建更加开放的粮食物流布局体系。郑沫利、冀浏果着眼我国粮食物流发展瓶颈，研究提出横贯东西、纵穿南北、连通国际的"四横、八纵"重点通道，构建了枢纽引领、通道支撑、衔接高效、辐射带动的空间格局。王笑丛构建了以物流需求、服务能力、运输设施、粮食产业经济和物流节点重要性为指标的体系，采用熵权法计算沿海通道粮食物流节点发展指数，优化粮食物

流通道布局。

（4）新冠疫情背景下的应急物流研究。

钱煜昊等提出为提高粮食流通体系应对突发公共卫生事件的能力，应从优化粮食储备结构、推进市场化改革、科学指导农户和城镇居民储粮、提高粮食物流设施跨区域衔接度和完善粮食物流顶层设计等5个方面进行优化。牟能冶等在统计和分析粮食物流突发事件的基础上，基于复杂网络理论，以城市为节点，并以铁路或水路为边，以城市间的粮食物流联系强度为边权建立了我国粮食铁水联运网络模型。

（5）"一带一路"跨国粮食物流通道研究。

韩建军对"一带一路"周边国家的粮食动态安全效率进行了对比分析，可为我国粮食进口提供参考。邱平提出了对接"一带一路"建设、打造国际粮食物流通道的总体思路，包括做好与国际铁路通道对接、做实海上进出口通道高起点建设和运营、提升国际通道节点物流效率和加强我国进口粮食网络优化研究。吕超、秦波对外基地内走廊模式、产业园区牵引对外通道模式、沿运输通道共建仓储设施模式等进行了总结。

2. 粮食物流运作与管理的新方法、新技术

（1）共享物流运作新方式。

共同配送可以最大限度地提高人员、资金、时间等资源的利用效率，同时可以去除多余的交错运输，具有缓解交通、保护环境等社会效益。云仓资源共享可实现仓库设施网络的互联互通，在此基础上面向用户开放云仓资源，实现优化仓库资源配置和实时进行全国仓库系统的网络化运营与共享管理。

（2）物流管理无人化新技术。

智能包装运用NFC（近距离无线通信技术）、RFID（射频识别）、二维码、AR（增强现实技术）等实现了产品的追踪溯源、信息传递、数据收集、物流管理、安全防伪、营销品牌宣传等。人工智能的语音识别技术应用于自动化仓库的拣选场景，有效提高了分拣效率。AGV/AMR（自动导引运输车/自主移动机器人）、无人叉车、穿梭车、堆垛机、机械臂、分拣机等应用无人运载技术，使工人摆脱了繁重、复杂、危险的物流操作。

（3）多式联运新方法。

复合一贯制运输是基于多环节、多区段、多运输工具相互衔接进行商品运输的一种方式，整体上保证了运输过程的最优化和效率化。协作式多式联运指两种或两种以上运输方式，按照统一的规章或商定的协议，共同将货物从接管货物地运到指定交付货物地的运输。衔接式多式联运指由一个多式联运企业综合组织两种或两种以上的运输方式，将大宗货物从接管货物地运到指定交付货物地的运输。

3. 粮食物流应用新技术、新装备

（1）粮食装卸运输物流技术装备。

研究开发了散粮集装箱多工位快速高效装卸粮和接收发放成套应用技术及装备、散粮集装箱不同季节跨不同储粮生态区域的质量安全保质运输技术及装备、散粮集装箱公铁水多式联运物流信息追溯技术及平台、平房仓高效环保进出仓技术及装备、粮食进出仓物流作业粉尘防控及检测技术和装备、成品粮快速装卸系统，提高了粮食物流装卸效率，并改善了物流作业环境。

（2）智慧物流技术和智能装备。

运用"货架到人+货箱到人""密集存储+货到人拣选"等技术，使物流装备实现了智能、高效、柔性。堆垛机向下运动或制动时进行蓄能，启动加速时释放能量来达到节能降耗的目的；叉车以LNG/CNG（液化天然气/压缩天然气）为动力来源，大幅降低了污染物排放水平。开展了集成穿梭车、自动码盘机等适于常规包装成品粮的自动码盘、自动货位堆垛及发放控制系统的研发和应用。开展了AMR、料箱机器人、复合机器人、叉车AGV等无人运载工具和物流机器人的研发与应用。

（3）智能仓储和智能运输技术。

智能仓储系统实现了货物的实时跟踪和监控，提高了仓库管理的精度和效率，同时可以通过分析历史数据、流量数据等预测销售量和库存需求，从而实现库存的最优化管理。智能运输系统可以通过GPS（全球性无线电卫星导航系统）、传感器等技术实现对车辆的实时监控和管理，还可以通过交通预测、天气预测等实现路线最优规划，提高运输效率和精度。

（二）粮食物流学科发展的新成就

1. 学科研究成果

（1）科研成果。

粮食物流技术研究领域获得国家粮食和物资储备局、中国粮油学会和有关省级奖项74项；申请粮食物流相关专利共计147件；发表的粮食物流相关论文338篇，其中以粮食物流为关键词的期刊论文87篇；制修订粮食物流相关标准共计16项，其中已发布的11项、待发布的5项。研发了涵盖粮食物流进出仓、品质控制与追溯、信息化等环节的新技术、新设备。

（2）重大科技专项。

努力完成了粮食公益性行业科研专项，近5年，完成了国家科技支撑计划和其他国家科技计划项目等专项任务。

（3）科研基地与平台建设。

1）粮食储运国家工程研究中心。

由国家粮食和物资储备局科学研究院等单位承担，在气调储粮、生物防治、集装单元化储运技术等方面开展研究，共承担公益性行业专项、国家重点研发计划等国家及省部级项目249项，其中，以横向通风成套储粮新技术为代表的18项粮食收储运关键技术、以分体式谷冷机为代表的 27 种粮食收储运关键装备有力支撑了粮食行业科技创新和产业发展。

2）江苏省现代物流重点实验室（南京财经大学）。

主要从事溯源物流关键技术及其系统的研发与应用、在线随机优化及其在智能物流中的应用、物流园区等方面的研究。面向省内外的学者和科研人员开放，设立重点实验室开放课题基金。

3）河南省粮食产后收储运工程技术研究中心（郑州中粮科研设计院有限公司）。

本平台开展粮食产后收储清理干燥、粮食绿色仓储和高效进出仓作业、粮食物流运输高效装卸和保质运输、粮食物流信息服务及智能化管控 4 个研发方向中关键核心技术装备的开发和转化应用。

2. 学科建设

（1）学科教育。

截至 2023 年，国内开设物流相关专业的高校有 557 所，其中设立物流管理专业的高校有 443 所、设立物流工程专业的高校有 114 所，具有粮食物流专业学科特色的大专院校主要有 9 所。①河南工业大学：在粮食物流专业方面，拥有物流研究中心和物流管理系。主要课程有物流学概论、运输组织与管理、采购与供应管理、物流战略管理、供应链管理、配送中心规划与管理、国际物流、物流工程与管理、物流信息管理等。②南京财经大学：主要专业课程有物流管理学、供应链管理、物流运筹学、物流信息系统、国际物流学、仓储管理、采购与供应、物流中心设计与运作、物流系统工程、物流技术与装备、运输与配送、运营管理、物流管理英语等。③武汉轻工大学：现有粮食工程本科专业，主要课程有物流管理科学、物流技术科学、物流系统论、供应链与物流管理、电子商务与物流、配送中心设计、物流信息系统、国际贸易与物流、企业物流管理、物流工程与应用、物流战略与规划等。④江南大学：拥有食品科学与工程本科专业；为食品工程专业硕士点，培养"粮、油深加工技术"方向研究生；拥有食品科学与工程博士点及食品科学与工程博士后流动站。商学院拥有完整的学科设置和人才培养体系，下设物流工程专业，有学位硕士点。⑤黑龙江八一农垦大学：拥有企业管理硕士学位授权点，培养粮食物流与供应链管理方向研究生；拥有物流管理本科专业，主要课程有物流装备与技术、物流企业与企业物流管理、物流系统工程、供应链管理、物流成本与绩效管理、国际物流管理、农产品物流与供应链管理等。经济管理学院下设物流与供应链管理研究所，其研究成果具有粮食物流与供应链管理特色。⑥沈阳师范大学：拥有粮食学院粮食工程专业，主要课程有通风除尘与物料输送、粮食储藏学、粮食工厂供电与自动化、粮食工厂设计等。国际商学院开设物流管理专业。⑦江苏科技大学：粮食学院下设粮食工程专业，经济管理学院下设物流管理专业；工业工程专业硕士设有物流分析和设施规划方向。⑧东北农业大学：食品科学与工程为省级重点一级学科，食品学院开设食品科学与工程、粮食工程等专业，工程学院开设物流工程专业，主要专业课有物流学基础、现代物流装备、物流系统分析与设计、仓储与配送管理、制造企业物流、物流信息技术与信息系统、生产及物流系统建模与仿真、物流工程专业外语、供应链管理、农业物流、物流运输组织与管理等。⑨中南林业科技大学：食品科学与工程学院设有粮食工程专业。物流与交通学院拥有1个一级学科硕士点，即管理科学与工程，下设物流与供应链管理、工程管理、管理系统工程3个二级学科。

（2）学术出版。

出版专著39部，教材6种，手册1部，拥有主要学术期刊25种。

（3）学会建设。

中国粮油学会粮食物流分会成立于2007年，会员范围涉及科研设计院所、大专院校、专业社会团体、粮食储备物流及加工企业、装备制造企业等，秘书处设在北京国贸东孚工程科技有限公司。近5年，在中国粮油学会的指导和支持下，积极动员会员参与中国粮油学会学术交流活动；积极搭建领域学术交流平台，召开"2019全国粮食现代物流发展论坛"；依托分会秘书长单位开展粮食物流行业咨询工作，参与多项国家发改委、国家粮食和物资储备局重大规划和课题，提升了行业影响力；积极参与中国粮油学会"爱粮节粮 从我做起"系列特色科普活动，营造节约粮食、科学饮食的良好社会氛围。

3. 学科在产业发展中的重大成果和应用

（1）重大成果和应用综述。

在国家层面制定了"十四五"粮食仓储物流相关规划。开辟了东北三省—盘锦港—武汉阳逻港—云贵川铁水联运线路、江苏港口—万州港—四川青白江敞顶箱专列线路、伊犁—成都火车散粮线路等近10条散粮直达专列线路。打通了俄罗斯西伯利亚粮食主产区—内蒙古满洲里、二连浩特通道、中国（辽宁）自由贸易试验区营口片区"中俄粮食数字经济走廊"通道、哈萨克斯坦—阿拉山口、霍尔果斯中亚粮食通道，以及西安、郑州、兰州、银川等利用粮食保税区和粮食内陆港等政策支持的中欧班列通道。国家粮食交易中心与30个省级交易中心联网交易，助力打通"北粮南运"通道。加大先进信息技术的运用，持续推进粮食仓储物流设施智能化升级，国有粮食收储企业信息化升级改造覆盖率达到80%，其中中储粮集团公司已实现1100多家直属库和分库信息化全覆盖，江苏、河南、山东、安徽、青海、宁夏、贵州等省（自治区）粮库智能化升级改造已全部完成。连云港赣榆、福建莆田湄洲湾、秦皇岛二期等新一批大型粮食港口物流项目陆续落地。粮食"全程不落地"化作业在10多个粮食收储示范中心的应用示范。散粮集装箱集中接收卸粮技术及装备在多家粮食企业进行了应用示范，散粮集装箱装卸效率提高3倍以上，跨区运输时间缩短约20%。

（2）重大成果与应用的示例。

"十四五"期间，国家发改委、国家粮食和物资储备局提出大幅提升粮食物流枢纽组织效率和综合服务能力，推动降低粮食物流成本，推动粮食干线运输、区域分拨、多式联运、仓储服务等物流资源集聚，重点推进"北粮南运"和"外粮内运"主要港口粮食铁路专用线扩能改造、中转仓容建设和接卸能力提升，提高港口集疏运水平。全国各地粮食仓储物流向智能化方向发展，广西集中力量研发"机械化换人、自动化减人"项目；湖北、辽宁的省政府与企业合作，在收粮方面进行规模化机械作业；山东在粮食应急指挥平台和预警系统建设方面成效显著；内蒙古试点以收储全过程为主体构建了可追溯的粮食数字化信息链；江苏省"智慧苏粮"、安徽省"智慧皖粮"等信息化项目投入运行。粮食物流标准编制工作不断推进，完成《散粮接收发放设施设计技术规程》《粮食物流中心设计规范》《粮食物流企业服务规范与运营管理指南》等十几项标准规范。在中储粮的多家粮食储备直属库开展了粮食进出仓高效环保技术集成应用示范。西安爱菊粮油工业集团打通了以哈萨克斯坦北哈州爱菊农产品物流加工园区为集结中心、新疆阿拉山口农产品物流加工爱菊园区为中转分拨中心、西安国际港务区爱菊农产品物流加工园区为集散中心的"三位一体"中亚粮食物流国际通道，打造我国"一带一路"国际粮食物流通道的示范节点。

三、国内外研究进展比较

（一）国外粮食物流学科最新研究热点、前沿和趋势

1. 关注基础理论及国际物流通道研究

（1）粮食物流运输方式及成本效能的数字化分析。

荷兰学者对嘉吉公司在俄罗斯境内的粮食物流运输成本进行数字化建模分析，并在各自适用领域进行了论证；美国学者采用增强重力模型的分析方法，对大豆的物流绩效（LPI）进行了可定量化分析评估。乌克兰学者就多式联运物流的能耗进行了分析研究，并提出与公路运输和铁路运输相比，内河运输具有更好的牵引效率。

（2）对跨地区及局部粮食物流通道的前瞻性研究。

俄罗斯学者认为国际南北交通走廊（INSTC）可以发展成为替代苏伊士运河海运通道的另一条重要粮食跨境运输线路；欧美学者提出利用费罗格罗铁路与阿拉瓜亚—托坎廷水路进行多式联运，是将马托格罗斯大豆运到北亚马逊港口成本最优的物流方式；巴西作者提出了最佳的大豆出口物流通道设施配置及多式联运码头的利用水平。

2. 关注在新冠疫情、地缘冲突等影响下的市场分析预测

（1）在新冠疫情等公共卫生事件影响下的运输和布局优化研究。

在新冠疫情大流行的背景下，国外对保持持续性的粮食运输与供应的物流模式与方式进行了深度研究。印度学者就新冠疫情大流行或应急状态下，对粮食多式联运、供应网络优化、车辆资源调配进行了建模，提出了一种"卡车–无人机同步交付"的配送方式，以保障在应急状态下粮食可持续运输与供应的"最后一公里"。

（2）俄乌冲突等地缘政治事件对粮食物流的影响研究。

《2022年全球粮食可持续发展报告》指出俄乌冲突的影响严重威胁一些粮食依赖进口的国家的粮食安全，可能会导致埃及、孟加拉国、土耳其等国家的粮食供应受限。德国学者研究了在俄乌冲突持续进行背景下的乌克兰及俄罗斯的粮食生产和出口情况。

3. 关注信息化、智能化技术的应用

（1）物联网技术的研究应用。

美国开发出了基于物联网技术的自动叉车机器人，其能够根据货物RFID芯片和网络在仓内自动匹配；意大利学者研究了一种基于物联网技术的虚拟供应配送网络，通过传感器感知货物的实时状态，能够结合就近的物流仓库仓储情况，进行实时调度运输。

（2）其他智能化技术的研究应用。

美国公司利用大数据技术处理数据，优化食品卡车运输路线，从而防止交通拥堵导致运输延误引起不必要的食品浪费；美国GrainViz公司利用数字化分析技术开发出了一套筒仓水分检测系统，可创建3D（三维）图谱技术数据，实现对仓内100%的原粮实时获取精确水分数据。

4. 关注装备的高效化、集成化、自动化研究

（1）出入仓方式自动化、无人化研究。

德国Zuther公司设计制造了工艺技术更为优良的平房仓进出仓自动化装备，可实现无人操作自动进出料；美国GRAIN WEEVIL公司正在研发一种小型粮堆顶部平仓机器人，其能够代替人工实现粮面无人化平仓作业；德国AMOVA公司研制出一套全自动化集装箱高托架存储系统，可将码头转运速率提高20%。

（2）中转储存设施的集成化研究。

法国SERCAA公司推出一套具有不同规格尺寸、模块高度集成的方仓和筒仓，可根据需要在场地实现快速组装与拆卸；澳大利亚Westeel公司开发出了筒仓烘干一体化系统，将储存与烘干功能集成，用地集约同时具有较好的投资经济性和维修便利性。

（二）国内外粮食物流学科的发展态势比较与差距分析

1. 在粮食供应链研究方面的着眼点不同

国外注重研究提升粮农的市场准入门槛和议价能力，而国内更注重通过利益补偿提高农民种粮积极性的研究；国外注重供应链成员的协作减排研究，国内更加重视供应链各环节碳排放的研究；国外主要从粮食供应链效率、可持续性和食品安全方面进行研究，而国内为提高小农户的收益，主要从农产品流通体系的整合、加强农产品价值链的管理等方面进行研究。

2. 国外更加注重趋势预测与风险研究

美国等发达国家致力于对粮食生产、运输方式、终端需求、地区政策、国际环境等因

素进行趋势预测研究。与国外相比，我国粮食物流对发展趋势与市场规模预测在分析方式与研究程度上还不够深入，大部分企业对前沿市场的研究与风险规避还处在摸索阶段，多依靠行业经验进行判断，尚未建立系统且完善的研究体系。

3. 国内在低能耗、低碳排放研究方面与国外尚有差距

发达国家注重对燃料消耗使用、污染物排放、碳强度控制等因素的研究，促进提高能源利用效率，提升环境可持续性。与国外相比，我国粮食物流在可持续性、环境友好等理论、技术与设备研究上不够深入，多集中在物流模式、运输手段等理论研究，在实际应用与设备创新开发层面研究较少，在绿色环保等方面的研究尚有差距。

4. 国内标准化、规范化方面的研究相对滞后

发达国家在粮食生产、加工、配送、装卸、搬运等物流环节几乎都有相应的法规制度和标准进行规范和约束。与发达国家相比，我国对粮食物流标准规范体系的研究还不够充分，现有标准远落后于目前行业发展需求，标准覆盖面较窄。

（三）我国粮食物流学科发展存在的问题

1. 对粮食物流的实证研究明显不足

虽然政府和企业近年来加大了对粮食物流的投入，但是仍然存在设施不足、运输成本相对较高、缺乏有效的监管体系和信息共享平台等问题，针对粮食物流的智能化技术研究、粮食跨境贸易物流研究、粮食仓储与配送优化研究等都需要进一步开展实证研究。

2. 对粮食物流统计方法的研究尚属空白

目前，国内对粮食物流量很少有从理论上进行统计体系或统计预测模型的研究。需要高度重视粮食物流统计调查研究，甚至成立专门机构如粮食物流统计研究所，采用抽样调查等科学方法，从市场端获取数据，保证粮食物流统计数据及时、正确，提高粮食物流统计数据的可靠性。

3. 对粮食应急物流的研究有所欠缺

粮食应急物流相关研究不足，缺乏对灾害或紧急情况应急物流运输网络的研究，缺乏针对应急状况提高运输效率和准确性的实时监控和追踪技术研究，缺乏组织、调度、运输等方面的应急机制研究等。

4. 对粮食市场消费需求的研究不够

市场消费需求取向是影响粮食物流的重要因素之一，但目前对不同市场消费需求类型的研究较少，对不同地区市场消费需求差异性的研究较少，对未来市场消费需求趋势的预测能力有限，因此应加强对市场消费需求取向多维度的研究。

5. 对学科体系建设的重视程度需要加强

目前，无论是从高校还是科研院所来看，粮食物流学科研究都较为分散且重复，缺乏学科领军人才与青年拔尖人才，前沿性、前瞻性、创新性的研究不多，需要进一步加强粮食物流研究体系建设，围绕粮食供应链的各个环节、粮食物流的各重要节点与关键问题分别进行研究。

四、发展趋势及展望

（一）战略需求

1. 适应双循环新发展格局的通道布局创新研究

随着经济发展和城乡统筹力度加大，我国粮食生产进一步向主产区集中，粮食消费加快向城市群集聚，沿海、沿长江、西南等区域粮食调入量不断增加，粮食来源、品种、运输方式更加复杂多变，产购储加销一体化程度增加，粮食物流将从分散需求逐步发展为整合需求，单个节点物流规模将增加，形成粮食物流新格局。由于发展模式、布局模式的重大转变，对国内产销区对接和"一带一路"进口通道节点布局优化的创新研究需求迫切，以有效解决粮食产销区间运距长、粮食供需有效匹配难度大的问题。

2. 适应粮食安全新形势带来的智慧供应链创新研究

当前和今后一段时期，我国将坚持统筹发展，紧紧扭住提升粮食综合生产能力、保障供应链稳定安全、提升全球粮食治理能力等着力点，强化"产购储加销"协同保障，系统提升国家粮食安全保障能力。这就要求粮食物流业加快向数字化转型，以更好地实现资源的汇聚、配置和优化，以提升服务水平和应对不确定性风险的能力。粮食智慧供应链的创新研究能够全面助推粮食供应链升级，减少粮食流通中间环节，促进多元化运输设施应用，促进粮食物流的现代化发展。

3. 适应乡村振兴战略带来的物流模式创新研究

党的十九届五中全会审议通过的《中共中央关于制定国民经济和社会发展第十四个五年规划和二〇三五年远景目标的建议》对新发展阶段优先发展农业农村、全面推进乡村振兴作出总体部署，在提升粮食和重要农产品供给保障能力方面提出了具体要求，促进系统资源整合协同的物流模式创新研究成为未来研究的需求重点，如适应产业融合的物流模式研究、产销区跨区域一体化物流模式研究、物流全链路信息互联互通研究等。

4. 适应大储备系统发展的整合和统筹创新研究

在粮食和物资储备系统"深化改革、转型发展"的新任务、新要求下，粮食与食糖、棉花等重要物资储备体系的融合发展相关研究的需求将不断增加，如大储备背景下资源统筹利用、设施网络布局、管理流程方面的模式创新、体系优化等研究，对加快实现粮食和物资储备融合发展，提升国家储备应对突发事件的能力具有重要作用。

5. 适应大物流全面升级的设施现代化创新研究

2022年12月15日，国务院办公厅印发《"十四五"现代物流发展规划》，提出加快物流枢纽资源整合建设、构建国际国内物流大通道、提升现代物流安全应急能力等重点任务，在多式联运、铁路快运、内河水运、大宗商品储备设施、应急物流等重点领域加强补短板促升级。面对大物流发展机遇，粮食物流设施的现代化升级研究需求日益突出，智能物流网络、高效运输、多元运输、智能装备、标准化等相关研究成为重点。

6. 适应节粮减损带来的绿色物流创新研究

我国自 2021 年以来，深入实施《中华人民共和国反食品浪费法》，多措并举着力推进粮食全链条减损。粮食物流领域未来也将更加注重绿色化，将低碳物流融入技术发展，加快新能源货运车辆、叉车的应用，推动物流企业强化绿色节能和低碳管理，加强绿色物流、绿色仓储新技术和设备研发应用，发展多式联运减损技术，推广使用循环包装，推动托盘循环共用系统建设等。

（二）研究方向及研发重点

1. 适应新发展格局的粮食物流布局研究

以生态经济为约束条件的粮食物流跨区域结构布局优化研究；适应粮食收储政策改革和乡村振兴的粮食物流设施布局研究；粮食物流与智慧物流、绿色物流、共享物流等物流新兴形态结合的跨业态创新布局研究；粮食物流管理创新和制度创新融合布局研究；物流基地、分拨中心、公共配送中心、末端配送网点的统筹布局研究；各类布局下节点合理规模、差异功能设置、运输物流模式、高效作业设备配备研究；均衡城市和乡村物流发展模式研究；铁路、港口最先和"最后一公里"配送网络优化研究。

2. 粮食高效物流供应链理论应用研究

粮食物流供应链创新应用商业模式研究；粮食应急物流供应链组织模式研究；以大型粮商为主体的供应链整合研究；铁路、公路、港口粮食物流枢纽向上下游延伸服务链条的全程物流组织优化研究；基于大数据支撑、网络化共享、智能化协作的粮食智慧供应链体系研究；粮油综合物流园区高效化物流系统运营模式研究。

3. "一带一路"背景下粮食物流发展战略研究

"一带一路"倡议下我国粮食物流国际化大融合发展趋势研究；"一带一路"粮食物流布局规划研究；"一带一路"沿线主要农业大国的多式联运粮食物流通道布局研究；"一带一路"物流基础设施建设技术标准对接研究；跨境直达运输、"门到门"物流等国际物流服务模式创新研究；国外粮食资源利用对现有粮食物流布局影响的研究。

4. 粮食安全应急物流保障体系构建研究

原粮应急数量、质量和物流保障体系构建研究；成品粮应急数量、质量和物流保障体系研究；军粮数量、质量和物流保障体系研究；粮食物流跨区域一体化整合、全链路信息互联互通应急体系研究；粮食应急物流监管及信息服务技术体系研究；大储备背景下的设施布局优化研究；大储备系统资源互通的创新模式研究，等等。

5. 粮食物流技术标准体系完善研究

大型粮食物流园区多式联运作业站场技术标准研究；粮食物流组织模式标准、粮食物流统计扩展指标研究；粮食物流过程品质控制和追溯技术标准体系，粮食物流信息采集、交换、追踪和服务监管技术标准体系、粮食物流作业技术装备标准体系研究；散粮接收发放设施配备标准、粮食集装箱装卸设施配备标准、粮食多式联运设备配备标准等标准内容研究。

6. 粮食物流新技术新装备研究

全程可监控、全程可追溯多式联运等智慧化粮食物流新技术研究；枢纽节点的多方式集疏运新技术研究；仓储设施高效中转配套技术、船船直取等衔接配套技术、大型粮食装卸车点配套技术、铁路站场高效粮食装卸技术研究；适应智能化粮食物流系统建设的数据单元智能物流装备创新研究；粮食智能分类储运技术、无人运载工具和物流机器人研究；成品粮智能物流技术、装备研究；粮食储运保鲜技术与装备研发，等等。

（三）发展策略

1. 强化对学科的科技创新支撑

依托企业技术中心、高等院校、科研院所等开展粮食物流重大基础研究和示范应用，推动设立一批粮食物流技术创新平台。建立以企业为主体的协同创新机制，鼓励企业与高等院校、科研院所联合设立产学研结合的粮食物流科创中心，开展创新技术集中攻关、先进模式示范推广，建立成果转化工作机制。鼓励粮食物流领域研究开发、创业孵化、技术转移、科技咨询等创新服务机构发展，提升专业化服务能力。

2. 加快对学科的建设和人才培养

加强高等院校粮食物流学科专业建设，提高专业设置的针对性，发挥中国粮油学会粮食物流分会平台作用。加快粮食物流现代职业教育体系建设，支持职业院校开设粮食物流相关专业。加强校企合作，创新产教融合人才培养模式，支持企业开展大规模多层次职业技能培训。加强粮食物流领域工程技术人才职称评审，逐步壮大高水平工程师和高技能人才队伍。

3. 加强学科的标准和制度支撑

健全粮食物流统计监测体系，加强粮食物流统计和重点物流企业统计监测，研究制定反映粮食现代物流重点领域、关键环节高质量发展的监测指标体系。强化粮食物流领域国家标准和行业标准规范指导作用，加大已发布物流标准宣传贯彻力度。建立粮食物流标准实施评价体系，培育粮食物流领域企业标准"领跑者"，发挥示范引领作用。

4. 保障政府对学科的政策支持

完善粮食物流设施专项规划，重点保障国家粮食物流枢纽等基础设施的合理用地需求，鼓励地方政府盘活存量土地和闲置土地资源用于粮食物流设施建设。发挥各类金融机构作用，加大对骨干粮食物流企业的信贷支持力度，拓宽企业兼并重组融资渠道。推动建立国际粮食物流通道沿线国家协作机制，加强便利化运输、智慧海关、智能边境、智享联通等方面的合作。

参考文献

［1］李莹佳. 基于区块链的粮食供应链溯源信息多方共享机制［J］. 热带农业工程，2021（5）：82-85.

［2］田军，田晨，赵俊英. 网络环境下粮食供应链信息集成化管理研究［J］. 管理工程师，2020（5）：22-30.

［3］阮毅. 基于新业态新销售的仓储配送管理模式探析［J］. 中国物流与采购，2021（16）：83-85.

［4］郑沫利，冀浏果. 新时期我国粮食物流高质量发展路径［J］. 粮油食品科技，2022，30（04）：1-6.

［5］王笑丛，杨玉苹，冀浏果，等. 熵权系数法在新时期粮食物流节点规划布局中的应用——以沿海通道为例［J］. 粮油食品科技，2022，30（04）：23-27.

［6］钱煜昊，罗乐添，王金秋. 突发公共事件下的粮食流通体系优化［J］. 西北农林科技大学学报（社会科学版），2020，20（06）：70-79.

［7］牟能冶，程驰尧. 面向突发事件的粮食铁水联运网络抗毁性研究［J］. 安全与环境学报，2023，23（03）：713-723.

［8］韩建军，曾辉. 基于安全效率评估的中国陆路粮食进口通道对比分析［J］. 农业经济，2019（12）：119-120.

［9］邱平，冀浏果，刘雍容，等. 完善粮食物流布局打造"一带一路"粮食物流国际通道［J］. 粮油食品科技，2019，27（03）：90-96.

［10］吕超，秦波，张璐，等. "一带一路"倡议下我国西部粮食物流国际通道示范节点现状与建议［J］. 粮油食品科技，2022，30（04）：43-50.

［11］IRYNA F. Forecasting freight rates for tipper trucks in Russia［D］. Tilburg University School of Economics and Management，2022.

［12］JOÃO G M D R，PEDRO S A，JOSÉ ANTÓNIO S P C. The Impact of Logistics Performance on Argentina，Brazil，and the US Soybean Exports from 2012 to 2018：A Gravity Model Approach［J］. MDPI，Agriculture，2020，10：338.

［13］OLEG B，VALERII H，VITALII N. Energy Efficiency of Inland Waterways Transport for Agriculture：The Ukraine Case Study［J］. MDPI，Appl. Sci. 2021，11：8937.

［14］EVGENY Y. VINOKUROVA，AHUNBAEVC，ALEXANDER I. Zaboeva. International North-South Transport Corridor：Boosting Russia's "pivot to the South" and TransEurasian connectivity［J］. Russian Journal of Economics，2022（8）：159-173.

［15］RUSSO，TATIANA O，ROCHA，et al . G.Analysis model of the corridor of the Arco Norte of the Amazon for the soybean of Mato Grosso［J］. International Journal for Innovation Education and Research，2022，3：84-104.

［16］THIAGO G P，DANIELA B B，CONNIE T S. Evaluation of Green Transport Corridors of Brazilian Soybean Exports To China［J］. Brazilian Journal of Operations Production Management，2019（16）：398-412.

［17］YOUNG J K，BYUNG K L. Containerized Grain Logistics Processes for Implementing Sustainable Identity Preservation［J］. MDPI，Sustainability，2022，14：13352.

[18] SUBE S, RAMESH K, ROHIT P, et al. Impact of COVID-19 on logistics systems and disruptions in food supply chain[J]. International Journal of Production Research, 2020（9）: 1-15.

[19] Stephanvon Cramon-Taubadel. Russia's invasion of Ukraine-implications for grain markets and food security[R]. German Economic Team, Berlin, March 2022.

[20] SANDEEP J 1, FARAH B, GUILLERMO GA, et al. Food Logistics 4.0: Opportunities and Challenges[J]. MDPI, Logistics 2021, 5: 2.

撰稿人：张永奕　邱　平　郑沫利　冀浏果　冷志杰　秦　璐　秦　波
　　　　刘成龙　吕　超　张　璐　刘　洁[2]　高　兰　李　弢　吴建军

饲料加工学科发展研究

一、引言

饲料加工学科是研究饲料原料、饲料添加剂的营养价值、饲用特性、加工特性、安全特性，研究饲料资源和饲料添加剂的开发利用新技术，研究不同动物的不同饲料产品的科学配制和加工新技术，研究饲料质量检测和控制新技术，研究饲料加工设备、加工工艺及饲料工程管理等的科学技术领域和相关人才的培养体系。

饲料工业作为大食物生产链中的重要环节，前承种植业、粮食加工业、农牧渔产品加工业，后接养殖业与食品工业。饲料加工科学技术的发展可以为全球畜牧业、水产养殖业、宠物业的可持续发展提供安全、可支付的饲料产品，进而保障养殖业为人类提供安全、可支付的优质动物性食品。当前和未来，饲料加工科技将朝着绿色、安全、高效、低碳、生态方向不断创新发展。而饲料加工学科的人才培养体系也需要创新发展，从而为我国饲料工业的可持续发展提供智力支撑。

2022年，我国饲料工业总产值为13168.5亿元，总营收12617.3亿元，各类饲料企业一万余家。工业饲料总产量达30223万吨，其中配合饲料产量28021.2万吨、浓缩饲料产量1426.2万吨、添加剂预混合饲料产量652.2万吨。猪饲料、反刍动物饲料、水产饲料、宠物饲料的产量分别增长了4.0%、9.2%、10.2%、9.5%。散装饲料的总量为10703.1万吨，占配合饲料总产量的38.2%。饲料加工机械产值84.2亿元。

2019—2023年，我国在饲料加工科技创新方面取得了许多创新成果，有力助推我国饲料工业科技迈上更高台阶。

二、近 5 年的研究进展

（一）饲料加工科技基础研究新进展

1. 饲料工业标准化科研新进展

2019 年 7 月至 2023 年 6 月，我国制修订的国家、行业标准如下。

制修订饲料原料、饲料添加剂、饲料检测方法、饲料产品国家标准 35 项，其中饲料原料国家标准 4 项、饲料添加剂国家标准 15 项、饲料产品国家标准 2 项、饲料检验方法国家标准 14 项。

制修订饲料原料、饲料添加剂、饲料产品、检测方法、技术规范类农业行业标准 74 项，其中检测方法标准 42 项、原料标准 19 项、饲料添加剂标准 1 项、饲料产品标准 6 项、技术规范类标准 6 项。

制修订的饲料加工设备国家和行业标准 23 项，其中国家标准 6 项、行业标准 17 项。涉及饲料厂智能化的国家标准 2 项，即《智能化饲料加工厂数据采集技术规范》（GB/T 42090-2022）和《饲料加工厂智能化技术导则》（GB/T 42088-2022），弥补了该领域标准空白。另外，发布的两项饲料机械安全国家标准，即《饲料机械安全设计要求》（GB/T 41851-2022）和《饲料加工机械卫生规范》（GB 40162-2021），填补了该行业标准缺口。

由我国专家作为项目负责人和工作组负责人主持完成首个饲料机械国际标准 ISO 24378：2022 Feed machinery-Vocabulary。

2. 饲料理化特性研究

（1）多种饲料原料和产品的热物理特性与影响规律研究。

基于营养组成的水产膨化饲料热特性建立了包含营养组成（粗蛋白质量分数和粗脂肪质量分数）和工艺参数（含水率和温度）的热特性预测模型；基于伴随方程法构建反演模型，并结合搭建的热传导试验平台，探究了一种检测水产膨化饲料热特性（比热、导热率和导温系数）的新方法。

（2）不同饲料原料的加工特性研究。

研究比较了膨化饲料中，面粉、木薯淀粉、碎米、大麦、豌豆、高粱和预糊化淀粉等常用的 7 种淀粉源理化性质；分析了不同分子量大豆皮多糖的基本结构及功能性质；探讨了挤压膨化过程中菜籽粕水分含量对其粗蛋白和 17 种氨基酸含量、体外蛋白质消化率及蛋白二级结构的影响；基于饲料均匀板加热装置及方法，通过三因素五水平二次回归正交旋转组合试验的响应面分析，建立了育肥猪配合饲料糊化度与热处理温度、热处理时间和饲料水分的二次回归模型。在此基础上，将含有 25% 和 30% 水分的饲料分别在 75℃、80℃、85℃、90℃和 95℃下，分别进行 0.5 分钟、1 分钟、3 分钟、5 分钟、7 分钟和 10 分钟的热处理，分析了热处理后饲料样品的糊化程度、糊化动力学参数、结晶特性、双折射特性和微观形貌等理化性质；采用基于剪切法的粉体流动仪分析豆粕粉料和干酒精糟可溶物（DDGS）粉料的流动性受含水率、筛孔直径和固结应力的影响规律，构建了内聚力关于研究变量的预测模型。

（3）部分饲料原料的功能特性研究。

研究了不同配比的玉米、小麦和糖蜜对混合饲料糊化特性的影响；以玉米淀粉和育肥猪配合饲料粉料为研究对象，基于饲料糊化的黏度特性，采用自定义的RVA梯度恒温水热处理程序，通过捕捉玉米淀粉和饲料糊化过程中的黏度变化规律，并利用黏度差值分析方法，对饲料行业的调质温度、延时调质等现象进行量化分析。

（4）颗粒饲料冷却过程湿热传递模型与应用研究。

以生长猪颗粒料和犊牛颗粒料为研究对象，提出了一种新的薄层干燥技术，并建立了基于风温和风速的颗粒料薄层冷却干燥动力学模型；分析了颗粒饲料的深床冷却干燥过程，建立了其湿热传递的偏微分方程模型，完善了模型中颗粒饲料的相关物理参数，并采用多物理场耦合分析（COMSOL Multiphysics）软件求解得到了冷却过程任意时刻、任意位置颗粒的含水率；以草鱼（成鱼）膨化饲料为试验对象，研究了膨化饲料薄层干燥特性及干燥动力学模型，并设计了膨化饲料深床热风干燥装置，构建了描述膨化饲料深床干燥热质传递的多场耦合数学模型。

（二）饲料加工装备科技研究进展

2019年7月至2023年6月，我国饲料加工设备在技术创新方面取得较多重要成果，设备制造质量明显提升。饲料成套设备出口到"一带一路"国家的数量持续增加。

1. 锤片粉碎机的主要技术发明

一种基于物料颗粒运动轨迹的粉碎方法及系统（CN202110605885.8），一种基于斜向剪切的打击粉碎方法及系统（CN202110617532.X），一种粉碎机筛片智能检测方法及系统（CN202110605836.4）。这些新技术的应用使我国饲料锤片粉碎机的能耗进一步降低，生产效率和质量控制水平明显提升。

2. 立式超微粉碎机的主要技术发明

出料均匀防磨损式超微粉碎机（CN202210681418.8），一种多重破碎的超微粉碎机（CN202210691916.0），一种破环流增强二次粉碎型齿圈（CN202221515811.1）。这些技术的持续创新与应用使我国饲料立式超微粉碎机的综合生产性能一直处于国际领先水平，节能降耗显著。

3. 配料混合设备的主要技术发明

一种改进型单轴桨叶式混合机（CN201821815392.7），其解决了薄壳结构机体增强与转子高度可调节的难题；一种在线水分监测调节的混合机（CN201920090527.6），可实现混合均匀后的物料水分较高精度测定；混合机出料门密封装置（CN202021423444.3），解决了因黏稠物料粘连引起的密封失效问题；混合机专用减速一体机（CN202020251499.4），解决了皮带传动效率低、结构复杂的问题。

4. 调质设备的主要技术发明

通过转子轴及桨叶添加蒸汽的内添加调质器（CN202111512887.9）、水平布置的双轴异腔保质器（CN202210062838.8）。节能降耗、高效生产，仍然是目前调质设备技术的主流发展方向。

5. 制粒设备的主要技术发明

配备热风系统的制粒机（CN202020392258.1）是基于卫生清洁型制粒技术制造的新设备；小孔径环模的制造技术取得突破；分体式制粒机喂料锥制造技术有新进展；制粒机机头料回收技术（CN202020406773.0）、制粒机防堵装置、压辊环模间隙自适应调节装置及控制方法（CN202111609995.8）等制粒智能化技术快速发展。

6. 挤压膨化设备的主要技术发明

膨化机用在线黏度控制出料装置及控制方法（CN202010614701.X）解决了人工控制准确度差及对人工经验依赖性大的问题；微小颗粒加工装备及微小颗粒加工方法研究取得突破。膨化颗粒饲料密度控制设备、容重在线检测装置及其容重检测方法、一种膨化腔快换装置及膨化机膨化腔快换方法、裂缝压差式饲料生产装置、在线质量检测装置等的发展使挤压膨化机的操作与质量控制技术水平提高到新的阶段；在挤压膨化领域，智能化技术已进入应用阶段。

7. 其他饲料加工设备的主要发明

真空喷涂机实现不停机清理（CN202011304574.X）；一种新型液体喷涂装置（CN202021849696.2）可将液体流通管道与气体流通管道分隔，互不相通，实现对喷涂效果的控制，既保证了喷涂质量又提高了工作效率。

一种改进型发酵设备（连续固态发酵床，CN202021639638.7）、模块化发酵塔（CN201922399912.1）等，制造安装简单，可有效提高发酵饲料生产效率。

（三）饲料加工工艺技术新进展

1. 饲料原料加工技术

原料清理技术的升级：谷物原料的多重筛理分级技术可将一种谷物原料（如玉米、高粱等）分成3个以上等级，便于按饲料产品的质量需求选用。用去石机和色选机联合清除发霉粒状原料和石子等。采用膨胀、膨化工艺处理更多小品种和加工副产物等非常规饲料原料，可精细去除杂质、降低抗营养因子、提高饲料利用率。

2. 精细高效加工技术

教槽料、乳猪料的超微粉碎加工技术应用广泛。烘焙乳猪料生产技术、蛋鸡粉料包被颗粒化技术、不同饲料产品的新型高效组合调质技术、制粒头尾料处理技术、无机头料的调质技术等使饲料加工技术更高效，饲料利用率更高，更适合饲养动物采食。

3. 安全饲料加工技术

基于长时高温调质器杀菌机的有害菌和病毒杀灭加工技术，基于自动化上料、自清洁式微量配料的添加剂预混料生产技术，全生产线的防交叉污染和质量可追溯技术，饲料厂运输车辆与人员的生物安全处理技术等的推出与推广应用，为提高饲料的质量安全提供了技术保障。

4. 反刍动物饲料专业化加工技术

全混合日粮（TMR）颗粒饲料加工技术，利用制粒工艺将完全混合的精粗饲料等进行颗粒化加工，提高动物采食量和饲料利用率；犊牛开食料加工技术采用无动力混合技术，实现了颗粒饲料与压片玉米、压片大麦、玉米颗粒等物料的均匀混合，满足了犊牛的营养需要和采食需求；糖蜜混合及喷涂技术与膨胀制粒工艺结合，糖蜜添加量可达10%，提高了产品适口性和营养价值。

5. 水产膨化饲料加工技术

低淀粉浮性膨化饲料加工技术、缓沉性膨化饲料加工技术、沉性膨化饲料密度控制技术及膨化微颗粒饲料加工技术均成功实现产业化应用。

6. 饲料生产智能化技术

饲料生产过程中将数据采集与监控系统、生产现场控制系统、制造执行管理系统（MES）、企业资源计划系统（ERP）等自下而上缜密嵌合，并配备智能粉碎机、智能制粒机、智能膨化机等初代智能设备，实现了原料自动取样、自动除铁、粉碎破筛检测、配料秤自动校验、膨化机和制粒机自动控制、成品散装发运及门卫无人值守。通过"智慧大脑"调度、物联网布局，生产线可以根据销售订单、原料库存、生产工序等信息自动生成生产订单，快速响应用户需求，准确承诺交付期，使得资源及时到位并进行科学分配，真正实现了绿色智能。

7. 饲料加工对饲料质量和饲喂效果影响的研究

研究了加工工艺、玉米干酒糟和湿态发酵豆粕添加水平及其交互作用对肉鸡颗粒饲料质量、肉鸡生长性能及肉鸡肠道组织形态的影响。研究了挤压膨化加工过程中不同淀粉糊化度对颗粒饲料加工质量，以及断奶仔猪生长性能、养分表观消化率与血清生化指标的影响。研究了不同加工工艺参数对缓沉性水产膨化饲料品质指标的影响规律，从而优化出缓沉性水产膨化饲料的加工工艺参数。评价了挤压膨化工艺参数对全植物蛋白配方水产饲料和犬粮等颗粒质量的影响。研究了玉米和豆粕不同粉碎粒度的组合饲粮及不同粉碎粒度下玉米和豆粕的交互作用对肉鸡饲料加工质量及肉鸡生长性能的影响。探究了豆粕、棉粕、菜粕、酒糟蛋白、乙醇梭菌蛋白5种蛋白原料及其混合粉料的营养指标和理化性质的差异，确定了影响颗粒饲料质量和制粒能耗的关键指标，对5种蛋白原料的制粒效果进行了综合评价。研究了不同添加比例苜蓿草粉对颗粒饲料加工质量和生长育肥猪生长性能的影响。

8. 饲料厂环保技术

新建饲料厂在总平规划设计、饲料工艺，以及设备设计、安装过程中对除尘防爆、气味处理排放、降低噪声及雨污水分离排放等越来越重视，噪声防治、臭气排放浓度、防火防爆要求等均严格执行最新国家相关法规和国家强制标准。在能源替代方面，天然气因其清洁、低碳、高效等优点，逐步成为替代传统煤炭能源，实现低碳转型的现实选择。烘干系统加装低温区能量回收利用系统，可有效降低能耗、减少碳排放和环保处理成本。

（四）饲料资源开发与高效利用技术新进展

1. 发酵工艺技术与应用

菌酶协同预处理饲料技术已广泛应用于畜禽和水产养殖；液态发酵饲料生产与应用研究取得新进展，发酵产品逐渐被养殖企业接受；利用各类杂饼粕、谷物副产物、糟渣、秸秆、尾菜、餐桌剩余物等非常规饲料原料进行发酵，地源性饲料资源的就地饲料化率得到显著提高。发酵菌种的筛选目标集中在改变饲料原料的理化性质（提高消化吸收率、解毒脱毒等）、获得微生物中间代谢产物（酶、氨基酸和维生素等）及制备活菌制剂，已获得多项发明专利。此外，高活性、高抗逆性的发酵菌种筛选也取得一定进展。发酵饲料的功能性作用得到更多证实，在替代鱼粉与豆粕、提高宿主免疫力和抵抗疾病发生等方面表现尤为突出。此外，针对猪、肉鸡、蛋鸡、肉鸭、奶牛、肉牛、肉羊和多种水产动物的发酵饲料生产和应用的相关团体标准和地方标准发布并实施，这对发酵饲料的应用提供了技术支持和质量要求。

2. 饲料原料中霉菌毒素脱除技术新进展

霉菌毒素脱除是实现节粮减损的重要途径。

（1）微生物菌种和脱毒酶的研究进展。主要集中在新的发酵脱毒用微生物工程菌、酶及配套脱毒工艺。技术发明专利如一种粮食或其副产物中真菌毒素的生物降解方法（CN202211321123.6）、一种玉米赤霉烯酮降解酶及其应用（CN201910298924.7）。

（2）改性霉菌毒素吸附剂。霉菌毒素吸附剂主要包括改性硅酸盐、碳材料、有机高分子材料、生物吸附剂和新型吸附剂材料。农业农村部公告第258号规定：植物炭黑可作为新型饲料添加剂喂养仔猪，植物炭黑添加量为1000毫克/升时，对500纳克/毫升玉米赤霉烯酮（ZEN）的吸附率可以达到95%。

（3）新型脱毒技术——光降解化学脱毒技术已在小麦、小麦粉和植物油中呕吐毒素和黄曲霉毒素的降解上得到初步应用，研究集中在开发新的光催化剂及配套脱毒设备。技术发明专利有一种利用光催化剂降解真菌毒素的装置（CN202120944487）等。

3. 新型蛋白饲料生产技术新进展

植物蛋白原料提质加工技术：采用高比例脱壳 - 低温提油 - 脱毒 - 去除抗营养因子

工艺生产出来的高质量棉籽浓缩蛋白取得成功并推广应用。以黑水虻、黄粉虫为原料工业化生产的昆虫蛋白也获得成功并逐渐推广应用；乙醇梭菌蛋白获得了国内新蛋白饲料原料证书，取得单一饲料生产许可证，并实现了工业化生产，入选2021中国农业农村重大科技新成果、新产品。研究表明，乙醇梭菌蛋白是水生动物饲料中鱼粉的良好替代蛋白源，替代鱼粉比例可达30%~50%。

4. 人工合成淀粉新技术

谷物等通过光合作用固定二氧化碳的过程涉及约60个生化反应及复杂的生理调控机制，理论能量转换效率仅为2%左右。中国科学院天津工业生物技术研究所马延和研究员团队，从头设计并构建了基于11步反应的非自然固碳与淀粉合成途径，国际上首次在实验室内实现了从CO_2到淀粉分子的全合成，合成效率约为传统农业生产淀粉的8.5倍。按照目前的技术参数，理论上1立方米大小的生物反应器年产淀粉量相当于我国5亩玉米地的年产淀粉量。这条新路线使淀粉生产从传统的农业种植向工业制造转变成为可能，为由CO_2合成复杂分子开辟了新的技术路线，是当今世界的一项重大颠覆性技术。

（五）饲料添加剂生产技术新进展

2019年7月至2023年6月，我国共批准了绿原酸、植物炭黑、吡咯并喹啉醌二钠、水飞蓟宾等10多种应用于肉仔鸡、仔猪、淡水鱼上的新饲料添加剂，其中50%为植物提取物。

饲料用酶制剂领域研制出具有更高比活、更高环境稳定性的植酸酶系列专利生产技术，使我国的植酸酶生产技术居于国际领先水平。在具有高产率、较好稳定性和高比活的木聚糖酶、葡萄糖氧化酶、里氏木霉纤维素酶、半纤维素酶、漆酶、葡萄糖淀粉酶的高效生产工程菌株及制备技术等方面取得突破性进展。经改造获得了一种山羊瘤胃原虫（Ophryoscolex caudatus）的特异性溶菌酶，命名为OCLyz1A，其溶菌酶酶活力高，并且对以藤黄微球菌为代表的革兰氏阳性菌具有明显的抑制作用。

饲用益生菌在屎肠球菌、丁酸梭菌、凝结芽孢杆菌、嗜酸乳杆菌、双歧杆菌、短乳杆菌等益生菌的高效生产及提升抗逆性等技术方面取得较大进展。

在中草药提取物领域，我国目前已批准植物甾醇、紫苏籽提取物、杜仲叶提取物、淫羊藿提取物、天然类固醇萨洒皂角苷等10种中草药提取物作饲料添加剂。

（六）饲料质量检测技术新进展

2019年7月至2023年6月，我国饲料质量检测技术研究主要集中在饲料质量指标（常规营养成分、氨基酸、维生素等）及饲料安全性指标（霉菌毒素、重金属、农兽药残留等）新型检测技术的研制与开发方面，这些快速检测技术的推广与应用为我国饲料质量安全提供了有力保障。

1. 饲料质量指标检测技术进展

（1）饲料常规营养成分快速检测。

粗蛋白质、粗脂肪、水分和灰分检测中的近红外光谱分析技术在行业内得到了广泛应用，具有检测快速、准确、环保且成本较低的优点。

（2）饲料中氨基酸的快速检测。

基于近红外光谱技术的氨基酸快速检测能够在几分钟甚至十几秒快速完成饲料原料及产品中氨基酸含量的测定，具有很强的实用性。

（3）维生素的检测。

采用高效液相色谱法测定基质相对较简单的复合预混合饲料和维生素预混合饲料中维生素的含量；液相色谱-串联质谱法有效实现了复杂基质（如全价配合饲料）中维生素的同步测定，而复杂饲料基质样品中低含量维生素同步分析方法仍有待开发。

2. 饲料安全性指标检测技术进展

（1）饲料中霉菌毒素检测技术。

饲料中霉菌毒素检测技术集中在快速检测和液相色谱-质谱分析上。快速检测方法主要有酶联免疫吸附法和胶体金免疫层析法，虽然检测时间较短，但易产生假阳性；液相色谱-质谱技术实现了饲料中多种霉菌毒素的同步定性和定量检测，具有特异性强、灵敏度高、检出限低的优点，目前已成为霉菌毒素检测过程中应用最广泛的方法。免疫亲和柱、多功能净化柱及 QuEChERS［Quick（快速）、Easy（简单）、Cheap（经济）、Effective（高效）、Rugged（耐用）、Safe（环保）的简称］等前处理净化技术不断改进、优化及推广应用，实现了饲料中多种霉菌毒素的同步高灵敏度检测；新型免疫磁珠前处理技术可实现霉菌毒素的高效、快速、富集和净化，显示出明显优势。近年来，近红外反射（NIR）和拉曼光谱（RAM）技术也成功应用于多种霉菌毒素的检测。

（2）饲料中重金属检测技术。

饲料中重金属（包括铅、镉、汞、砷、铬、铜、锌等）检测技术如原子光谱技术、质谱分析技术、免疫分析技术等得到广泛应用，为饲料重金属检测提供有力保障。其中，以生物识别分子为基础的新型生物传感器和免疫分析技术在重金属分析领域逐步显示出较好的应用潜力，具有检测范围广、检出限低等优点，能实现饲料及食品中重金属离子的实时检测。

（3）饲料中农药及其代谢物残留检测技术。

饲料中农药及其代谢物残留的检测主要采用气相/液相色谱及质谱分析方法，其灵敏度高、特异性强，可同时实现定性与定量分析。液相色谱-串联质谱法在排除饲料复杂基质干扰、实现准确定量分析方面更具优势，是目前的主流分析方法，可实现饲料及畜禽产品中兽药残留的精准检测。基于免疫学原理的快速分析方法如酶联免疫法和蛋白芯片法也得到快速发展，用于饲料中兽药残留的快速、便捷、高通量检测，检测时间短、操作简单、可进行大量样本的同步检测，具有良好的应用前景。

（七）饲料科技人才培养与科技创新团队建设新进展

2019年7月至2023年6月，国内已有33个畜牧学一级学科博士学位授权点、9个水产养殖学一级学科博士学位授权点；近百所学校拥有畜牧学、水产养殖、动物营养与饲料科学（二级学位点）硕士学位点；相关专业科研院所通过大量的科研课题和生产应用研究为饲料工业培养专业技术人才。在饲料加工学科专业人才培养方面，经中国粮油学会饲料分会、中国饲料工业协会、河南工业大学、武汉轻工大学等单位的共同组织与申报论证，教育部于2020年批准在教育部本科专业目录中增设饲料工程本科专业，并先后批准河南工业大学、武汉轻工大学、河南农业大学、吉林工商学院设立饲料工程本科专业并招生，可授予工学学位或农学学位，为解决我国饲料行业人才不足的痛点提供解决方案。2019—2023年，河南工业大学和武汉轻工大学为我国饲料行业培养了约500名饲料工程方向的专业人才。河南工业大学、武汉轻工大学、中国农业科学院饲料研究所、中国农业大学工学院培养了饲料工程方面的研究生约90名，为饲料成套设备公司、饲料加工企业的发展提供了紧缺人才。

2022年，我国制订发布了国家职业技能标准《6-01-02-00 饲料加工工》2022版，该标准是国家职业分类大典新修订后保留的唯一饲料加工职业技能标准，包含初级工、中级工、高级工、技师、高级技师5个等级要求，为国内饲料加工企业技能人才的培养和评价提供了依据。在科研团队建设上，中国农业科学院饲料研究所饲料加工与质量安全创新团队、河南工业大学饲料加工与质量安全创新团队、国家粮食和物资储备局科学研究院饲料蛋白资源创新团队、丰尚农牧装备有限公司饲料加工装备创新团队均取得了丰硕的科研成果。由秦玉昌研究员领衔完成的科研成果"畜禽饲料质量安全控制关键技术创建与应用"获2020年国家科学技术进步奖二等奖。

三、国内外研究进展比较

（一）国外饲料加工学科发展情况

2019年7月至2023年6月，欧美发达国家饲料加工学科的发展特点概括如下。

1. 饲料加工科技的基础研究较为深入系统

有关饲料原料和饲料添加剂的理化性质、加工特性、营养或非营养物及功能性物质的构效关系研究较为深入系统，为提高饲料利用效率及非营养物质的有效降解或改变提供了依据。

2. 饲料加工装备高新技术研究应用较多且水平较高

设备中关键部件和易损件的材料与热处理技术，高性能齿轮箱、轴承、智能控制技术、智能在线监测设备等仍处于领先水平。

3. 反刍动物饲料、海水鱼饲料、宠物饲料等方面的加工工艺与技术仍处于领先地位

4. 本地饲料资源的综合深度增值开发技术方面取得较多成果

这些成果为本地资源的饲料化利用提供了可行的技术途径。欧美等国家和地区在新蛋白资源如昆虫蛋白、海藻蛋白、酵母蛋白等工业化生产技术研发方面处于领先水平。

5. 饲料质量检测设备与检测技术处于领先水平

欧美等国家和地区在饲料质量检测设备和技术，特别是饲料的快速检测设备与检测技术研究方面取得较多成果，处于领先水平。如应用在饲料生产线上实时检测物性和关键营养成分的快速检测仪器、设备等。

（二）国内研究存在的差距

1. 饲料加工技术基础研究薄弱

如涉及多种营养或非营养化学分子的构效关系解析及促进结构朝着有利于增值方向转化的技术路径研究不深入、不全面、不系统。

2. 饲料加工装备原创技术少，关键材料技术与部件技术水平低

如在设备材料质量及热处理技术、高性能轴承、高性能节能电机、特种齿轮箱等关键控制元件，以及设备的自动控制技术在功能性、可靠性和环保性能等方面与发达国家之间尚存在差距，并且原创设备技术与产品少。

3. 原创型饲料加工工艺技术少

如饲料的高效长时间调质技术、微颗粒饲料加工技术、液体饲料加工技术、反刍动物TMR饲料加工技术等均由发达国家首先发明并推广应用。

4. 饲料资源高效利用技术研发与发达国家之间存在差距

如对低质饼粕类、粮油加工副产品及其他农产品加工副产品等资源的工业化深度开发不够，在粮油加工环节未充分重视副产物的提质增效，产品精深加工创新技术不足，高附加值产品种类少。

5. 饲料质量检测与控制技术的差距

我国在饲料质量控制与保障体系建设、快速检测技术、设备仪器与检测标准方面均与发达国家存在明显差距。

6. 人才培养

我国饲料工程类本科生、硕士生、博士生数量严重不足，需进一步加强培养。另外，国内严重缺乏饲料加工技能型人才，需要在相关职业院校中增设该类专业，培养更多饲料加工职业技能人才。

（三）产生差距的原因

1. 高层次创新人才缺乏

饲料工程类或相关的创新型研究队伍太小，国内高校至今没有设立招收饲料工程类硕士、博士的专业，涉及饲料工程方向的博士毕业生每年不足3人。

2. 职业技能型人才缺乏

目前，我国有一万家饲料加工企业，但没有一所职业院校为饲料工业培养饲料加工职业技能人才，导致行业专业技能人才极度缺乏，严重影响了饲料企业的高质量发展。

3. 研发投入不足

从国家和地方政府的科技计划来看，饲料加工学科涉及的科技项目和经费较少。另外，除少数头部饲料机械企业、大型饲料企业集团外，大多数饲料企业和饲料机械企业的研发投入不到企业营收的2%。

4. 科研与市场实际需求脱节

不少高校研究者的科研选题与市场实际需求关联性不足或是研究工作过程中没有考虑市场的应用价值或可接受度。

四、发展趋势及展望

（一）战略需求

1. 饲用新蛋白资源研制生产与减量替代多元化日粮生产技术

我国饲用蛋白资源短缺仍是制约饲料工业发展和肉蛋奶供给的瓶颈。目前，70%以上的蛋白饲料依赖进口，因此，新型饲用蛋白资源的挖掘及工业化生产应用将是未来5~10年国内亟须的战略技术之一。应重点研究利用生物发酵和菌酶将非粮副产物、秸秆、粗纤维性资源等转化为蛋白饲料资源的协同工艺。同时，应积极开展气体合成菌体蛋白技术、餐桌剩余食物饲料化利用技术、畜禽胴体水解复合氨基酸新技术及昆虫蛋白等产业化技术的研究，加快推动畜禽水产养殖动物低蛋白、低豆粕、多元化日粮配方的技术普及和应用工作。

2. 低碳型安全生态饲料产品生产关键技术

通过确保饲料产品的质量安全进而保障肉蛋奶的质量安全，同时通过综合性精准营养技术显著提高饲料利用率，减少碳排放，这是未来5~10年我国饲料工业需要持续研究解决的重大战略性课题。

3. 安全高效低碳智能化饲料加工装备技术

未来5~10年，适用于各种饲料产品生产的安全、高效、低碳、智能化饲料加工装备将是支撑新时代我国饲料工业高质量可持续发展的关键技术，也是占领国际市场的重要战略技术支撑。因此，需要从国家层面组织安全、高效、低碳、智能化饲料加工装备的重大项目攻关。

4. 培养饲料工程学方面的硕士、博士等科技人才

建议教育部和相关高校设立相关专业，加大培养饲料工程类硕士、博士等科技人才，以满足国内饲料行业对该类高端人才的迫切需求。

（二）研究方向与研究重点

1. 饲料加工技术基础研究

饲料加工技术基础研究，特别是应用基础研究，是决定未来行业技术水平的关键。根据国家行业未来发展战略需求，应继续对以下影响饲料加工技术水平的问题组织攻关：①不同饲料原料组分中不同组成物质的分子构效关系、理化特性及其在不同饲料中的加工方法和程度对这些性质的影响规律。②环境敏感型饲料添加剂的稳定化与高效吸收利用机制。③饲料原料与混合料在加工过程中的流变学特性。④饲料不同加工状态对动物肠道健康与营养物质转化的影响机制。⑤饲料加工关键设备原理创新。⑥新型绿色替抗饲料添加剂对动物机能的调节机制。

2. 饲料资源开发

①采用无机物等非蛋白源合成蛋白质的新技术。②昆虫蛋白、昆虫油脂等产业化生产技术与装备。③新型单细胞蛋白的产业化技术。④安全、高效霉菌毒素脱除菌株的研发与产业应用。⑤安全、高效抗营养因子脱除菌株的研发与产业应用。⑥低质饲料资源的增值加工技术研究。

3. 饲料加工装备与工艺

①智能化饲料厂关键工段和设备优化控制的专家系统研制。②智能化饲料厂集成优化控制的专家系统研制。③新型节能、高效加工设备的研发。④自清洁饲料加工设备的研发。⑤智能化、规模化、连续发酵饲料加工装备的研发。⑥新型在线监测与控制设备的研发。⑦智能化饲料工厂集成技术。⑧复杂替代原料的低蛋白饲料产品的优化加工技术。⑨特种形态的宠物饲料和观赏动物饲料产品的研发。⑩发酵配合饲料加工新技术。

4. 饲料添加剂

①安全、高效的新型饲用益生菌菌种的研发与产业化技术研究。②高活性耐热纤维素、木聚糖酶、葡萄糖氧化酶、霉菌毒素脱毒酶等酶制剂的产业化应用技术。③新型植物提取物的研制与产业化工艺研究。④新型功能肽产品的产业化技术研究。⑤新型动物粪便臭味减除饲料添加剂的研制及其产业化技术研究。

5. 人才培养

①建议教育部在高等职业院校设立饲料加工类高职专业，培养饲料工业需要的职业技能型人才。②建议教育部和相关高校大力培养饲料工程类硕士、博士毕业生，以满足国内饲料行业对该类高端人才的迫切需求。

参考文献

［1］王卫国，高建峰，白文良，等. 饲料加工学科的现状与发展. 粮油科学技术学科发展报告（2014—2015）［M］. 北京：中国科学技术出版社，2016.

［2］中国农业农村部畜牧兽医局，中国饲料工业协会. 2022年全国饲料工业概况.

［3］陈计远，王红英，金楠，等. 基于营养组成的鱼饲料比热预测模型［J］. 农业工程学报，2020，36（11）：296-302.

［4］陈计远，王粮局，王红英，等. 基于伴随方程法的鱼饲料热特性参数反演［J］. 农业工程学报，2021，37（19）：316-322.

［5］许传祥，杨洁，李军国，等. 膨化饲料中常用淀粉源理化性质比较研究［J］. 动物营养学报，2021，33（10）：5874-5886.

［6］韩晴，李军国，杨莹，等. 不同分子量大豆皮多糖的基本结构及功能性质研究［J］. 饲料工业，2019，40（17）：35-41.

［7］董颖超，杨洁，王昊，等. 膨化过程中水分含量对菜籽粕蛋白性能的影响［J］. 饲料工业，2019，40（18）：24-29.

［8］金楠，方鹏，王红英，等. 基于均匀板加热法的饲料糊化参数试验研究［J］. 农业机械学报，2019，50（10）：329-336.

［9］陈计远，王红英，金楠，等. 饲料原料粉体流动特性预测模型［J］. 农业工程学报，2019，35（21）：312-318.

［10］JIN N，KONG D D，WANG H Y. Effects of temperature and time on gelatinization of corn starch employing gradient isothermal heating program of rapid visco analyzer［J］. Journal of Food Process Engineering，2019，42：e13264.

［11］金楠，段恩泽，王红英，等. 梯度恒温水热处理饲料的糊化时间温度特性研究［J］. 农业工程学报，2019，35（14）：300-307.

［12］孔丹丹. 颗粒饲料热特性及冷却过程湿热传递模型研究［D］. 北京：中国农业大学，2019.

［13］鲁春灵，秦玉昌，李俊，等. 加工工艺和湿态发酵豆粕添加水平对肉鸡颗粒饲料质量、生长性能和抗氧化能力的影响［J］. 动物营养学报，2022，34（02）：908-923.

［14］李军国，刘子奇，张嘉琦，等. 缓沉性水产膨化饲料加工工艺参数优化［J］. 农业工程学报，2022，38（04）：308-315.

［15］王昊，李军国，杨洁，等. 膨化工艺参数对全植物蛋白水产饲料颗粒质量的影响［J］. 饲料工业，2021，42（17）：26-31.

［16］吴雨珊，杨洁，李军国，等. 蛋白原料及其混合粉料理化性质对颗粒饲料加工质量的影响［J］. 农业工程学报，2021，37（07）：301-308.

［17］杜文龙，李军国，谷旭，等. 苜蓿草粉添加比例对颗粒饲料加工质量和生长育肥猪生长性能影响研究［J］. 饲料工业，2021，42（05）：34-39.

［18］彭昱雯，吴冬梅. 酒糟发酵生物饲料的生产及其对动物生产性能的影响［J］. 饲料研究，2022，45（02）：158-160.

［19］侯敏，詹发强，宫秀杰，等. 产朊假丝酵母CU-3在棉秸秆饲料发酵中的应用研究［J］. 中国畜牧兽医，2020，47（10）：3166-3175.

[20] 蔡国林,陆健,李存,等.一种富含维生素K2的发酵饲料及其生产方法[P].江苏:CN111972545B,2023-01-31.
[21] 党辉,王丽冉,赵晶.一种制备多肽蛋白饲料的新工艺[P].天津:CN115251234A,2022-11-01.
[22] 官小凤,刘志云,肖融,等.液态发酵饲料连续发酵工艺[J].农业工程学报,2020,36(21):300-307.
[23] 黄和,卢丹,徐晴,等.一种玉米赤霉烯酮降解酶及其应用[P].南京:CN110029095A,2019-04-15.
[24] ZHANG Q, ZHANG Y, LIU S, et al. Adsorption of deoxynivalenol by pillared montmorillonite [J]. Food Chemistry, 2021, 343: 128391.
[25] 张颖莉.无机柱撑蒙脱土的制备及其对呕吐毒素的吸附研究[D].西安:西安理工大学,2019.
[26] 黄和,高辉辉,汪振炯,等.金属有机骨架材料用作脱除剂脱除食品原料中真菌毒素的用途[P].南京:CN113243479A,2021-05-18.
[27] XU J, SU S, SONG X, et al. A simple nanocomposite photocatalyst HT-rGO/TiO2 for deoxynivalenol degradation in liquid food [J]. Food Chemistry, 2023, 408: 135228.
[28] 高浩云,林有志.全脂低温脱酚棉籽蛋白生产实践[J].中国油脂,2020,45(03):119-121.
[29] 赵建飞,李瑞,宋泽和,等.浓缩脱酚棉籽蛋白生长猪消化能评定及其对仔猪生长性能、血清生化指标和养分表观消化率的影响[J].动物营养学报,2021,33(01):190-198.
[30] 张鑫.凡纳滨对虾饲料中酵母培养物和棉籽浓缩蛋白替代鱼粉的研究[D].上海:上海海洋大学,2022.
[31] CAI T, SUN H B, QIAO J, et al. Cell-free chemoenzymatic starch synthesis from carbon dioxide [J]. Science, 2021, 373(6562): 1523-1527.
[32] 辛娜,郭亮,邓露芳,等.近红外光谱技术在饲料氨基酸检测中的研究进展[J].饲料研究,2021,44(09):143-145.
[33] 严华,李兰,王继彤,等.宠物饲料中8种水溶性维生素同步分析方法研究[J].动物营养学报,2022,34(12):8072-8085.
[34] 李益丰,张秋云,杨洪生,等.免疫亲和柱净化-液相色谱-串联质谱法同时测定水产品中8种霉菌毒素[J].食品工业科技,2023,1:14.
[35] 陈金男,王蒙,董泽民,等.高通量自动化免疫磁珠净化-超高效液相色谱法检测饲料中4种黄曲霉毒素[J].色谱,2023,1:9.
[36] 杨雪倩,于慧春,殷勇,等.拉曼光谱法检测玉米中黄曲霉毒素B1和玉米赤霉烯酮[J].核农学报,2021,35(01):159-166.
[37] 陈煜,王洪健,林丹.微波消解电感耦合等离子体质谱法测定鸡饲料中重金属元素[J].轻工科技,2020,36(08):105-106,124.

撰稿人:王卫国　王红英　李军国　陈义强　范文海　王永伟　甘利平
高建峰

粮油信息与自动化学科发展研究

一、引言

粮油信息与自动化是以信息与自动化和粮油行业现代化发展深度融合为目的，以粮油信息为研究对象，以信息论、控制论、计算机理论、人工智能理论和系统论为理论基础，进行粮油信息的获取、传递、加工、处理和控制等技术研究与应用的一门交叉学科，涉及传感器技术、计算机科学与技术、控制科学与工程、电子科学与技术、信息与通信工程、食品科学与工程等学科的综合应用。

粮油信息与自动化学科定位于促进信息与自动化技术在粮油行业宏观管理和生产经营中的应用，提升粮油行业收储、加工、物流、营销和交易、管理等业务环节的信息化、自动化和智能化水平。学科研究内容是将信息和自动化基础学科的相关理论和技术应用与粮油行业需求结合，通过理论基础研究、应用基础研究、技术装备研究与示范将成果应用到粮油行业各领域和环节，提升粮油收储、加工、物流、营销和交易、管理等领域信息和自动化技术的应用水平。涉及本学科的主要科研单位包括国家粮食和物资储备局科学研究院、浪潮数字粮储科技有限公司、国贸工程设计院，以及郑州、无锡、武汉、成都等粮食科研设计院（所），河南工业大学、南京财经大学、武汉轻工大学等高等院校，中粮集团、中储粮集团等大型国有企业，陕西、湖南、江西、山东、黑龙江、辽宁、天津、北京等省（直辖市、自治区）粮食科学研究院（所）。

近5年来，经过全国范围开展的粮食安全工程建设和一整两通改造，以及在前期建设基础上进行的购销监管信息化升级，围绕着粮食仓储管理、粮油应急指挥等方向的信息化应用水平得到了大幅提升。粮食行业在各省不断完成省级平台和智慧粮库建设的基础上，建成国家粮食和物资储备安全数据中心和省级粮食数据中心，基于国家层面的仓储信息化管理体系的逐步形成，粮食购销领域穿透式监管体系得以逐步建立。

二、近5年的研究进展

（一）学科研究水平

随着"十三五""十四五"国家重点研发计划等一系列项目的立项与实施，物联网、云计算、大数据、人工智能等新一代信息技术在粮油收储、加工、物流、营销与交易及管理等领域的应用更加广泛，粮油信息与自动化学科基础研究和应用研究逐步达到了较高的理论和技术水平。

1. 粮油收储信息和自动化

在粮油收储领域，开展了虚拟现实技术、无人值守扦样技术、智能谷物品质检测技术、仓内电子货位卡和基于计算机视觉的粮食数量动态监测技术等的研究和开发，粮油收储的信息和自动化水平得到显著提升。

（1）无人值守扦样技术。在粮食出入库扦样环节，智能扦样机全面融合物联网技术，实现了信息自动化采集、存储与智能化作业控制，能够自动识别车辆尺寸，随机形成扦样点位，通过横向滑轨和多轴扦样杆实现全方位无死角无人值守自动扦样，并能够与自动质检系统对接，自动识别粮食品种，通过粮食质量智能检测平台实现杂质、水分、容重、不完善粒等指标的自动检测，提高作业效率，有效规避人情粮。

（2）智能谷物品质检测技术。在粮食收储、原粮收购质量检测环节经历了由人工检测到仪器辅助检测、单面检测到双面检测、数理统计到精准识别等技术迭代。通过人工智能技术赋能谷物品质检测领域，提升了谷物品质检测的准确性、重复性和稳定性，性能指标均达到行业业务要求，识别准确率可达到99.95%。

（3）仓内电子货位卡技术。通过使用电子货位卡代替账表卡簿，可以随时检测、实时更新显示需要检查的项目，自动形成、如实记录检测数据，既降低了劳动强度，又避免出现误填、错填、漏检、人为修改等问题，保障了粮食数量、质量的真实可靠。

（4）粮食数量动态监测技术。围绕国家粮食储备动态监管重大需求，利用粮库仓内摄像机、激光扫描、计算机视觉智能分析技术，通过对仓内粮面变化情况的动态监测，可及时发现亏库短量、擅自动用、"空进空出"等粮食购销领域违法违规问题线索并进行预警。

2. 粮油加工信息和自动化

"十四五"期间，随着粮油行业的快速发展，粮油加工企业在数字化、智能化方面的建设需求日益增强，各大粮油加工企业都将大力推进信息化建设。

（1）一体化融合管控技术。生产自动化系统与仓储管理系统进行初步融合，并逐步延伸至销售系统、原粮采购预约系统、集团ERP系统。

（2）数字化智能工厂技术。自动穿梭车、自动导引车等自动化设备开始局部试验性应用，自动打包系统、自动化立体仓库、自动装车系统在行业内开始推广应用，实现从打包、成品粮出入库、装车的无人化或少人化作业。从原料收购到生产加工，再到产品发放的各环节，初步实现全系统数字化智能管理，大幅降低能耗、节约成本。

3. 粮油物流信息和自动化

当前粮油物流行业数字化、网络化和智能化程度进一步提高，在物流平台监管、物流过程监控、接收发放控制、日常仓储保管等方面都有成熟的应用。

（1）物流平台建设。各省（直辖市、自治区）基本都建立了粮食物流、电子交易、粮食数据采集等数据平台，实现了粮食物流各环节信息资源的共享，初步建设以粮食物流供应链为基础的粮食现代物流信息支撑体系。

（2）物流过程监控。应用高精定位、地理信息系统等技术，实现粮食物流信息追溯，对粮食流通全链条数据进行采集、追溯和管理，整体提高了粮食宏观调控、流通监测和库存监管的管理水平。

（3）粮食接收发放控制。根据储粮特点，不同功能仓型基本都实现了机械化、自动化，随着对散粮进出智能控制及管理需求的日益提升，通过对整个生产作业过程的组织、调度、协同和优化等，建立相应的管控模型，并通过对作业计划的统筹、作业过程的数据抓取和分析，实现作业排产、智能选仓、设备管理、能耗管理、仓容管理，优化进出仓管控模式，实现控制层和管理层无缝对接，从技术手段上提升进出仓效率、降低能耗。

4. 营销和交易信息化

（1）依托产业链打造交易新模式。在原有交易平台的基础上，增加大宗商品粮食交易、交割、会员、资金、网银、融资等业务实现网上交易、合同在线签订、网上交割、会员体系、会员资金、会员中心、交易报表等功能。网上交易提供竞价、挂牌、协商等多模式交易组织形式，提供合同签订、开具出库单、验收等在线电子签章服务和网上交割服务。

（2）融资平台应用为交易系统提供有力保障。交易融资系统实现申请、审批、放款、还款、扣款等线上操作，增加的交易平台金融服务板块具有合同融资、仓储融资、在途融资等融资服务，可实现融资申请、授信反馈、在线签订协议、融资放款、在线还款、商务还款等。

（3）成品优质粮油商城全面提升地方粮食营销能力。优质成品粮油商城成为地方粮油宣传和销售的重要渠道，具有产品的展示和网上选购等功能。

5. 粮食管理信息化

（1）粮食监管信息化动态管控技术。针对目前粮食宏观监管存在的风险发现不及时、取证难、责任定位难等问题，打造以大数据为中心的"数字监管"平台，促进粮食行政管理工作更透明、监管更到位、调控更有力，进而构建标准规范健全、数据汇集实时、风险智能研判、全程即时在线的粮食监管信息化动态穿透式管控与服务体系。

（2）粮食经营AI智慧管理技术。通过AI智能分析实现粮食质量监测、粮食数量监管、人车行为管理、安全生产监测、购销领域监管5个方面25种场景的分析预警。通过称重异常监测预警、作业时间间隔异常预警、同车多次入库预警、同车又购又销预警等的设置，进一步强化了粮食购销领域风险防控能力。

（3）粮食清查全过程管理技术。对政策性粮油分解登统、合并登统、企业自查、省市普查、国家抽查、数量汇总分析等检查环节进行全过程管理，采集企业分解登统数据，并根据在地原则自动合并登统数据。以此为依据开展库存实物检查、账务检查、质量检查、安全检查、外观检查等，实时跟进检查问题处理进度，并对比分析自查、普查、抽查的结果，确保检查结果真实可靠。从粮食品种、库存性质、地域分布、收获年度等维度对检查结果进行统计，形成全国粮食库存一张表，彻底掌握全国粮食库存数量和质量情况，保障粮食储备安全。

（4）粮食应急企业信息监测与保障技术。通过典型场景监测实现了国家应急成品粮的筹措、加工、储备、调运、配送、供应、应急等全生命周期的监管，优化了应急供应网络布局，满足了社会应急保障需求，实现了对粮食应急智能管理、辅助决策等功能，提升了粮食应急综合保障能力，确保了粮食应急体系信息及时畅通。

（5）粮食数据治理技术。按照统一标准、统一接口的方式采集、汇聚各单位粮食数据，对数据上报、下发、治理等全过程进行可视化监控。对于采集到的粮食数据，可通过拦截校验、数据存储过程深度校验等方式，及时、准确发现问题数据，分析问题数据的质量情况，形成辅助数据质量报告。还可通过数据质量综合看板等前端可视化功能整体掌握数据质量情况，穿透查看各级单位的数据质量问题，促进粮食数据的规范统一和质量管控，为各级单位的业务开展、数据分析等提供可靠的数据支撑。

（二）学科发展取得的成就

1. 科学研究成果

（1）创新成果较为丰硕。

近5年来，粮油信息与自动化技术研究领域获中国粮油学会科技奖项3项、其他省部级奖项5项。授权国家发明和实用新型专利170件；发表学术论文、出版著作96篇（部）；制修订标准9项。

（2）关键技术有所突破。

近5年来，国家粮食和物资储备局科学研究院、河南工业大学、南京财经大学、郑州中粮科研设计院有限公司、无锡中粮工程科技有限公司等单位承担了一批国家重点研发计划等重大项目，研究内容涉及粮情监测监管云平台技术、多参数粮情检测技术、智能通风保水技术等，推动了粮油信息与自动化领域的应用基础、关键技术和技术开发等的发展。

（3）科研平台建设卓有成效。

粮食储运国家工程实验室完成了项目验收，并顺利通过评估纳入国家工程研究中心新序列，该中心承担的国家重点研发计划、公益性行业专项等国家级科研项目数十项，制修订了多项国家标准、行业标准和团体标准，先后培训行业管理与技术人员9000多人，取得授权专利10件。

2. 学科建设蓬勃发展

（1）学科结构交叉分布。

粮油信息与自动化学科在《学科分类与代码》（GB/T 13745-2009）中分布于120信息科学与系统科学、413信息与系统科学相关工程与技术、510电子与通信技术、520计算机科学技术和550食品科学技术；在《普通高等学校本科专业目录（2012年）》中分布于计算机类、电气类、自动化类。

（2）学科教育得到重视。

全国开设计算机科学与技术、控制科学与工程、自动化、电气工程及其自动化等专业的高校较多，但同时开设粮油科学技术学科课程的高校较少。其中最具代表性的3所粮食高等院校分别是河南工业大学、南京财经大学和武汉轻工大学。2020年，河南工业大学申报的智能制造工程、人工智能、机器人工程、数据科学与大数据技术、供应链管理5个专业获教育部普通高等学校本科专业备案；2021年，河南工业大学获批控制科学与工程一级学科博士学位授权点。南京财经大学计算机科学与技术、软件工程（嵌入式培养）、大数据管理与应用、物联网工程4个本科专业在物联网关键技术及其在农业中的应用等领域形成了教学和科研特色。

（3）分会自身建设逐步完善。

经过近20年的建设，中国粮油学会信息与自动化分会不断完善和强化主渠道作用，团结全国粮食信息领域的科技工作者，汇聚科研院所、企事业单位的力量，积极在本领域内开展学术交流、科技咨询、科技评价、推优评选等活动，不断提升粮食行业信息化领域的服务能力，推动我国粮食行业信息化的转型升级。

（4）人才培养进步明显。

目前，河南工业大学、南京财经大学和武汉轻工大学在粮油信息与自动化方向的本科生招生规模为每年3000人、硕士研究生为每年300人、博士研究生为每年50人、博士后为每年20人。河南工业大学中国粮食培训学院全面开展了粮食行业专业技术、企业经营管理等人才与党政管理干部和发展中国家人力资源的培训工作，成为国内外具有一定知名度和影响力的粮食产业人才培训基地。

（三）学科在产业发展中的重大成果、重大应用

1. 重大成果和应用综述

近5年，国家不断加大对粮食行业的政策和资金扶持力度，粮食行业科技创新进入快速发展阶段，尤其是对粮食行业信息化进行了大量投资，建设了多个以确保粮食安全为核

心的信息化项目，行业整体信息化水平大幅提升，智能化应用由局部迈向全面，新技术得到了研究和突破，新成果得到了推广和应用。

2. 重大成果与应用的示例

近5年来，本学科取得了一系列高水平成果并得到了推广应用，代表着本学科科技创新的最新成就。

（1）储粮数字监管方法及库外储粮远程监管系统。由中储粮吉林分公司、吉林大学、吉林工商学院等单位完成的"储粮数字监管方法及库外储粮远程监管系统"荣获2022年度吉林省科学技术进步奖一等奖。该项目提出了储粮数字监管原理及库存粮食粮情、数量和质量监管的系列智能策略；研究了基于动态图像与多元信息融合的库外储粮监管技术，凝练和完善了集粮情、数量、质量、作业和安全管理"五位一体"多层级、多目标、多应用情景的网络化监管模式，集成创新了多源信息融合的库外储粮监管系统，弥补了原有国家库外存储政策性粮食管理体系的技防短板，系统应用辐射全国多个省（直辖市、自治区），减损节支效益显著。

（2）粮食库存数量网络实时监测关键技术及系统研发与推广。由河南工业大学、吉林大学、河南工大设计研究院等单位完成的"粮食库存数量网络实时监测关键技术及系统研发与推广"荣获2022年度中国粮油学会科学技术奖一等奖。该项目创新了储备粮库存数量监测理论和方法，创制了适用于散粮堆的高精度三维测量智能算法及装置，创立了储备粮库存数量转换与校正计算模型，在全国21个省918个库点9179个仓房得到了推广应用，实现了"人防"向"技防"的突破，为保障国家粮食库存数量的真实与安全发挥了重要作用。

（3）粮情监测预警智能分析决策云平台。该平台针对粮食领域数据汇集处理需求，集成高并发粮食数量和质量信息数据采集技术、面向粮情监测预警和智能分析决策应用的大数据处理技术等，为我国仓储粮情预警及监管提供数据开放和共享，从而解决全国粮食收储综合高效信息服务问题。目前，该平台已在全国13个省使用，覆盖国家粮食储备库、地方粮食储备库、粮食物流中心等1000多家单位。

（4）粮食应急企业信息监测与保障系统。该系统可实现全国供应网点、加工企业、配送中心、储运企业数量统计，全国企业数量地图展示，分区域（京津冀、云贵川、珠三角、长三角）展示统计信息等功能。系统主要用户包括粮食行政管理部门（全国粮食系统3300名管理员）、粮食加工企业（4921家）、储运企业（4921家）、配送企业（3306家）、供应网点企业（37620家）等。该系统已在全国31个省（直辖市、自治区）进行了推广，累计注册用户超过5.7万个，实现了全国5万多家应急企业信息快速规范上报、及时审批反馈、可视化分析。

三、国内外研究进展比较

（一）国内外研究进展

1. 粮油收储信息和自动化

目前我国粮食质量检测工作仍然是由专业质检人员根据经验判断，该方法存在主观性强、工作量大、可重复性差、不同人员检验一致性差等问题，并且检测过程中可能毁坏受检麦粒，如人工对发芽籽粒的判定可能刮伤籽粒等，不能很好地满足粮食普查、收购现场等样本量大的快速检测需求。采用基于机器视觉和卷积神经网络的快速检测技术，可以在静态条件下，通过高清拍摄实现无损清晰捕获不完善粒细节，精准高效地解决人员检测的不足。

色选机可以检测光源照射下的谷物，通过光线强弱及颜色变化，实现将异色麦粒筛选出来。由于色选方式主要根据颜色特征的差异进行筛选，对颜色差异不大的类别，如生芽、虫蚀等检出效果较差，尚不能满足精密粮食质检需求。利用近红外高光谱成像系统获得正常粒及各种不完善粒样本的高光谱反射图像或光谱反射率曲线等以实现不同类别的区分。但该方案成本高，难以实现推广。视觉技术和神经网络的结合大大提高了快检技术的发现和分析能力，不再单纯依赖特征函数和特征样本的数学关联，为快检技术提供了自主发现和思考的能力，由于核心部件的普适化，降低了仪器设备的制造和应用成本，更利于行业应用的拓展和发展。

2. 粮油加工信息和自动化

当前国外粮油加工信息和自动化方面的研究主要关注生产流程控制和质量控制等，利用 ERP（企业资源计划）和 MES（制造执行系统）优化生产计划和调度管理，实现了生产流程的控制和优化，并依托云计算和大数据技术实现生产过程的信息共享和协同管理。

国内粮油加工信息和自动化管理水平还处在起步阶段，在基础数据采集、过程数据挖掘、管理数据可视化监管方面取得了一些成果，主要涉及以下几方面：

（1）粮油加工生产线自动化：着重研究粮油加工生产线的自动化控制，通过采用现代工业自动化控制技术提高生产线的生产效率和产品质量。

（2）数据采集和处理技术：采用现代传感技术和计算机技术对粮油加工中的数据进行采集、处理和分析，以实现对生产过程的实时监控和控制。

（3）模型预测控制技术：将模型预测控制技术应用于粮油加工过程，以实现对生产过程的精细控制和优化。

3. 粮油物流信息和自动化

近年来，行业对粮食物流和仓储管控模型都有研究，形成了一批成果，并在粮食仓储物流行业内进行应用。如各省（直辖市、自治区）粮食物流监管平台、数字化粮食管理中心的建立及智慧仓储系统的实施，对国家粮食宏观调控和绿色智能储粮起到了促进作用，但受粮食生态区域、品种、仓储设施、设备性能及管理要求等因素的影响，过程表现较复杂，相应模型的完整性、实用性和统一性还需要进一步完善。

4. 营销和交易信息化

各级粮食主管部门建立了粮食价格信息检测体系、粮食信息发布体系，初步实现了粮食财务核算和粮食流通统计的电子化。在粮食电子交易方面，我国在六大粮食物流通道聚集区使用统一的粮食电子交易系统，实现了粮食网上交易和电子支付，并以此为基础构建了网上粮食交易标准化模式，解决了粮食网上交易安全的技术问题和多用户规范化管理问题。各类粮食电子商务平台也紧随时代发展，推出了手机客户端、微信公共号等，实现了粮油咨询实时推送、各类信息自由订制和随时查询。利用移动设备扫描、图像语音识别、感应、地理化、全球卫星定位等功能，可逐步实现移动端在线交易等更加智能的移动电子商务服务。

5. 粮食管理信息化

在粮食管理信息化方面，国内外不同主体开展了多层面的研究和应用。在国际上，以美国为代表的西方发达国家以精确农业为基础，融合了全球定位系统（GPS）、遥感监测系统（RS）、地理信息系统（GIS）、专家系统等，结合物流管理，实现了粮食产前、产后流通的一体化管理，在保障各自粮食安全的基础上，力争实现效益最大化。国内近年来也开始了相关领域的研究和实践，一是区块链、大数据与云计算的结合应用，特别是在粮食监管领域不断深化。二是数据标准化不断加强，"十三五"期间和"十四五"开端，在国家层面不断探索利用标准加强底层数据融合，特别是颁布了"一整两通"和数据监管标准，保障了数据底层的可用性。三是应用成果不断涌现，针对粮食"产、购、储、销、加"流程中出现的贪腐现象，总结了以物流和粮食数量为主要数据基础的监管模型，取得了初步成效。四是监管流程不断延伸，初步形成了全流程垂直监管模型，突破了粮食全链条的技术壁垒，初步实现了深度融合。

（二）国内研究与国外存在的差距

与国外粮油信息与自动化发展水平相比，国内在技术深度和广度上都存在较大差距，具体体现在以下几个方面。

（1）基础科学和装备研究有待加强，特别是信息与自动化领域新概念、新技术与粮食行业需求结合薄弱，需要重点突破全流程信息化底层物联网装备缺失和新技术行业化应用的瓶颈，信息和自动化水平不高，大部分还停留在人工作业层面。

（2）研究团队分散，行业带头人缺乏，需要按照行业需求进一步整合研发团队，引进和培养行业技术带头人，形成有效的攻关团队，结合行业亟须解决的问题，开展重点攻关，形成对行业的系统性科技支撑。新技术在行业内的提升速度缓慢，技术导入和技术应用周期长。

（3）行业标准化需进一步完善，特别是在底层数据接口、交换共享范式及装备等方面的标准需要进一步加强。

（4）行业信息化生态环境需要进一步构建，特别需要对需求、研发、转化、应用形成正反馈，让各参与方实现利益一体化，便于形成可持续的发展模式。

（三）产生差距的原因

由于我国粮油行业信息化、智能化起步较晚，相比于发达国家，我国粮油信息与自动化学科还有许多不足之处，亟待发展。

1. 理论研究和实际应用缺乏有效对接

云计算、大数据、人工智能等新一代信息技术本身的研究成果丰硕，但在粮食行业的实际应用上，有相当一部分研究成果局限在理论或原型系统的实现上。需进一步结合粮食行业的实际应用场景，强化全方位的系统建设与维护，支持相关理论成果的应用和落地。

2. 信息化系统的互联互通尚不全面

目前大部分省已建立面向各项业务的信息化系统，部分实现与国家局系统的互联互通，但系统中的粮食粮情数据结构多样、来源复杂，因此系统的子平台融合性欠佳，不同系统的数据共享和业务存储扩容比较困难，很难精准地进行决策支持、质量追溯和欺诈识别等。

3. 产业链数据共享交换标准化水平低，粮食信息聚合程度不高

由于缺乏数据共享交换标准，粮食仓储、粮食物流、粮食加工、粮食质检和粮食管理等系统间的数据相对独立，产生的数据形态、数据量和数据结构各异，产业链各环节之间的信息聚合程度还不能达到社会生产实际的需求。

4. 粮食信息系统的智能化程度有待进一步提高

现有的粮食业务信息化系统虽有大数据与人工智能等研究成果的应用，但仍有大部分业务需要人参与或辅助，随着人工智能的发展真正实现粮食业务系统的无人化操作与智能化决策，减少人的参与和经验值判断，是粮食行业信息化高水平发展中值得探索的问题。

四、发展趋势及展望

（一）战略需求

1. 落实新的国家粮食安全观，应对新挑战

当前，国际局势变化加剧，粮食安全面临新的挑战，守住管好"天下粮仓"、提高信息化技术在粮食安全方面的保障能力和支撑能力成为行业性战略发展的重点，特别是落实习近平总书记关于购销领域监管的指示、牢牢把握国家安全战略要求，是信息化发展的目标。

2. 切实管好大国储备、化解防范重大风险

充分运用物联网、大数据、人工智能、区块链、5G等新一代信息技术，推动粮食信息化新技术与新理论的研发、应用和推广，提高监测监管、辅助决策和信息化调度指挥能力，强化粮食购销领域穿透式监管。

3. 进一步推动粮食产业高质量发展，实现三链融合发展

进一步推动"优质粮食工程"实施，着力粮食产业全链条的现代化构建，多措并举，不断完善和推动粮食产业集群建设。

4. 加快数字化转型，推动数字技术与粮食行业整合

借助数字经济新机遇激发粮食行业的巨大潜力和内生动力，不断推动粮食信息化发展，创新驱动粮食行业深化改革与发展。

（二）研究方向及研发重点

1. 粮油收储信息和自动化方面

（1）粮食收储全流程自动化。

在粮食收购环节，用户自助预约售粮、自助登记办卡、智能扦样，利用AI实现车型识别、位置识别，自动检测杂质、水分、不完整粒等指标，全过程无人化操作，规避人为操作不规范及人情粮等弊端。检化验、检斤、回皮、销卡等全流程用一卡通和手机App操作。在粮食仓储环节，借助人工智能等技术，实时感知仓储粮情，基于仓储专家模型，自动研判进行气调、通风等管理工作，实现自动化、智能化管粮。

（2）"云+边"协同架构应用。

随着云上创新的加速，粮食行业数字化转型不断深入，粮食管理及业务系统逐渐倾向于做云上部署，链接粮库库区本地化边缘终端，各端各类大数据统一汇聚、整合及分析，形成"云+边"协调架构，实现云端系统统一管理和运营，提升管理及数据传输效率，打造统一数据底盘，提升智慧化应用和综合管理水平。

（3）安全生产AI监管预警。

依托人工智能，对作业现场人员是否佩戴安全帽、是否佩戴口罩、人员倒地等场景智能识别及预警，降低库区发生安全生产事故的风险，实现"一人一机"从人眼识别判断到AI自动预警的提升。通过人工播报或手机App进行库区应急预警提示，联动覆盖整个库区广播，提高隐患处理效率，实现安全救援无死角、突发情况预警全覆盖。

（4）多信息维度品质检测及分析。

融合高光谱多光谱技术、可见光视觉分析技术、偏振光技术及试剂法等检测手段，通过研究各维度数据之间的相关性，形成谷物的多维特征，进而延伸出深层次的应用，如更高辨析度的纯度、品种检测等。

2. 粮油加工信息和自动化

以粮油加工过程数字化、可视化和智能化为导向，通过现代信息技术、人工智能、物联网、5G、大数据、区块链、数字孪生等新一代信息技术，在全面考虑现场仪表等数据采集传感器的基础之上，将机器视觉、智能控制、大数据技术应用于粮油产品的加工设备和系统，从而提升粮油产出率、节省电能，充分发挥智能单机设备的功能，加强对过程数据指标（产能、能耗、开机率、成品率等）分析模型的研发，通过指标的闭环管理实现控制系统的智能干预和调节，实现粮油加工厂的智慧化。

3. 粮油物流信息和自动化

在粮油仓储保管方面，通过自主创新研发各种储粮数据检测传感器，丰富对粮食仓储过程中环境数据种类的采集，提升对储藏过程中多因素数据的分析能力，构建智能仓储管控系统，实现绿色智慧储粮。

在粮油物流监管方面，继续发挥云平台管理、大数据分析和区块链等技术优势，优化和丰富已实施的各粮油监管数字化平台功能，实现互联网与粮食业务、产业、应急物资管理等全业务链的深度融合，构建大粮食生态圈。

4. 营销和交易信息化

（1）升级粮食交易电子商务信息一体化平台。

利用云采集技术采集分散的全程交易信息，利用区块链技术解决交易数据安全问题，利用云计算技术构建多模式竞价交易系统。

（2）构建粮食全过程数据中心。

通过云计算、大数据等技术手段，采集粮食仓储、原粮交易、粮油生产、物流配送、成品粮批发、应急保障等环节数据。利用全过程数据，实现粮食信息的反欺诈、异常行为及风险评估分析，促进粮食质量安全的全链条追溯。

5. 粮食管理信息化

（1）AI智能预警分析和研判决策。

替代传统人工发现及处理问题，将人工智能贯穿粮食"产、购、储、加、销"综合管理的全链条，联动粮情、视频和业务等多维数据，综合研判粮食的库存数量、质量和储存安全状况，预警安全风险，并对发现的问题进行全过程追查处理，建立更加智能、高效、精准的中央储备粮安全监督管理体系。

（2）粮食供应链金融信息化。

以粮食产业链、供应链生态为路径和抓手，将粮食信息化产业扩展延伸，服务于上下游企业，打通粮食产业链、供应链上下游需求，实现数据信息互通共享；通过打造粮食金融监管仓和电子仓单，推动业务和现金流通，推动粮食产业供应链数字化发展。

（3）物联网底层装备研发。

在粮食安全质量参数获取领域，重点研发安全、可靠的快速检测装备，逐步实现数据获取的无人化，保障数据的真实性、可靠性和获取的便捷性。

（4）高可靠数据应用平台。

以国家平台为基础，逐步探索高可靠的数据应用平台，满足不同对象的应用需求，促进大数据应用模型创新。

（5）跨行业数据共享平台。

以国家和各省级平台为基础，综合金融、交通、气象等平台数据，建成多维度、多领域的数据中心。

（三）发展策略

1. 完善生态

与相关行业深度融合，将分散在各方的参与力量组织结合起来，构建完全自主可控、安全可证明的"粮食链"，实现以保障国家粮食安全为核心利益，各参与方均为受益主体的生态圈，实现国家利益、部门利益、企业利益和个体利益的多赢。

2. 加强创新

重视基础理论研究，加快国际先进技术的引入和融合，实现新装备和新技术的研发与示范；加强技术、装备的自主可控，激发创新动力；发挥不同主体的研发力，引导企业的主导作用。

3. 人才培养

依托行业高校、科研机构、企业的智力资源和研究平台，加速领军人才和复合型人才的培养，构建专业化的人才队伍，在技术研发、示范推广、培训运维等领域建设扎实可靠的综合性团队，提升人才在粮食信息化领域的突出作用。

4. 标准建设

进一步完善粮食信息化标准规范建设，特别是涉及全行业顶层设计的一体化数据融合、处理等领域规范标准建设，夯实数字底座。

5. 资金保障

多渠道争取粮食行业信息化建设资金。抓住中央大力推进网络安全和信息化工作的有利时机，积极协调政府各部门争取资金，带动企业自筹资金，补齐粮食行业重点区域和关键环节信息化基础设施建设短板。

6. 学科建设

在传统信息和自动化学科中强化粮油特色，结合行业整体发展，开展系统深入的专业建设、平台建设、科研方向建设和团队建设。

参考文献

[1] 王超群. 智能扦样和检验系统在智慧粮库建设中的应用[J]. 粮油食品科技, 2023, 31（01）：196-202.
[2] 李智, 张艳飞, 杨卫东, 等. 粮仓粮食数量监测技术研究现状与展望[J]. 中国粮油学报, 2023, 1：11.
[3] 刘双, 刘玉苹. 某立体仓库火灾自动报警系统设计[J]. 现代食品, 2022, 28（16）：1-4.
[4] 王恒宇. 新交易平台上线中华粮网为粮食市场流通再添新利器[J]. 计算机与网络, 2020, 46（08）：75.
[5] 孙豹. 大宗粮油供应链实现数字化的思考[J]. 中国油脂, 2021, 46（09）：132-136.
[6] 浪潮智慧企业研究院, 河南工业大学, 南京财经大学, 中华粮网. 新形势下的粮食行业数字化转型之路, 2021.
[7] 赵会义, 曹杰, 臧传真, 等. 粮食监测监管云平台关键技术与装备研发项目技术报告[R]. 2021.
[8] SHAO Y, GAO C, XUAN G, et al. Determination of damaged wheat kernels with hyperspectral imaging analysis[J]. International Journal of Agricultural and Biological Engineering, 2020, 13（5）：194-198.
[9] 刘欢, 王雅倩, 王晓明, 等. 基于近红外高光谱成像技术的小麦不完善粒检测方法研究[J]. 光谱学与光谱分析, 2019, 39（01）：223-229.
[10] 刘双安, 刘玉苹, 刘波. 浅谈智能化粮库设计[J]. 现代食品, 2022, 28（14）：56-59.
[11] 国家粮食和物资储备局. "十四五"粮食和物资储备信息化发展规划[Z]. 2021.
[12] 赫振方, 赵会义, 苑江浩, 等. 智慧粮食发展思路调研报告[R]. 2022.
[13] 张凯锋, 张海洲. 烘干机监控云平台的设计与开发[J]. 现代食品, 2021（04）：139-142.
[14] 林世爵. 粮通链：借力区块链技术打造粮食流通一站式服务平台[J]. 广东科技, 2020, 29（07）：46-47.
[15] 吴子丹, 张强, 吴文福, 等. 我国粮食产后领域人工智能技术的应用和展望[J]. 中国粮油学报, 2019, 34（11）：133-139, 146.

撰稿人：张 元　惠延波　李 智　赵会义　胡 东　李 堃　曹 杰
　　　　陈 鹏　廖明潮　肖 乐　王 珂　王 莉　邵 辉　储红霞
　　　　　　　　　　　　　　　张 崴　伊庆广

粮油营养学科发展研究

一、引言

平衡膳食是最大程度保障人体营养和健康的基础。粮油在中国居民平衡膳食宝塔中分别处于底层和顶层，粮油的平衡营养供应对于中国居民的健康至关重要。粮油营养学科是食品营养学科的重要组成部分，本质上是服务于人类健康的。总体来讲，粮油营养学科研究内容主要包含4部分：一是粮油自身营养成分的研究，包括营养成分数据库构建及粮油食品营养与功能评价体系的建立。二是粮油营养成分及粮油食品加工方式对健康影响的研究。三是营养健康粮油食品新技术、新产品的开发，包括个性化粮油产品的开发。四是健康膳食模式，低碳、绿色可持续发展，中国食物系统转型，与未来食品科技创新方面的研究。

近5年来，粮油营养学科总体上加强了粮油营养成分（或整体）与人群的健康关系研究，尤其是对粮油食品与肠道菌群的关系研究比较深入，在利用组学等先进研究手段筛选与健康相关的基因、代谢标志物等方面取得新进展，从人群的大型队列研究明确了全谷物对健康的积极作用，将"全谷物战略"上升为国家战略等。在粮油自身营养成分研究方面，完善了粮油营养和功能成分数据库；建立了粮油营养评价体系，加强了粮食蛋白质品质评价研究；深入研究了新型加工技术对粮油营养成分的影响等；建立以营养保留和风险控制为核心的健康粮油适度加工新模式，在米、面、传统杂粮及食用油的适度加工关键技术和智能化设备研发及产业示范等方面取得了较大进展，大大减少了粮食中营养物质的损失。在细分人群对于粮油的营养需求方面，深入研究了细分人群的"精准营养"需求，尤其对老年人的营养需求给予了持续关注，开发了满足老年人群体特殊生理、病理需求的粮油产品。积极开展植物蛋白和替代蛋白研究，注重低碳产品开发，将食品生产对环境的可持续性影响提到新高度。此外，粮油营养领域的知识服务平台建设、科技咨询与知识产权服务等新业态取得新进展，进一步丰富了粮油营养学科范畴。

总之，粮油营养学科的发展和实践对于引导消费者合理膳食、改善国民营养健康状况、落实"健康中国"战略、指导粮油加工企业产品健康升级、促进健康营养食物生产和消费、落实"双碳"战略等有积极作用。

二、近5年粮油营养学科研究进展

（一）粮油营养基础研究进展

1. 粮油食品对健康影响的研究进展

在谷物方面，进一步研究证实了全谷物食品对健康的促进作用，包括全谷物整体或主要成分对肠道微生物和机体氧化还原稳态的影响及机理；特定谷薯类中营养素及其相关的健康饮食模式在预防慢性疾病方面的作用；蛋氨酸限制（以谷薯类蛋白为基础）等特殊饮食模式在预防和改善肥胖、糖尿病、心脑血管疾病、肠道健康和认知功能等方面的作用；谷物或杂豆膳食纤维、蛋白质、多酚、淀粉及外源添加物等的相互作用对食物基理化性质、消化及功能特性等的影响及机理研究；通过物理、化学、生物等方法对淀粉改性，开展慢消化淀粉、抗性淀粉的生成机理及糖尿病人群食物的研究与开发；研究我国膳食中常见谷物及杂豆的可消化必需氨基酸评分，对我国主要粮食的蛋白质品质进行了评价。在油脂方面，对居民膳食脂肪酸的摄入状况及来源进行了细化研究；开始关注烹饪过程中食用油营养成分、稳定性、有害物质的生成规律，指导产品开发与健康消费。

2. 粮油食品加工方式影响机体健康的研究进展

不同的加工方式会引起粮油食品中营养成分的变化，进而影响机体健康。油脂在热加工过程或长期高温条件下会生成致畸、致癌、影响肝功和生育功能的醛、酮等化合物；热加工过程产生的反式脂肪酸会导致人体必需脂肪酸的缺乏、婴幼儿生长发育迟缓、加速动脉粥样硬化、引发大脑功能衰退、增加患癌概率。粮油食品中的蛋白质在加工过程中会发生氧化，导致热变性、流变性和结构功能的改变，影响蛋白质的消化率及人体健康；蛋白质氧化形成的蛋白质和氨基酸氧化产物被证明与肥胖、糖尿病、心血管疾病等慢性病，以及衰老和认知功能障碍等有关。

3. 粮油食品营养研究技术方法应用更加丰富

以组学技术、生物信息学、数据库、生物标记物和成本效益分析方法等为代表的前沿技术在粮油营养学科中的应用更加广泛。其中，食品组学因其强大的物质鉴定功能可为粮油食品鉴别和溯源提供科学依据和技术支撑；生物信息学可有效管理和解析营养基因组学和宏基因组学大数据，发现利用传统方法难以获知的有关粮油食品与健康之间的关系；营养素及生物活性成分数据库在指导产品开发方面的作用更加显著；生物标记物被用于研究食品与疾病的关系；成本效益分析被广泛用于粮油食品，特别是全谷物食品营养改善项目的设计、实施和效果评估全过程，有助于确定更经济，且为公众健康带来更大益处的方案。

4. 健康膳食模式及低碳、可持续发展引领新风尚

《中国居民膳食指南（2022）》推荐我国居民每天摄入谷类 200~300 克（其中全谷物和杂豆 50~150 克）、薯类 50~100 克、油 25~30 克。以适量的谷薯类食物及清淡少油为主要特点的东方健康膳食模式正在引领新的饮食风尚。以营养健康为导向的粮油加工新技术符合我国居民对新型膳食模式的需求，将开创现代粮油食品加工技术与营养膳食模式全面结合的新局面。随着时代的发展，要始终秉持绿色低碳理念，实现低碳消费，促进生态平衡、资源利用的可持续性，低碳、可持续发展成为粮油食品行业的研发新趋势。

（二）营养健康粮油食品开发

1. 谷薯类产品品质提升及特膳主食开发

全谷物及杂粮食品加工利用新技术在促进全谷物食用品质改良和功能性食品开发方面取得显著进展。利用乳酸菌进行发酵的多谷物杂粮面包不仅提升了面包的口感，而且提高了低分子量蛋白肽、游离氨基酸、可溶性膳食纤维含量，并能降低植酸等抗营养因子含量；优化糙米高压蒸煮预熟和微波预熟工艺，可提高糙米淀粉、总糖、蛋白质含量，降低脂肪含量；应用冷冻冷藏新工艺，最大限度地保留了非油炸白荞粉中芦丁、多酚等。针对不同病理和生理人群的多功能粮谷类产品的开发和生产已初具规模，如食用低 GI 值、方便食用的多谷物速食营养粉，有利于调节人们餐后血糖水平，并能预防肥胖、糖尿病等慢性病；七成燕麦全粉挂面能辅助调节代谢综合征患者血糖血脂水平。

2. 油脂中微量成分保留及功能性油脂的开发

进一步明确了不同制油工艺对传统油料和小油种油料出油率、植物油品质、油脂伴随物、功能特性等的影响；初步建立起以营养保留和风险控制为核心的健康油脂适度加工新模式，在食用油的适度加工关键技术和智能化设备研发及产业示范等方面取得了重大进展，有效保护了油脂中的微量成分，促进了多功能油脂的开发和应用。从精炼工艺和天然抗氧化剂保留等方面入手，通过改进加工工艺及功能性活性物质回添和外源性添加等，开发出多种氧化稳定性强、功能完全的健康植物油脂。目前，维生素 E、植物甾醇、多酚等油脂伴随营养成分已被纳入食用植物油的评价标准，开发和推广健康食用植物油产品，引导健康消费已经成了油脂行业的研究热点。

3. 个性化粮油产品的设计与开发

个性化粮油产品依然是市场的焦点。全谷物和高杂粮含量主食及营养方便食品的产业化，为消费者提供了更多健康个性化的粮油食品，如以粳米、燕麦、玉米、小米、薏米为主要原料，生产可快速冲调、色香味俱全的速食杂粮粥；以全谷物糙米粉和大豆粉为原料制成的无麸质蛋糕。此外，无糖玉米荞麦蛋糕、甜荞芽面条、燕麦杂豆面团、藜麦酸奶、乳酸菌发酵多谷物杂粮面包等多元个性化产品也得到了推广。这些个性化产品的研发为新一代粮油产品生产提供了新的思路。

（三）粮油营养学科建设工作

1. 学科教育

近年来，随着人们生活水平的提高，人们对营养健康饮食需求逐渐增加，相关专业人才需求也不断增长，许多院校相继设立了与粮油食品营养相关的专业，人才教育培养体系日益完善，粮油营养学科教育迅速发展。据统计，以江南大学、中国农业大学、南昌大学、河南工业大学等为代表，有79所高校及科研院所可招收与食品营养专业相关的博士研究生或硕士研究生。河南农业大学、黑龙江八一农垦大学等12所高校开设了食品营养与检验教育本科专业；扬州大学、哈尔滨商业大学等24所高校开设了烹饪与营养教育本科专业；华中农业大学、西北农林科技大学等26所高校开设了食品营养与健康本科专业；上海交通大学、四川大学等34所高校开设了食品营养与卫生学本科专业。此外，许多高职高专院校也纷纷开设营养配餐、烹饪工艺与营养、食品营养与健康等与食品营养有关的专科专业，主要培养营养师、健康管理师、营养配餐员等专业人才。

2. 学会发展

自2009年中国粮油学会粮油营养分会成立以来，不断推进中国粮油营养改善的政策法规和标准建设，组织相关企业及人才开展理论研究、技术开发和产品研发，联合企业组织与营养健康相关的科普教育及培训，在推进健康中国建设，提高人民健康水平方面发挥着重要作用。目前，中国粮油学会粮油营养分会有会员2万多人。近5年来，粮油与营养公众号推文240多篇，阅读量超过70万次；举办了"2022食育中国高峰论坛"等活动2场，同步在线观看人数超367万人，24小时新闻阅读量超过1000万次；举办营养健康大讲堂120多场；完成粮油营养相关科技成果评价15项，获一等奖4项、二等奖9项、三等奖2项，极大地提高了学会的影响力。

3. 科普宣传

我国居民生活水平不断提高，但仍面临着营养不足与过剩并存、营养相关疾病多发、营养健康生活方式尚未普及等问题。近年来，我国采用线上、线下多元模式开展营养健康主题科普活动。线上科普活动以新浪健康、新华网和人民健康网等网站，以及微信、微博和短视频等便捷的新媒介形式为主，使得大量营养健康信息进入公众视野。线下通过协会与企业联合举办线下公益活动，践行"全民健康生活方式行动"，提高全民健康素养和健康水平。

4. 知识服务

近年来，计算机科学技术、图书情报学等相关学科的理论、方法和工具在粮油营养学科得到应用，促进了粮油营养学科知识体系建设。粮油营养领域的知识服务平台建设、科技咨询与知识产权服务等新业态快速发展，学科知识服务内容不断丰富，知识服务模式不断创新，学科智库和知识服务机构不断发展。中国工程院、中粮营养健康研究院、中国农业科学院信息研究所等专业机构聚焦粮油行业知识服务需求,积极推进粮油营养知识服务平台建设和运营推广,整合粮油营养领域知识资源超过500万条,开发粮油营养知识搜索引擎、粮油营养专题知识库、粮油食品科技信息简报、粮油食品原料与产品库等知识服务产品,成为推进粮油营养领域知识资源共建共享和知识创新应用的有益尝试。

(四)粮油营养重大成果及应用

1. 学术成果

近5年来,粮油营养领域获得国家科学技术进步奖二等奖1项;中国粮油学会科学技术奖26项,其中一等奖5项;获得省部级科学技术进步奖20多项,其他奖项80多项。承担国家级科研项目60多项、中央级公益院所基本科研业务费课题6项、国家/行业标准项目10多项、省部级项目100多项、横项合作项目100多项、国际合作项目3项、其他项目200多项。相关科研机构和加工企业共申请专利500多件,其中授权400多项;粮油营养科技项目成果在国内外期刊发表学术论文1000多篇,其中被SCI/EI收录论文500多篇,出版著作10多部,制修订粮油食品国家标准和行业标准30多项。

2. 产业应用与示范

(1)新型谷薯类产品产业示范。

新型谷薯类产品加工技术与工艺不断改进和升级,产品种类更加丰富,国内涌现出一批典型的营养健康导向的谷薯类食品产业应用与示范:研究采用9%黄金碾磨技术,充分保留了稻米原生美味,以及维生素、矿物质等微量成分,并发布了《稻米营养减损加工与美味白皮书》,倡导适度加工;基于挤压重组等物理加工技术提高产品抗性淀粉和慢消化淀粉含量,降低快消化淀粉含量和淀粉消化水解率,并建立了挤压重组方便主食品生产线;集成小麦籽粒干法微波灭酶、挤压重组和微粉碎技术,在改善全麦粉口感与风味、延长保质期的同时,更好地保留了小麦中膳食纤维和B族维生素等营养成分;采用低温慢速烘干技术、稳态化技术、挤压–二次糊化工艺技术等,开发低GI、低脂肪、高膳食纤维的全谷物挂面等新型健康面制品。

(2)油脂产业示范。

近5年来,营养健康油脂加工技术与工艺不断改进和升级。针对传统制油中过度加工、能耗高、副产物利用低等问题,创制了高品质食用油、食品级蛋白、功能性肽等商品化新产品和关键核心装备,实现了我国万吨级超大规模制油装备自主制造的历史性突破;针对大宗油料油脂产品品质加工损伤大、适度加工体系标准化规范化严重不足的问题,攻克了加工链条的危害因子控制与营养因子保留的"双控"、酶–膜同时脱胶脱酸等关键技术,率先构建了适度加工集成链条和标准化规范加工系统;大豆酶法制油新模式及反胶束体系酶法合成结构脂、油脂无溶剂干法分提和酶促定向酯交换、油脂瞬时结晶调控等产业化关键技术，创制专用型与功能型油脂新产品，研制出大型油脂瞬时结晶与捏合自主装备。

（3）预制粮油食品产业示范。

近5年来，我国营养健康预制粮油食品开发及应用成效显著。通过研发集成糙米米线稳定化加工关键技术、营养速食粥关键技术、全谷物籽粒瞬时高温流化表面微缝技术、全谷物过热蒸汽灭酶技术等，研发了糙米速食粥装备及易煮全谷物、糙米米线、全麦挂面、全谷物营养速食粥等新产品并实现了企业生产；通过开发低GI值、方便食用的多谷物速食营养粉，有利于改善人们膳食后血糖水平、预防肥胖症、糖尿病等慢性病。

三、国内外研究进展比较

（一）粮油营养国外研究进展

1. 持续开展大型人群队列、随机对照等高证据等级临床研究，挖掘粮油食品健康作用

欧美等发达国家有众多大型自然人群队列研究可纳入足够多的样本、随访足够长的时间、捕捉到足量病例和更为准确的暴露信息揭示粮油食品与健康的关系。此外，国外近些年开展了许多粮油营养相关的高质量随机对照等临床研究，如发现与小麦相比，以黑麦为基础的晚餐使人饱腹感提高了12%，饥饿感减少了17%。摄入大麦面包、燕麦面包和全麦面包后血糖反应比摄入白面包分别低23.7%、29.9%和27.9%。EPA、DHA等$\omega-3$脂肪酸补充剂对动脉粥样硬化性心脏病有保护作用，但可能提高心律失常的风险；适度高植物甾醇摄入可以降低人的收缩压和舒张压、降低低密度脂蛋白胆固醇、降低患癌风险。

2. 研究膳食模式与健康的关系，从关注单一食物或营养素转向推荐多种健康的饮食模式

大型前瞻性队列研究数据显示，坚持健康的饮食模式（如健康美式饮食模式、替代性地中海饮食、健康植物性饮食和替代健康饮食模式等）可降低全因死亡风险，以及癌症、心血管疾病、呼吸系统疾病等导致的特异性死亡风险。全谷物和脂肪酸组成均衡的食用油是所有健康膳食模式的重要组成部分。

3. 对功能因子的研究更加深入，对健康影响的多样性被挖掘

以膳食纤维为例，随着研究的推进，研究人员发现燕麦中不同分子量的β-葡聚糖结合胆汁酸能力不同：中分子量（2.42×10^5~1.61×10^5克/摩尔）＞低分子量（1.56×10^5克/摩尔）＞高分子量（6.87×10^5克/摩尔）。膳食纤维的负面作用也相继被报道，如一项大规模随机对照试验结果显示，长期摄入膳食纤维可能与较低的胆汁酸浓度有关，而低浓度胆汁酸与腺瘤复发高风险有关。对于功能因子不同观点和结论的研究，将为后续深入研究提供方向。

（二）国内研究与国外研究的比较

近5年来，国内粮油营养行业取得诸多成果。基础研究内容更加系统深入；坚持走差异化、专业化、高附加值化的自主研发道路，实现了一批科技成果转化落地，有力地促进了产业的提质增效和转型升级；更加重视粮油营养相关法规标准的制修订；利用多种新媒体渠道持续有效地开展营养科普，居民膳食营养认知水平显著提升。与国外相比较，国内的粮油营养学科发展有优势也有不足。

1. 中国具有物产丰富和中医的优势

我国幅员辽阔，物产丰富，有"杂粮王国"之称，是世界上重要的杂粮生产国，为粮油营养健康食品开发提供更多的原料选择。杂粮与传统中医养生联系紧密，以小米为例，中医认为小米粥可以补益丹田之气，使丹田气血运行顺畅；在我国北方，产妇多用小米和红糖调养身体，恢复体力。国外杂粮种类相较中国来说少，且国外倾向于对杂粮中某种特定成分进行分离，针对特定成分进行深入研究，为后续保健品、药品等的开发奠定了基础。

2. 缺乏针对我国人群的大型营养流行病学队列和营养干预研究，多组学方法应用不足

循证医学体系，多中心随机对照营养和生活方式干预研究能够提供最高级的证据，而我国由于缺乏长期的投入，目前大型营养流行病学队列追踪和干预研究较少，只能根据西方数据制定中国居民营养标准和营养干预方案。多组学大数据队列研究主要在欧美国家应用，我国亟须在大型流行病学队列和干预研究的基础上，运用多组学的方法深入了解中国人群和亚洲人群的营养需求，解析形成群体/个体间与营养代谢应答多样性和疾病易感性差异相关的生理学基础，从而为我国开展个性化定制膳食方案及制定精准营养干预方案提供依据。

3. 我国优势品种粮油资源营养与活性成分数据不完善，与疾病谱的关系研究不足

我国本土优势品种的主粮、杂粮杂豆、植物油等粮油食品营养与活性成分没有系统全面的一手资料；评价指标只包含常规的宏量和微量营养物质，缺乏功能性营养成分、风味物质和活性因子数据，且缺乏定期更新机制。对于粮油食品在加工、储运、烹饪过程中营养与活性成分的变化缺乏系统研究。针对我国优势粮油食品与疾病谱的关系研究尚属起步阶段，不利于我国粮油食品资源的开发利用。

4. 营养法规标准、标识体系建设滞后，导致企业生产动力不足

一是营养立法工作滞后，一些与营养改善相关的纲要和计划已经颁布实施，但尚无相关法律法规。二是营养型农产品标准体系尚未建立，目前一些协会和机构开始在该领域制定相关标准，如《锌强化小麦》行业标准等，但整体工作起步较晚，涉足领域较少，尚不成体系。三是营养标识体系不完善，我国目前与健康声称有关的法规标准主要有《食品安全国家标准—预包装食品营养标签通则》（GB 28050-2011）和保健食品一系列规范性文

件，缺乏对食品健康声称的系统认识与总结，部分主食营养成分功能声称（如 β - 葡聚糖）管理存在空白，且无法体现在普通食品的营养标签中，制约了营养健康粮油食品的开发与推广。

四、发展趋势及展望

（一）"十四五"规划对粮油营养学科的战略需求

1. 我国粮油营养学科发展中存在的问题

随着经济的发展，虽然我国营养供给能力显著增强，营养健康状况逐渐改善，但仍存在诸多问题与挑战。如受社会经济发展不平衡、人口老龄化加剧和不健康饮食等因素的影响，我国居民仍存在营养不足与营养过剩并存、营养相关疾病多发、营养知识尚未普及等亟待解决的问题；存在居民膳食中主食摄入水平下降、主食结构不合理和主粮加工过精过细等问题；虽然"全谷物战略"已上升为国家战略，但是仍存在全谷物产品缺乏、适口性差，全谷物与健康关系机理不清等问题；粮油营养综合评价体系和标准化任务依然繁重；粮食和油脂加工企业节能减损、副产物综合利用问题仍然突出。

2. 粮油营养学科的战略需求

按照《"健康中国 2030"规划纲要》《国民营养计划（2017—2030 年）》《健康中国行动（2019—2030 年）》等文件精神要求，"十四五"期间粮油营养学科应开展如下工作：一是提高粮油营养相关标准制修订能力。二是提升粮油营养科研能力并加强营养人才培养。三是强化粮油营养综合评价体系建设。四是发展粮油营养健康产业，加快产业转型升级。五是大力发展传统食养服务，充分发挥我国传统食养在现代营养学中的作用，引导养成符合我国不同地区饮食特点的食养习惯。六是加强粮油营养健康基础数据共享利用。七是普及粮油营养健康知识，推动营养健康科普宣教活动常态化。

（二）粮油营养学科发展方向及重点

1. 应用基础研究

（1）搭建基于全产业链的粮油营养健康大数据共建共享平台。

针对缺乏开放共享的粮油营养成分数据平台的问题，在现有粮油营养成分数据库的基础上继续完善扩充不同产地、不同品种、不同储运、不同加工及烹饪方式下的粮油营养成分大数据，并建立开放共享的数据平台与数据更新维护机制。

（2）开展系统深入的粮油营养健康作用基础研究。

针对粮油营养健康作用及机制不明确的问题，研究基于我国不同人群在遗传背景、饮食习惯、生活方式及生活环境差异下的粮油营养健康作用、物质基础、量效关系及作用机制，特别是粮油食品通过作用于肠道微生态对代谢健康的影响。

（3）建立基于我国粮油资源特点、人群健康状况及代谢特点的粮油营养健康作用评价体系。

针对粮油食品的营养及健康功效如何评估这一消费者关注的热点问题及学术界存在争议的基础科学问题，建议采用"分类评价"和循证的思路，建立科学系统的粮油食品营养品质评价方法与标准，构建"分级分类"的食物营养功能评价体系；开展体外仿生模拟消化技术及装备研发，为粮油食品营养评价提供研究工具，建立粮油食品消化产物数据库，指导产品开发。

（4）开展粮油食品健康效应评价研究。

围绕肥胖、糖尿病、心血管疾病等慢性病人群的需求特征，构建粮油食品及其有效成分的生物利用率及健康作用临床前评价模型，开展慢性病人群健康效应评价和机制研究，获得粮油食品健康效应评估数据，针对全谷物等重点粮油食品提出符合我国膳食结构和人群特征的科学合理的膳食推荐摄入量，为优质粮油原料的选择、粮油食品加工方式的改善、新型健康粮油食品的开发及慢性病的预防提供科学依据。

2. 关键技术

（1）建立粮油食品重要生物活性物质快速高通量鉴定筛选技术。

结合大数据分析方法，构建我国粮油原料及食品生物活性成分指纹图谱及特征品质谱库，明确原料品种、地域、储藏时间等时空因素对粮油原料及食品活性物质含量与特性的影响，形成多维度活性物质的分类分级指标体系。

（2）革新绿色生物粮油原料预处理及加工技术。

基于可持续发展及低碳环保理念，通过研发生物萌芽营养富集技术、固态发酵品质提升技术及酶法重构协同增效技术等粮油原辅料加工生物辅助新技术，开发系列化、专用化、稳定化粮油原配料产品，为我国基础、大宗的粮油原辅料加工技术解决方案的构建提供支撑。

（3）构建基于营养组分互作机制的粮油食品加工技术，实现营养保持与品质优化调控。

适度加工与精准营养是未来营养健康粮油食品的发展目标。谷物种皮富含膳食纤维等活性物质，其对谷物食品质构、感官等加工品质特性的影响及作用机理有待明确，适度加工对油脂中维生素 E 等营养物质的保留与对反式脂肪酸等风险因子生成的作用尚需进一步研究。不同加工方式对粮油活性组分物化特性的影响及其机制需进一步阐明。在不同的谷物食品加工过程中，淀粉、蛋白、膳食纤维、酚类物质等组分互作及其对产品加工、食用和营养品质的影响需进一步探究。上述工作将为粮油食品精准设计提供理论支撑，探索营养保留与感官品质提升的最佳平衡点。

（4）基于消费者多元化需求，突破精准营养粮油食品靶向设计与制造技术。

针对我国精准营养健康食品产业落后的问题，根据不同人群对营养健康粮油食品的口感接受程度，基于健康目标的原料配比及在不同场景下对食品口感要求的多元化需求，集成应用"场景－体验－人群"三维一体精准设计技术，突破精准营养粮油食品靶向设计与制造技术，实现基于粮油营养量效与食用口感的最佳平衡，针对不同人群需求，创制出营养物质含量高、口感优、连食性好、场景适合的系列化粮油食品产品体系。

3. 产品研发及应用示范

（1）发展营养健康粮油主食品，构建我国营养健康大宗粮油食品体系。

粮油主食品是量大面广的民生食品。粮油加工企业发展主食品工业化生产是粮食行业推进供给侧结构性改革、调整产品结构的重要组成部分，是粮油加工业向精深加工的延伸，是企业增效的有效途径。系列化优质米、面制品，如米粉（米线）、米粥、米饭、馒头、挂面、鲜湿及冷冻面食等大众主食品和区域特色主食的应用示范及品牌打造，将为构建我国营养健康大宗粮油食品体系提供支撑。

（2）基于多维交互设计精准创制的粮油食品应用示范，满足不同人群的多样化需求。

个性化与精准化是未来食品开发的重要方向。基于消费者需求的产品研发与应用推广方式涵盖了食品消费的场景化设计，以及以消费者体验为基础的情景交互设计。当前我国粮油食品的设计与推广在此方面尚缺乏系统研究，开展基于"场景－体验－人群"三维交互设计的粮油食品精准创制与应用示范是"十四五"期间的重点发力方向之一。例如，针对学生、老年人等不同人群，针对健康、肥胖、糖尿病等不同生理状态人群的差异化营养健康需求及口感喜好，挖掘不同人群所处的食堂、餐饮、便利店等场景要素和需求，将精准定位细分市场的营养健康粮油食品在不同场景下进行应用示范与评价，为解决14亿人基础营养问题提供综合方案，助力重塑我国粮油食品新生态。

（3）突破以粮油食品为核心的个性化营养配餐技术，打通营养健康粮油产品落地的"最后一公里"。

根据不同应用场景提供健康粮油产品与健康配餐服务，进行应用示范。如以广大中小学生"吃出营养、吃出健康、吃出未来"为目标，针对中小学生群体的营养现状与需求，研究提出全国中小学生的主食全谷物替代方案，制定学生营养餐食谱。在中小学校开展场景应用示范活动。在总结示范活动的基础上，完善优化方案，尝试在全国范围内扩大推广。

（4）建立科学的食品营养评价标准体系和管理规范。

无论是粮油营养学科发展，还是粮油产业发展，都需要与相关法律法规标准互相配合、互为支撑、不断完善。结合国际营养健康粮油食品标准现状与我国实际，逐步构建和完善具有我国特色的营养健康粮油食品品质评价和标准体系，包括国家标准、行业标准、团体标准及企业标准等。

粮油营养学科在推动"健康中国2030"战略目标落地方面，具有基础性、战略性和全局性地位，是加强我国慢病防控，实现关口前移的重要路径。随着学科发展及原创性科研成果转化落地，推动我国粮油食品产业的高质量发展。

参考文献

[1] 《中国居民膳食指南（2022）》在京发布[J]. 营养学报, 2022, 44（06）: 521-522.

[2] 朱成姝, 阮梅花, 熊燕, 等. 2022年营养健康领域发展态势[J]. 生命科学, 2023, 35（01）: 18-24.

[3] SEIDELMANN B S, CLAGGETT B, CHENG S, et al. Dietary carbohydrate intake and mortality: a prospective cohort study and meta-analysis[J]. The Lancet Public Health, 2018, 3（9）.

[4] 姚惠源. 全谷物食品的营养与健康特约专栏介绍[J]. 粮油食品科技, 2022, 30（02）: 7-10.

[5] 谭斌, 乔聪聪. 中国全谷物食品产业的困境、机遇与发展思考[J]. 生物产业技术, 2019（06）: 64-74.

[6] 常巧英, 余强, 郑冰, 等. 营养健康食品开发技术发展趋势探析[J]. 食品安全质量检测学报, 2023, 14（09）: 266-274.

[7] 刘泽龙, 李健, 王静, 等. "双循环"新格局下我国食品营养与健康产业发展策略研究[J]. 中国工程科学, 2022, 24（06）: 72-80.

[8] 樊胜根, 张玉梅. 践行大食物观促进全民营养健康和可持续发展的战略选择[J]. 农业经济问题, 2023（05）: 11-21.

[9] 秦宇, 马硕晗, 徐恩波, 等. 绿色加工对全谷物结构及膳食纤维、酚类物质影响的研究进展[J]. 食品与生物技术学报, 2022, 41（11）: 10-21.

[10] Yuhui Y, Manman L, Yuncong X, et al. High dietary methionine intake may contribute to the risk of nonalcoholic fatty liver disease by inhibiting hepatic H2S production[J]. Food Research International, 2022, 158.

[11] 姜鹏, 刘念, 戴凌燕, 等. 杂粮营养物体内和体外消化研究现状及其产物的功能性[J]. 中国粮油学报, 2022, 37（05）: 185-194.

[12] 韩飞. 传统食物蛋白质营养评价体系面临的挑战与建议[J]. 粮油食品科技, 2022, 30（01）: 126-133.

[13] 于金平. 油脂加工工艺及其对油脂氧化稳定性的影响[J]. 现代食品, 2020（09）: 109-111.

[14] 王硕, 王娅娅, 张恬畅, 等. 膳食油脂-蛋白质互作产物与人体健康[J]. 中国食品学报, 2021, 21（09）: 1-9.

[15] Yuhui Y, Manman L, Yuncong X, et al. Dityrosine in food: A review of its occurrence, health effects, detection methods, and mitigation strategies.[J]. Comprehensive reviews in food science and food safety, 2022.

[16] 张慧艳, 刘诗文, 齐诗哲, 等. 食品组学技术在食品真伪鉴别和溯源方面应用进展[J]. 食品安全质量检测学报, 2022, 13（03）: 948-955.

[17] 周丹, 郑建仙, 黄寿恩. 功能性食品研发新模式: 柔性精准营养干预系统[J]. 食品与机械, 2022, 38（06）: 4-7, 87.

[18] 上海营养与健康研究所. 营养与健康所等在奶制品的脂质组生物标记物与心血管疾病风险因素研究中获进展[J]. 高科技与产业化, 2022, 28（05）: 69.

[19] 罗云波, 郝梦真, 车会莲. 必要的食品加工是人类健康和社会可持续发展的必须[J]. 中国食品学报, 2023, 23（01）: 1-12.

[20] 刘锐, 李松函, 聂莹, 等. 营养导向的全谷物产业思考[J]. 中国粮油学报, 2021, 36（07）: 182-187.

[21] 叶展, 徐勇将, 刘元法. 食用植物油脂制取与精炼技术研究进展[J]. 食品与生物技术学报, 2022, 41（06）: 1-12.

[22] 张文龙, 黄成义, 赵晨伟, 等. 植物油中的色素及吸附脱色研究进展[J]. 中国油脂, 2022, 47（06）: 21-28.

[23] 杨芝, 吕莹果, 马玉辉, 等. 多谷物面条加工工艺及品质研究［J］. 粮食与油脂, 2022, 35（03）：145-148.

[24] 田晓红, 谭斌, 翟小童, 等. 蒸汽爆破技术在全谷物食品加工中的应用［J］. 中国粮油学报, 2022, 37（05）：16-23.

[25] 张宁, 范超楠, 唐丹, 等. 基于大型人群队列的膳食研究进展［J］. 现代预防医学, 2021, 48（06）：992-996, 1002.

[26] ÅBERG S, PALMNÄSBÉDARD M, KARLSSON T, et al. Evaluation of Subjective Appetite Assessment under Free-Living vs. Controlled Conditions：A Randomized Crossover Trial Comparing Whole-Grain Rye and Refined Wheat Diets（VASA-Home）［J］. Nutrients, 2023, 15（11）.

[27] ZEYNEP C, GIZEM S A, ZAFER G, et al. Effects of whole-grain barley and oat β-glucans on postprandial glycemia and appetite：a randomized controlled crossover trial［J］. Food & function, 2022.

[28] BARIS G, LUC D, T O A, et al. Effect of Long-Term Marine Omega-3 Fatty Acids Supplementation on the Risk of Atrial Fibrillation in Randomized Controlled Trials of Cardiovascular Outcomes：A Systematic Review and Meta-Analysis［J］. Circulation, 2021.

[29] U. S K, N. A L, SHAHZEB M K, et al. Effect of omega-3 fatty acids on cardiovascular outcomes：A systematic review and meta-analysis［J］. EClinical Medicine, 2021, 38.

[30] GHAEDI E, FOSHATI S, ZIAEI R, et al. Effects of phytosterols supplementation on blood pressure：A systematic review and meta-analysis［J］. Clinical Nutrition, 2020, 39（9）.

[31] EHSAN G, HAMED V K, HAMED M, et al. Phytosterol Supplementation Could Improve Atherogenic and Anti-Atherogenic Apolipoproteins：A Systematic Review and Dose-Response Meta-Analysis of Randomized Controlled Trials.［J］. Journal of the American College of Nutrition, 2020, 39（1）.

[32] S Z L, L Y P, Y M B, et al. Association Between Healthy Eating Patterns and Risk of Cardiovascular Disease.［J］. JAMA internal medicine, 2020, 180（8）.

[33] ADRIÁN C, ROSARIO O, ESTHER G, et al. The Southern European Atlantic Diet and all-cause mortality in older adults［J］. BMC medicine, 2021, 19（1）.

[34] DU B, MEENU M, LIU H, et al. A Concise Review on the Molecular Structure and Function Relationship of beta-Glucan［J］. Int J Mol Sci, 2019, 20（16）.

[35] BYRD D A, GOMEZ M, HOGUE S, et al. Circulating Bile Acids and Adenoma Recurrence in the Context of Adherence to a High-Fiber, High-Fruit and Vegetable, and Low-Fat Dietary Intervention［J］. Clin Transl Gastroenterol, 2022, 13（10）：e533.

[36] 张艳, 蔡秉洋, 肖永华. 稷谷中的"平民"与"贵族"——小米、菰米［J］. 中医健康养生, 2020, 6（01）：65-67.

撰稿人：贾健斌　王黎明　王满意　王　曦　安　泰　杨玉辉　陈　鑫
　　　　赵文红　赵瑾凯　郝小明　郭　斐　彭文婷　董志忠　韩　飞
　　　　　　　　　　　　　　　谢岩黎　谭　斌　翟小童

ABSTRACTS

Comprehensive Report

Status and Prospects of the Development of the Discipline of Grain and Oil Science and Technology

1. Introduction

In the past five years (2019-2023), grain and oil science and technology discipline of China has adhered to the "four orientations" and cherished the "country's most fundamental interests". Based on independent innovation and focusing on interdisciplinary integration and cooperation, it overcomes multiple scientific and technological problems. Fruitful achievements in scientific and technological innovation of subfields, such as grain storage, grain processing, oil and oil processing, quality and safety, have, significantly, empowered the development of the industry, and improved the overall level of discipline construction, which has made an important contribution to ensuring national food security.

In the next five years, the discipline will attach great importance to the new normal and new situation of the development of the grain industry, actively adapt to the new round of scientific and technological revolution and industrial transformation, and the strategic deployment of building an agricultural power. It will focus on the main problems and needs of scientific and technological innovation and industrial development, focus on interdisciplinary and integrated development in grain industry, focus on basic research and key technical issues in key areas, and improve the capability of independent innovation, and support and lead the high-quality development of industries with the support of disciplinary construction to ensure national food security.

2. The latest research progress in the last five years

2.1 Steady increase in the level of disciplinary research

2.1.1 Significant improvement in scientific and technological innovation capacity for grain and oil storage

A multidimensional identification technology system and database, a resource library of grain fungal strains has established; researched on the quality and freshness control mechanism of paddy storage and precise ventilation and quality preservation technology; created a targeted regulation method for grain drying quality; proposed 5T management methods and technical specifications for harvesting and storage operations of high-quality rice.

2.1.2 Significant improvement in grain processing technology and equipment level

Rice processing is more precise and controllable. Flour yield and nutrient retention rate of wheat flour products has been, significantly, improved. The corn deep processing industry continues to grow and develop rapidly, starting to export complete sets of technology and equipment to foreign countries. Yeast, suitable for industrialized production, has been developed, with high resistance and high activity. New breakthroughs, such as product formula, technological development, quality testing, have been made in the processing of noodle products. High-efficiency and low-consumption refining technology and specialized general equipment for miscellaneous grains have been developed.

2.1.3 Comprehensive advancement of oil and grease processing technology and equipment

The processing technology of food specific oil and fats has realized full substitution of partial hydrogenated oils. Functional oils and fats products has been marketed, and protein products of vegetable oil tend to be serialized. Breakthroughs have been made in the research on comprehensive utilization of oil and fats. Intelligent and digital technologies have been used in oil and fat processing companies.

2.1.4 Overall improvement of grain and oil quality and safety standards and evaluation techniques

Significant progress has been made in the standardization system for grain and oil, the institutional mechanism for standardization work, the orientation of standards and international standardization work. The technology for evaluating the physical and chemical characteristics of grain and oil, for evaluating the quality characteristics of grain and oil, and for evaluating the safety of grain, oil and food have developed rapidly.

2.1.5 Digitalization and intelligence shaping the new industry of grain and oil logistics

We have developed new technologies and equipment for grain logistics applications such as grain loading, unloading, transportation, and logistics technology. New methods and technologies for grain logistics operation and management has been developed; New technologies and equipment for grain logistics applications have been developed.

2.1.6 Feed processing technology and equipment continue to innovate and promote high-level development of the industry

The standardization construction has been steadily promoted, and the basic research on feed processing has been constantly deepened. The manufacturing quality of feed processing equipment and facilities has been significantly improved. Various feed processing technologies, such as feed raw material processing, focus on the entire industrial chain and sustainable development. The technological level of development and efficient utilization of feed and feed additive resources is constantly improving. Fast and online detection technology provides strong guarantees for feed quality and safety.

2.1.7 Achieve a high level of basic and applied research in the discipline of grain and oil information and automation

The information and automation of grain and oil storage and processing have been significantly upgraded. The logistics information and automation technology of grain and oil are gradually matured. Marketing and transaction informatization has provided new models and paths for grain circulation. We have established established the "Early Knowledge" and "North Grain South Transportation" bulk grain container logistics information traceability platforms, and the "Whole Process Without Landing" storage information platform.

2.1.8 New achievements in basic research on grain and oil nutrition and food development

The database on nutritional and functional components of grain and oil has been improved. A new model of moderate processing of healthy grains and oils has been established. Whole grains and staple foods with a high content of grains and nutritious convenience foods have been industrialized, and the development of personalized food and oil products has tended to diversify. Dietary patterns and healthy eating have been popularized.

2.2 Fruitful development of disciplines

2.2.1 Excellent scientific research results

(1) Science and technology innovation gives new momentum to industrial development. ①Five second prizes for the State Science and Technology Progress Award, two second prizes for the State Technology Invention Award; 4 special prize and 25 first prizes for the Science and Technology Award of China Cereals and Oils Association. ②17159 patents have been applied for and 1946 patents have been authorized. ③The total number of papers published in the discipline is about 25910; and multiple monographs have been published. ④Initiate or issue over 190 national standards and 164 group standards. ⑤A series of new grain and oil products, new equipment, and grain logistics equipment have been developed, with fruitful results.

(2) Undertake national science and technology projects to enhance innovation capabilities. During the 13th Five Year Plan period, multiple national key research and development program projects passed performance evaluations; During the 14th Five Year Plan period, multiple national key research and development projects have been successfully undertaken; and multiple major projects have been effectively implemented in various provinces, cities, and autonomous regions.

(3) The construction of scientific research bases and platforms continues to deepen. 20 national and ministerial scientific research bases and platforms successively, and four original national engineering laboratories have been successfully integrated into the new sequence management of the National Engineering Research Center. The gap between research and development capabilities and the world's advanced level has significantly narrowed, with some fields reaching world leading levels.

2.2.2 Discipline construction strengthens the foundation and leads to a stable and far-reaching future

(1) The structure of academic disciplines is becoming more stable. ①A disciplinary development system that coordinates the development of basic and applied disciplines has formed in the discipline of grain storage. ②The number of colleges and universities with bachelor's, master's and doctoral degrees in food science technology and engineering related to grain processing is approximately 146, 38 and 15, respectively. ③A complete personnel training system for oil and fat processing has been established in the discipline of fats and oils. ④There are 557 colleges

ABSTRACTS

and universities, that offer logistics-related majors, among them nine are mainly characterized by the discipline of grain logistics. ⑤Nearly 100 schools have master's or doctoral degree programs in animal husbandry, aquaculture, animal nutrition and feed science (second degree program). ⑥There are 79 colleges, universities and research institutes enrolling doctoral or master's degree students, relating to food nutrition. ⑦The disciplinary structure of grain and oil information and automation is cross-distributed, with three universities offering courses in grain and oil science and technology.

(2) Strengthen the construction of academic societies through multiple forms and channels. Support the development of industry technology through various forms such as academic exchange meetings and special training; Actively organize project approval and review work for group standards; Actively carry out awards and evaluations, such as the "Innovation and Leadership Award of the China Grain and Oil Association".

(3) Multi-level support for the growth of grain and oil talents. ①School education. Forming composite talents at three levels of undergraduate, master's, and doctoral, possessing a combination of basic knowledge and applied technology in grain and oil. ②Evaluation of professional titles. More than 500 practitioners related to grain and oil disciplines from various universities and research institutes, such as the Chinese Cereals and Oils Association (CCOA), China Oil & Foodstuffs Corporation and China Grain Storage Group, were promoted to senior titles. ③Vocational skills training/competitions. Established the first industry demonstration high skilled talent training base; Research institutes and institutions within the industry conduct skill training work. Vocational skills competitions, such as National Industry Vocational Skills Competition of oiler. ④Research and innovation team building. The discipline of grain and oil science and technology has over 20 important scientific research teams, forming a large number of key technologies to support industrial development, such as the green grain storage technology, storage temperature control technology, information based grain depot construction, moderate and precise processing of rice, and moderate processing of wheat flour.

(4) Continuous and extensive academic exchanges. Hosting and presiding over 60 domestic conferences, at home and abroad, which played a positive role in promoting the transformation of scientific and technological achievements, strengthening the connection between scientific and technological workers and enterprises as well as promoting the prosperous and healthy development of the discipline.

(5) Academic publishing. A number of series of specialized teaching materials, monographs

and academic journals have been developed, such as "Introduction to Grain Engineering" and "Journal of the Chinese Cereals and Oils Association".

(6) Multi-channel publicity for science popularization. Through official account, popular science books, Activities such as World Food Day, Construction of national science popularization education base and China Oil Museum, Offering MOOCs, holding lectures, and other online and offline channels to popularize health knowledge about food and its products, have significantly improved the society's social awareness and comprehensive service capabilities, the CCOA's social visibility and comprehensive service capacity have been significantly enhanced.

2.3 Major achievements and applications of the discipline in industrial development

A number of major achievements in scientific and technological innovation of grain and oil have been promoted and applied, generating significant economic and social benefits. The representative projects are:

(1) The air film reinforced concrete dome structure Warehouse were piloted. Breakthroughs in more than 20 key technologies, a unique set of core patented technology system has been built to achieve the perfect "butterfly change" of China's fourth-generation grain storage silo.

(2) Integration and demonstration of complete sets of technical equipment for low-temperature storage of rice. It can effectively improve the quality of rice storage when out of the warehouse and reduce the cost of storage, realizing cost reduction and efficiency increase, which ranks at the leading level in China.

(3) The construction of integrated and databased management system for oil and grease processing realized intelligent manufacturing, which was in a leading position in the world.

(4) Precise and appropriate processing technologies for grains and edible oils have been widely promoted. Nutrients was highly efficiently retained, while process effectiveness was ensured, with significant energy-saving and emission reduction effects.

(5) The world's largest database of milk fats has been constructed. The technology of producing diglyceride oil using whole enzyme method has solved the problem of "neck sticking" in the core fat ingredient of infant formula.

(6) Intelligent cuttings system for grain acquisition. It can be fully adapted to the randomization of car models and parking positions, and randomly generated cuttings, which is conducive to the

improvement of sampling speed and the degree of intelligence.

(7) Three-dimensional point cloud data acquisition techniques for bulk grain pile surfaces. Three-dimensional point cloud data acquisition technology on the surface of bulk grain piles. Three-dimensional data model of the heap can be acquired and detect the volume change amount and dynamic quality index of the heap in different periods.

(8) Creation and application of key technologies for quality and safety control of livestock and poultry feed. Breakthroughs have been achieved in key technologies, such as the detection of illegal additives and toxic and harmful substances, quality and safety control during processing, and traceability systems.

(9) Application demonstration of industrialized technology and equipment for moderate processing of rice. Six-step fresh rice precision control technology, rice processing precision on-line testing device and technology have been established.

(10) Development and application of nutritional and healthy prefabricated grain and oil foods. Various types of prepared foodstuffs are emerging and growing rapidly.

(11) The research, development and promotion of key technologies and systems for real-time monitoring of grain inventory quantities on a network basis realized a breakthrough from "human prevention" to "technical prevention".

3. Comparison of domestic and international research progress

3.1 Current status of foreign research

(1) Both basic and technological research on grain storage are emphasized, and continuous innovation is being made in grain harvesting, storage, transportation, and quality assurance technologies. General importance was attached to scientific research investment, forming a relatively complete research system for grain harvesting, storage, and transportation technology.

(2) The level of grain processing technology and equipment is leading, and the capacity for innovation and development in the field of deep processing has been continuously enhanced. The field of deep processing of grain maintains strong innovation efforts, which is at the international leading level, and drives the transformation and upgrading of the processing industry towards high-value, health, and diversification.

(3) The scientific and fundamental innovation of oilseed and grease processing continues to make breakthroughs, and a new generation of products and leading technologies continue to emerge. Great importance was attached to scientific basic research and the research and innovation of new technologies was strengthened continually in the field of oil and fat processing. New products for oil and grease processing and deep processing have been developed on the basis of new technologies, such as breeding technology, with good application results.

(4) The quality and safety standards and evaluation systems for grain and oil have been continuously deepened, and safety inspection and testing capabilities have been further improved. It is comprehensive, progressiveness and practical in the formulation of quality and safety standards for grain and oil. The development characteristics of grain and oil inspection and testing are diverse, non-destructive and high efficient.

(5) Efficient and intelligent innovative equipment for grain logistics is constantly emerging, and the application of digital technologies for logistics systems such as blockchain Internet of Things (IoT) is accelerating. The use of digital technologies, such as blockcain, and the Internet of Things, to ensure international logistics channels and intelligent transportation scheduling has become a key area of concern and vigorous development in various countries.

(6) The basic research on feed processing has been further deepened, with emphasis on equipment innovation and resource exploitation. The basic research on feed processing science and technology is relatively in-depth; the research and application of hightech processing equipment is more and at a higher level; the processing technology and technology as well as the quality testing equipment and testing technology are in a leading position; and more achievements have been made in the comprehensive and deep value-added development technology of feed resources.

(7) Grain and oil nutrition contributes to healthy and nutritious food production and consumption. Grain, oil and nutrition support the production and consumption of healthy and nutritious food. The health benefits of grain, oil, and food is continuously explored. The analysis of the relationship between dietary patterns and health was focused. The research on functional factors has been further conducted, whose diverse impacts have been explored.

(8) Grain and oil information and automation technologies are continuously integrated with the grain and oil industry. The technology of the information and automation in grain and oil collection and storage is more advanced. The combined application of blockchain, big data, and cloud computing is focused, especially with the deepening of regulatory informatization in the

grain sector.

3.2 Gaps and reasons for domestic research

The existing gaps are mainly: The basic theory research is not deep enough; utilization of high value processing by-products and technology integration and innovation is insufficient; the production level of processing equipment is relatively low, the process technology is backward, the awareness of original development and innovation is insufficient; the industrial chain is short, the homogenization of products is serious, and there are few varieties of high value-added products; the standard system of grain and oil is not perfect enough, and the construction of the standard system is lagging behind, with a narrower coverage.

Reasons for gaps:

The mechanism for cultivating high-level scientific and technological innovation talents is imperfect, and there is a lack of talents such as vocationally skilled talents and discipline leaders, and team building is relatively lagging behind. The foundation is relatively weak, and there is a lack of effective integration between theoretical research and practical application. The investment in scientific research funding is limited, with poor sustainability, and scientific research is disconnected with the transformation of actual achievements. The level of standardization of data sharing and exchange in the industrial chain is low, and the degree of aggregation of grain information is not high.

4. Development trends and prospects

4.1 Strategic needs

The construction and development of the discipline is centered on the needs of national strategies, such as "reinforce the foundations for food security on all fronts", " ensure that China's food supply remains firmly in its own hands", "dual carbon target" and "Rural revitalization". It aims to guarantee national grain security, practicing the "Greater Food" approach to ensure food security,accelerate the transformation of economic development mode, support the major strategic goal of "peak carbon emissions and carbon neutrality", and actively promote the development of the grain and oil industry.

4.2 Research Directions and R&D Priorities

(1) The discipline of grain storage. Strengthening basic and applied basic research. Concentrating

efforts to carry out the research and development of new green grain storage technologies and equipment. Carrying out research and development of energy-saving and consumption-reducing technologies and equipment. Integrating and supporting grain storage technologies and carrying out typical regional application demonstrations.

(2) Grain processing disciplines. Strengthening the digitalization and intelligent development of rice milling equipment and expand the functionality of products, such as rice bran. Promoting graded and precise processing of corn. Carrying out research on processing technology and preservation technology for products, such as specialized wheat flour. Construction of automated and intelligent production lines as well as a yeast strain resource libraries. Conducting research on key technologies for basic and high-value processing of miscellaneous grains and potato foods.

(3) Fats and oils processing disciplines. Focusing on the traditional scientific research contents, such as oilseed resource development and oil processing technology, to promote the interdisciplinary and integrated development of oil processing promote.

(4) Grain and oil quality and safety disciplines. Improving the standard system of grain and oil; Developing and improving rapid, intelligent and unmanned testing technology; Improving the construction of grain and oil quality and safety database and early warning model.

(5) Grain logistics discipline. Carrying out research on the layout of grain logistics, the development strategy of grain logistics in the context of the "Belt and Road" Initiative, and the new technology and new equipment in grain logistics, and so on.

(6) Feed processing disciplines. Strengthening the applied basic research on feed, and tackling the bottlenecks. Strengthening the development and industrial application of feed resources, new feed additives in multiple ways. Enhancing the intelligent level of feed processing equipment and technology.

(7) Discipline of Grain Information and Automation. Establishment of an automated system for the entire process of grain and oil collection and storage. Construction of grain and oil processing intelligent factory and intelligent warehouse control system. AI regulatory warning for safety production. AI intelligent warning analysis and decision-making. Building a data center for the entire grain process to promote the full chain traceability of grain quality and safety.

(8) Discipline of grain and oil Nutrition. Focusing on the applied basic research and Establishment of a platform for building and sharing big data on grain and oil nutrition

and health. Tackling key technologies and striving to enhance the development capacity of health food. Improving the standard system of the nutritional and healthy grain and oil, with Chinese characteristics, and leading the healthy development of the grain and oil products industry.

4.3 Development strategy

(1) Continuously deepen the reform of the grain system, optimize the collection and storage system and strengthen pricing capacity.

(2) Actively participate in global grain governance.

(3) Build a major platform for grain science and technology innovation and fully leverage its leading and supporting role.

(4) Continuously carry out the "Five Excellence Linkages" and "Three Chain Synergy" in the grain industry, and deeply promote the "Six Improvement Actions" and the "Quality Food Project".

Written by Fupengcheng, Zhou hao, Wang dianxuan, Zhang zhongjie, Li jie,
Shu zaixi, Tang Peian, Lu yujie, Zhu kai, Bai changqiong, Shi tianyu,
Wu xueyou, Wang pingping, Yan xiaoping, Li yunxiao, Li dandan,
Yang dong, Xia zhaoyong, Xu yongan, Wang zhongming

Reports on Special Topics

Research on the Development of Grain Storage Discipline

It summarized the basic situation, the main research contents and the development of new storage technology in recent years, also concluded and reviewed the last research progress in this discipline in recent five years, including the capacity for independent innovation in science and technology has significantly improved, it has achieved a number of outstanding achievements in basic research, green grain storage technology, information construction, etc. It has continuously deepened research on warehouse facilities and equipment, and developed new materials and new processes rapidly. At the same time it also reflected the overall situation and new progress in research, teaching, communication and the construction of storage branch of the China Cereals & Oils Association, investigated the development and its trends of international grain storage researches, analyzed the development trends of the domestic and international grain storage science, pointed out the problems existing in grain storage research and technology in our country. After analyzing strategy requirements and trends, research emphases and prospects of grain storage science in China, it also brought forward that the discipline should strengthen the basic researches in the next 10 to 15 years, this discipline should continue to carry out basic theoretical research on ecological grain storage, quality theory technology, predictive microbiology, and strengthen the integrated innovation of new prevention and control technology and the research of automatic and intelligent equipment. We carried out integrated application and promotion of complete new technologies and equipment for green grain storage in different ecological regions, integrated demonstration of pest and mildew physical and biological prevention and control, and integrated demonstration of low-temperature grain storage technologies, and accelerated efforts to tackle key generic technologies and make new contributions to food security.

Written by Fu pengcheng, Zhou hao, Wang dianxuan, Zhang zhongjie, Li jie, Shu zaixi, tang peian, Lu yujie, Zhu kai, Xiang zhangqiong, Shi tianyu, Wu xueyou, Wang pingping, Yan xiaoping, Li yunxiao, Li dandan, Yang dong, Xia chaoyong, Xu yongan, Wang zhongming

Research on the Development of Grain Processing Discipline

The grain industry is an important livelihood industry for economic and social development. The development of the grain industry is related to national food security, the vital interests of the vast number of grain farmers, and the nutritional health and pursuit of a better life of the broad masses of the people. The grain processing discipline covers branch fields such as rice processing, wheat processing, corn deep processing, coarse grains (including tubers) processing, etc. It is an important force for accelerating the promotion of national economic construction, improving people's living standards, providing solid scientific and technological support for ensuring national food security, and realizing the modernization of our country. It has received high attention and support from the party and the government. General Secretary Xi Jinping emphasized in his report at the 20th National Congress that "we must establish a big food concept". The "big food concept" is a concept of "asking for calories and protein from farmland, grassland, forest, ocean, plants, animals, and microorganisms, and developing food resources in all directions and multiple ways". It is an important guarantee for ensuring national food and food security. This important instruction has pointed out the direction and provided the fundamental guideline for the development of the grain industry economy. Providing scientific and technological support for ensuring national grain and oil circulation security is the responsibility of grain and oil science and technology workers and the historical mission of the grain processing discipline. In-depth study of the development trends and key points of grain and oil science and technology in recent years is the key to promoting discipline development and advancing industry science and technology progress. We should make full use of the favorable conditions that our discipline research involves ensuring national food security and is highly valued by the whole society, and the unique advantages of serving the government and society, serving science and technology workers, and serving innovation and development. We should unite and lead the vast number of grain and oil science and technology workers to establish a "big food concept" and draw a new blueprint for China's grain processing discipline development. During 2019-2023, the grain processing discipline has achieved remarkable progress and development. A number of applicable technologies for grain processing have reached the international leading level, and branch disciplines such as rice processing, wheat processing, corn deep processing, coarse grains (including tubers) processing have improved in scientific research and development. This report expounds the development status of China's grain processing discipline in recent years from the perspectives of discipline research level, achievements in discipline development, major achievements and applications in industry development, foreign research progress, domestic research gaps, causes of gaps, strategic needs, research directions and research priorities, etc., and puts forward corresponding development strategies, hoping to provide reference for China's grain processing discipline development in the future.

Written by Yao huiyuan, Gu zhengbiao, Xie jian, Wang xiaoxi, Tan bin, Wei fenglu
Mu taihua, Li zhaofeng, Cheng li, Shen qun, An hongzhou, Sun hui, Xiao zhigang
Liu chong, Zhao siming, Sun hongnan, Yi cuiping, Ren chengang, Zhu xiaobing
Liu jie, Wang zhan, Huang haijun

Research on the Development of Oil Processing Discipline

Oil is one of the three major nutrients for human beings, it contains a variety of nutrients that can not be synthesized in the body but are vital for maintaining health. As a branch of food science, oil processing consists of the study of chemical and physical properties, processing technology, comprehensive utilization technology, engineering equipment technology, and scientific theory of oil, oilseed proteins, fats, lipid concomitants and related products.

ABSTRACTS

The oil processing industry plays an important role in the food industry of China by shouldering multiple tasks, ensuring national grain, oil and food safety, meeting the people's material needs for a healthy life, and providing various necessary industrial raw materials for the society. A significant improvement in the technology and the equipment of the oil processing industry has been achieved over the past five years. The processing equipment have better level of enlargement, automatization and intelligentization increasingly. The development of the studies on new oil source have achieved promising results. The comprehensive exploitation and utilization of oil resources have reached a certain level. High technology has been applied in oil production. The nutrition and safety of cooking/edible oil have been highly concerned. Not only have the national and industry oil standard systems been further developed to play the leading role, but also a significant number of local standards and group standards have been emerging to highlight local characteristics. With the unremitting efforts of scientific researchers, China's oil industry has reached the world's advanced level.

The theory and the industry of oil processing are interdependent. The development of the theory of oil processing has promoted the development of the oil industry. The development of oil industry also promotes the progress of oil science. In the past five years, with the efforts of the scientists, the engineers and the enterprises in the oil industry, 1 National Science and Technological Progress Award, 9 Science and Technology Award of China Cereals and Oils Association , and 21 provincial and ministerial first prizes have been achieved. 36 national invention patents have been authorized. A large number of papers and monographs have been published. The oil standard system has been established and improved. These achievements have greatly promoted the rapid development of national oil industry in China.

However, there is still a gap between China's oil industry and abroad. The comprehensive utilization ratio of oil raw materials needs to be improved. The structure of oil products is simple, and the high value-added products are not abundant. The application of lipidomics, lipid nutritional health and other interdisciplinary cross-technology is in a nascent state. The phenomenon of generalization of machine is notable, and the development of special equipment is lagging behind.

This chapter introduces the latest research progress in the past five years. and discusses the development trend and the outlook in oil processing industry. In addition, it compares the research progress of oil processing in China and abroad, and provides the countermeasures.

Written by He dongping, Wang xingguo, Wang qiang, Zhou lifeng, Jin qingzhe,
Wang yong, Bi yanlan, Gu keren, Liu yulan, Liu guoqin, Zhang shihong

Research on the Development of Grain and Oil Quality and Safety Discipline

The grain and oil quality and safety discipline is a basic discipline of grain and oil science and technology, involving many fields such as grain and oil nutrition, inspection, quality and safety control. It plays an important role in promoting rational utilization of grain and oil resources and ensuring national grain and oil security.

In recent five years, the standardization system of grain and oil quality safety is further improved. It focus on building a standard system for the whole grain industry chain with all factors, chains, and layers, so as to comprehensively enhance national capacity of guarantee food security. Meanwhile, the system and mechanism of grain and oil standardization have been further developed, mainly manifesting in the standardization management based on evidence, significantly improving the quality of standardization documents and the efficiency of standardization management. Furthermore, the guidance of standards has been further strengthened, promoting foreign exchanges and cooperation on grain standards, facilitating the conversion of more Chinese standards into international standards, and contributing China's proposals to the international grain standards system.

The research of grain and oil quality safety evaluation is developing steadily. The evaluation technology of physicochemical properties of grain and oil based on Internet of Things technology and machine vision informatics has made great progress. The multidisciplinary crossed technology of spectroscopy, chromatography, spectroscopy and stoichiometry has been widely applied. The rapid detection technology for mycotoxins, heavy metals and pesticide residues has made breakthroughs. These technologies can meet the requirements of onsite control of grain purchase.

Facing the new situation such as the basic needs of better life, the practical requirements of green superior storage and the practical need of grain saving and loss reduction, the systematical and timeliness of the grain and oil standard system still needs to be further improved. Rapid detection technology plays an important role in the quality and safety of grain and oil storage, but the stability and consistency need to be enhanced. The grain and oil monitoring and early warning technology has been accumulating, the monitoring and investigation technology system has been improving, and the detection and early warning model has been preliminarily constructed, but its universality and applicability need to be developed. The grain and oil quality and safety supervision system has been gradually established, but the informatization of the supervision system, which focuses on the realtime collection and uploading of information data, needs to be promoted urgently. The research on key technologies of grain and oil quality traceability has made progress, but the construction of quality traceability system and platform needs to be strengthened.

In the future, we still needs to focus on the grain and oil standard system, the safety evaluation system and the storage evaluation system in the grain industry, build a prevention and control system dominated by prevention, supported by scientific decision-making and based on risk assessment, comprehensively improving the quality and safety of grain and oil monitoring and forecasting technology, and comprehensively strengthening the quality and safety of the grain industry prior intervention level and comprehensive prevention and control ability, comprehensively building a new pattern of food quality and safety featuring prevention and control, so as to comprehensively enhancing the international influence of China's food industry.

Written by Wang yaopeng, Xu guangchao, Shang yane, Wang songxue, Yuan jian,
Yang jun, Yang lifei, Yuan qiang, Yang weimin, Guo yuting

Research on the Development of Grain Logistics Discipline

The world is undergoing momentous changes of a scale unseen in a century.China is promoting to foster a new double development dynamic, with the domestic economy and international engagement providing mutual reinforcement, and the former as the mainstay.Guaranteeing national food security has new historical characteristics. Grain logistics connects grain production, circulation, and consumption, which is of great significance for ensuring national food security, maintaining the security and stability of the grain industry chain supply chain, and accelerating the high-quality development of the grain industry. The subject research of grain logistics provides theoretical support and research methods for the innovation of grain logistics technology and equipment, the optimization of logistics system, the construction of logistics facilities, and the formulation of national food security policies.

In the past five years, the subject research has focused on the innovation of the grain logistics supply chain, new formats and new models, network layout optimization, intelligent technology and equipment, etc. The main achievements in the aspect of "grain logistics economy" include the top-level planning of grain logistics, the standardization construction of grain logistics, and the new model of grain logistics development. The main achievements in "grain logistics operation and management" include the development of new methods and routes of multimodal transport, the opening of multiple new international channels, the construction of a national grain trading system, the promotion and application of intelligent technology, and the acceleration of the improvement of the grain logistics network. The main achievements in "logistics technology and equipment" include the application of "whole process without landing" storage technology, continuous innovation of grain handling and transportation equipment, and the gradual application of smart logistics technology and intelligent equipment.

In the past five years, under the new situation and new requirements, we have focused on breaking through the bottlenecks of large overall scale, low degree of intensification, long transportation distances between production and marketing areas, difficulty in matching grain supply and demand, low degree of specialization in grain logistics, and unbalanced regional development. The disciplinary system of grain logistics in China has become more diverse,, effectively promoting the high-quality development of China's grain logistics industry. In recent years, the main research units include Academy of National Food and Strategic Reserves Administration, Beijing Guomao Dongfu Engineering Technology Co., Ltd., as well as grain research and design institutes in Zhengzhou, Wuxi, Wuhan, etc., colleges and universities such as Henan University of Technology, Nanjing University Of Finance & Economics,Wuhan Polytechnic University, Heilongjiang Bayi Agricultural University, etc., and large state-owned enterprises such as COFCO, SINOGRAIN, Beidahuang, Xiangyu , etc. Actively practicing the innovation of the grain supply chain, promote the pace of "going to the cloud, using data, and empowering intelligence", actively explore multimodal transport, creating the "supply chain operation" model of COFCO, the "port warehouse docking" model of SINOGRAIN,the "three warehouses and one center" model of Beidahuang, and the "integrated service of the entire industrial chain" model of Xiangyu.

The discipline of grain logistics improves the efficiency and quality of grain transportation by researching and optimizing the grain circulation system, and provides support for solving the "agriculture, rural areas and farmers" problems by researching and promoting new logistics models and technical means, and guarantees Food quality and safety, promote the coordinated regional development by promoting the establishment of a diversified, comprehensive and efficient regional logistics network. The development of the discipline of grain logistics promotes the formation of a large-scale and modern grain logistics network integrating grain transportation, storage, processing, and information transmission, so that the information of the main production area and the main sales area can be exchanged in time, and the advantages of the agglomeration and radiation function can be fully utilized , to break through the limitations of administrative regions, make overall use of existing resources inside and outside the administrative region, upgrade "weak cooperation" to cross-regional "strong cooperation", vigorously promote the connection of production and sales, and stimulate market vitality.

Written by Zhang yongyi, Qiu ping, Zheng moli, Ji liuguo, Leng zhijie, Qin lu, Qin bo, Liu chenglong, Lv chao, Zhang lu, Liu jie, Gao lan, Li tao, Wu jianjun

Research on the Development of Feed Processing Discipline

The significant progress on feed processing science and technology discipline has been achieved from 2019 to 2023 in China. In the basic research aspects of feed processing science and technology, 130 national, industrial standards of feed ingredients, additives, products, feed processing, equipment and testing methods have been approved and implemented, the 1st international standard of feed machinery-ISO 24378:2022 feed machinery-vocabulary was approved and published; Many new important research findings on the physical and chemical properties of feed ingredients were obtained. In the respect of feed processing equipment technologies, the world leading innovation achievements on hammer mill, vertical superfine grinder, the new energy-saving intelligent pellet dryer, large-scale fermentation equipment etc. have been invented and applied in feed industry and obtained great economic benefits; Many new research results have also been gained in feed processing technologies, automatic and smart control technologies of feed plant and environment protection technologies for feed plants, which greatly improved the feed production efficiency, make the feed production sustainable; In the field of feed resource development, the new advancements have been acquired in feed ingredient fermentation, detoxification technologies by fermentation and new protein resources development, these improved feed resource utilization rate and reduce the pressure of feed protein shortage; In the field of feed additive technology, many innovative achievements obtained in plant abstract additives, functional thermostable enzymes, antimicrobial peptides production technologies etc., these effectively replace of antibiotic used as growth promoter(AGP); At the aspect of feed product processing technologies, the significant progress has been achieved in low protein feed products, low fish meal and low fish oil aqua feeds, low soybean meal feeds, fermented formula feeds etc., these make the feed industry more cost-effective; Besides, many important advancements have been made in feed quality testing technologies, such as fast testing technologies, online test technologies etc; The talent training of feed science and technology and the construction of science and technology innovation groups also obtained great progress.

Comparing with developed countries, China is still behind in scientific and technology research investment and original innovation, such as in the basic research of feed processing technology, in the key invention of feed processing equipment and technologies, in the innovation of environment protection technology, high quality testing equipment.

The future key development directions of feed processing science and technology are as follow:

(1) The strategic requirements in feed science and technology are: Affordable new protein resource development and production technologies, and low soybean meal and low corn feed diets developing technologies; Low carbon emission and eco-feed production key technologies; Safe, efficient, low carbon emission and smart feed processing equipment and technologies; Educating Ph. D degree, master degree students in feed Science and engineering, and training skilled talents of feed processing technology.

(2) The main research directions and key technologies are: ①The relationship of chemical and physical structure and their functions of feed ingredients and their dynamic change rules in feed processing; Stabilization of environment sensitive feed additives and their high efficient absorptivity; Rheology property research of feed ingredients and mixture in feed processing; The affecting mechanism of different processing status of feeds on the animal gut health and nutrient absorption; Principal invention on new feed processing equipment; adjusting mechanism of new green feed additives etc. ②Developing new protein feed resources, especially the new

type of safe and efficient strains for fermenting feeds, new insect proteins, new oil resource, value added technologies for the low quality feed materials etc. Developing new feed processing equipment and technologies, especially the intelligent control system of feed processing plants, energy saving equipment, online monitoring and testing and control equipment and devices, multifunctional processing technologies for the diversified feed formulation products. ③Developing new and green feed additives, especially the new types of safe and high efficient probiotics, enzymes, plant extracts, organic trace mineral and antimicrobial peptides used in feed. ④Talent training: The feed processing professional specialty is suggested to be set up in the professional colleges to train the skilled talents; The master and doctor degree students of feed processing engineering should be educated to meet the requirement of sustainable and high quality development of Chinese feed industry.

Written by Wang Weiguo, Wang Hongying, Li Junguo, Chen Yiqiang,
Fan Wenhai, Wang Yongwei, Gan Liping, Gao Jianfeng

Research on the Development of Grain and Oil Information and Automation Discipline

Grain & Oil Information and Automation discipline is an interdisciplinary subject, in which, the comprehensive application of Computer Science and Technology, Control Science and Engineering, Electronics Science and Technology, Information and Communication Engineering, Food Science and Engineering and other disciplines are involved. It aimed at the deep integration of information and automation and the modernization of the Grain & Oil industry and took the Grain & Oil Information as the research object. Based on the theories and methods of information theory, cybernetics, computer theory, artificial intelligence theory and system theory, the grain and oil information is acquired, transmitted, processed and controlled.

As a whole, this research summarized the definitions, research contents and discipline characteristics of Grain & Oil Information and Automation, briefly reviewed its development stories, also concluded and described the achievements of new theories, new methods, new products, advanced technologies, industrialization of Sci-Tech achievements, innovation system and infrastructure construction, including scientific research funds on the informatization of grain & oil industry, stabilization of scientific research staff, attaching more importance to fundamental scientific research, comprehensive application of advanced information and automation technologies, development of Grain & Oil Information and Automation technology, prominent effects of energy saving and emission reduction in grain & oil industry, important achievements of scientific research and technology development and so on.

To be specific, in this research, firstly, the subject orientation, the subject research content and the major research institutes of this discipline are introduced briefly. And then the research focuses on the following three parts which are the latest research progress in the past 5 years, which are, the comparison of research progress at home and abroad, the development trend and countermeasures. The three parts are elaborated respectively in detail in the research.

In the first place, during the past five years, the subject research level, the achievements in subject development and the major achievements and applications of discipline in industrial development are mentioned. Firstly, the basic research and applied basic research of Grain & Oil Information and Automation have been carried out gradually and reached a higher theoretical and technical level. The Information and Automation of Grain & Oil Purchase and Storage, the Information and Automation of Grain & Oil Logistics, the Information and Automation of Grain & Oil Processing, Marketing and transaction informatization of Grain & Oil and the informatization of Grain Management have been successfully realized. Secondly, the achievements of the subject development are obvious to all. The innovation results are abundant, breakthroughs in theory and technology have been made, and the construction of scientific research bases and platforms have been effective. Thirdly, the significant achievements and applications have been made in the development of the industry can not be ignored. Review and examples of major achievements and applications have been elaborately analyzed.

In the second place, the comparison of research progress at home and abroad have been made. In this part, the research progress at home and abroad, the gaps in domestic research and reasons for the gaps are probed in detail with abundant examples. In the past five years, on the basis of the continuous completion of the construction of provincial platforms and smart grain depots in various provinces, the National Grain and Material Reserve Security Data Center and Provincial Grain Data Center have been established; Through the top-level design, the Grain and Oil Information and Automation industry has promoted the all-round integration of network, platform, application, security and other resources by breaking through the data barriers, carrying

ABSTRACTS

out the integration of resources, connecting data, and connectively applying the "One Integration and Two Connections" policy to overcome the difficulties intensively, meanwhile, the industry has promoted the all-round integration of network, platform, application, security and other resources, and has initially formed an information pattern which is based on the system of reserve and layout of the geographic information and "data communication" and "video communication"; With the support of reform and opening up and innovative development, the industry has made the technological breakthroughs in the crucial fields such as grain logistics and processing and further promoted the combination of production, education and research, and vigorously improved the scientific and technological content in the grain industry by implementing the innovational development strategy of rejuvenating the grain industry development; The industry actively explored the innovative application of information technology such as the Internet of things, cloud computing, and big data in the grain industry and significantly improved the level of marketing transaction informatization and information services.

In the end, the research also brings forward that the discipline should strengthen the infrastructure researches in the next 5 years by analyzing the strategy requirements and trends, research emphases and prospects of Chinese Grain & Oil Information and Automation science.

In conclusion, the discipline orientation of Grain & Oil Information and Automation science is to promote the application of information and automation technology in macro-management and operation in grain and oil industry, and to improve the informatization, automation and intelligence level of grain and oil industry's business links such as storage, logistics, processing, trading and management. The content of subject research has combined the relevant theory and technology application of information and automation basic disciplines with the demand of grain and oil industry, and have applied the results to all fields and links of grain and oil industry through theoretical research so as to improve the application level of information and automation technologies in the fields of grain purchasing, storage, logistics, grain processing and grain electronic trading and grain management. The development of Grain & Oil Information and Automation which is the driving force of innovation and development of grain and oil industry, is conducive to a more comprehensive and accurate grasp of grain conditions, and is conducive to a more rational and scientific strengthening of national macro-control and supervision capabilities. It will play a great role in the scientific and technological progress of grain and oil industry.

Written by Zhang yuan, Hui yanbo, Li zhi, Zhao huiyi, Hu dong, Li qian,
Cao jie, Chen peng, Liao mingchao, Xiao le, Wang ke, Wang li,
Shao hui, Chu hongxia, Zhang wai, Yi qingguang

Research on the Development of Grain and Oil Nutrition Discipline

With the development of the economy and the improvement of people's consumption level in China, the food industry needs to meet the requisition of our people to eat healthily and happily. Dietary structure is an important factor affecting health, and grain and oils are the basis materials of the food industry, serving as an important foundation for a healthy diet. The development and practice of the science of grain and oil nutrition play important roles to improve the dietary structure of residents and the national health level, reducing the risk of chronic diseases closely related to diet and nutrition, such as obesity and diabetes. In the context of the "big health" strategy in the new era, the development and practice of the science of grain and oil nutrition are important to implement national strategic requirements such as the "Healthy China 2030" Plan and the National Nutrition Plan (2017-2030), which provides essential support for grain and oil food enterprises to develop delicious and healthy grain and oil foods.

During the "13th Five Year Plan" period, the discipline of grain and oil nutrition has strengthened the research on the relationship between grain and oil and human health, especially on the relationship between grain and oil foods and gut microbiota. It has been improved the database of grain and oil nutrition and functional components; established evaluation systems for grain and oil nutrition; proposed the requirements for "precise nutrition"; upgraded the "Whole Grain Strategy" to a national strategy; raising the sustainability impact of food production on the environment to a new level; leading consumers to have a reasonable diet; providing active guidance and beneficial suggestions to improve the national nutrition and health status; implementing the "Healthy China" strategy, and promoting the production and consumption of healthy and nutritious food.

New theories and technologies have been implemented to promote the transformation of grain and oil enterprises towards nutrition and health, while improving the national health. A new model of moderate processing of grains and oils, with nutrient retention and risk control as the core, has been preliminarily established. Significant progress has been made in the development of key technologies and intelligent equipment for moderate processing of rice, flour, traditional grains, and edible oils, greatly reducing the loss of nutrients in grains. During the 13th Five Year Plan period, driven by the overall goal of meeting the growing and constantly upgrading demand for safe, high-quality, nutritious, and healthy grain and oil products among the people, the market supply of high-quality rice, specialty flour, specialty oil, and nutritional functional new products continued to increase. Whole grain food continues to receive attention, and high-quality nutrition and healthy new products such as brown rice, whole wheat flour, coarse cereals, potatoes and their products are emerging. Grain and oil processing enterprises, while ensuring quality, continue to develop towards the direction of "palatability, nutrition, health, and convenience". In accordance with the quality standards of "good grain and oil" products, enterprises have explored and practiced in the field of "moderate processing", correcting to some extent the phenomenon of excessive processing of grain and oil products such as "too refined, too fine, too white, and too light oil color". It has encouraged the production and consumption of moderately processed products such as unpolished rice and edible oil with golden oil color, promoting the healthy development of the grain and oil processing industry.

In 2009, the Public Nutrition and Development Center of the National Development and Reform Commission and the China Grain and Oil Society jointly initiated the establishment of the Grain and Oil Nutrition Branch of the China Grain and Oil Society. Since its establishment, the Grain and Oil Nutrition Branch has continuously promoted the construction of policies, regulations, and standards for improving grain and oil nutrition in China, organized relevant enterprises and talents to conduct theoretical research and technological product research and development, and jointly organized nutrition and health related science education and training. It has played an important role to promote the construction of a healthy China and improving people's health. COFCO Nutrition and Health Research Institute is the first research and development center in China that focuses on enterprises and conducts systematic research on the nutritional needs and metabolic mechanisms of Chinese people to achieve their health needs. The research institute has created an open national research and development innovation platform that gathers innovative resources in grain, oil, and food. It has formed an innovative team in the field of grain, oil, and food with high educational levels, and has become the executing entity of the national grain, oil, and food industry technology strategy.

In future development, grain and oil nutrition discipline should aim at national and industry needs, emphasis on basic theory of grain and oil nutrition discipline, strengthen its role in adjustment of agricultural industry structure, the sustainable and healthy development of the food processing industry and the scientific and reasonable diet of residents, promoting the development of grain and oil food industry, to continuously implement the "Healthy China Action (2019-2030)", and promoting the national health of our country.

During the 14th Five Year Plan period, the discipline of grain, oil and nutrition needs to carry out the following work: The first is to improve the ability to formulate and revise standards related to grain, oil, and nutrition. The second is to enhance the research ability of grain and oil nutrition and pay attention to the cultivation of nutrition talents. The third is to strengthen the construction of a comprehensive evaluation system for grain and oil nutrition. The fourth is to develop the grain and oil nutrition and health industry, and accelerate the transformation of nutrition. The fifth is to vigorously develop traditional food and nutrition services, fully leverage the role of traditional Chinese food and nutrition in modern nutrition. The sixth is to strengthen the sharing and utilization of basic data on grain and oil nutrition and health. The seventh, popularize knowledge about grain and oil nutrition and health, and promote the normalization of nutrition and health science popularization and education activities.

Written by Jia jianbin, Wang liming, Wang manyi, Wang xi, An tai,
Yang yuhui, Chen xin, Zhao wenhong, Zhao jinkai, Hao xiaoming,
Guo fei, Peng wenting, Dong zhizhong, Han fei, Xie yanli,
Tan bin, Zhai xiaotong

附 录

学科重要研究团队名录

一、粮食储藏学科团队

1. 中储粮成都储藏研究院有限公司粮食绿色仓储工艺与关键控制设备研发创新团队

该团队长期致力于粮食储藏工艺、害虫防治、粮油检化验仪器等的研究与开发。现有研发人员113人,其中行业领军人才1人、享国务院政府特殊津贴专家3人,负责人为兰盛斌研究员。先后主持国家和省部级科研课题335项,制(修)订国家(行业)标准130项,拥有国家专利167件,国家认定新技术、新产品30多项。参与的"散粮储运关键技术和装备的研究开发"和"粮食保质干燥与储运减损增效技术开发"获国家科学技术进步奖二等奖,"氮气气调储粮技术应用工程""智能化粮库关键技术研发及集成应用示范""内环流控温储粮技术""优质稻谷保质减损储藏关键技术研究与示范"先后获中国粮油学会科学技术奖一等奖,"'粮仓卫士'绿色储粮智能防控系统"获得第四届全国质量创新大赛一等奖。

2. 国家粮食和物资储备局科学研究院粮油储藏创新团队

该团队是"粮食储运国家工程实验室"法人单位依托团队。现有研发人员25人,其中研究员(教授)4人、副研究员4人,负责人为张忠杰研究员。承担了"十五"至"十二五"国家科技攻关和支撑计划、国际合作、国家"863"计划、科研院所专项、国家自然基金等重大项目30多项;获授权国家发明专利6件;在国内外重要学术刊物发表论文100多篇,其中SCI收录10篇;出版教材、专著3部。"粮食储备'四合一'新技术研究开发和集成创新"项目获2010年度国家科学技术进步奖一等奖。具有自主知识产权的"粮食储藏'四合一'升级新技术"科技创新成果于2014年10月通过国家粮食局组织的专家评审,并在2014年全国粮食科技创新大会上发布。

3. 河南工业大学粮食储藏科学与技术创新团队

该团队是国家"2011 计划"河南省粮食作物协同创新绿色储藏加工平台、粮食储藏安全河南省协同创新中心、粮食储运国家工程研究中心、国家粮食产业（仓储害虫防控）技术创新中心等的主要创新团队。现有研究人员 30 人，其中教授 6 人、博士 25 人、河南省特聘教授 1 人，享国务院政府特殊津贴专家 1 人，首席专家为王殿轩教授。承担了国家重点研发计划、自然科学基金项目等 12 项、省部级项目 8 项、横向和成果转化项目 20 多项。发表核心期刊收录论文 260 多篇，SCI/EI 收录论文 20 多篇；出版学术专著 10 多部；获得授权发明专利 8 件；制修订标准 10 多项。团队主要参加的"粮食储备'四合一'新技术研究开发与集成创新"获得国家科学技术进步奖一等奖，技术水平国际领先。

4. 南京财经大学生态储粮研究创新团队

该团队是粮食储运国家工程研究中心稻谷平台的承担单位，江苏省现代粮食流通与安全协同创新中心主要创新团队，江苏高校优秀科技创新团队。现有研究人员 18 人，其中博士 16 人、教授 6 人，首席专家为唐培安教授。近年来，承担省部级科研项目 20 多项，发表核心期刊收录论文 160 多篇，SCI/EI 收录论文 50 多篇；出版教材、专著 5 部；获美国专利授权 2 项、中国发明专利 10 多件；参与制修订标准 10 多项。参与完成的"粮食储备'四合一'新技术研究开发与集成创新"获国家科学技术进步奖一等奖，"稻谷新型干燥与保鲜储藏一体化技术研发及应用"和"稻谷产后质量智能监管与虚拟仿真关键技术研发及应用"项目分别获中国粮油学会科学技术奖一等奖和二等奖。

5. 武汉轻工大学粮油储检与物流技术青年创新团队

该团队以粮油储藏科学与技术、粮油质量检测与安全评估、储粮害虫综合治理为主要研究方向。现有研究人员 10 人，其中博士 9 人，负责人为张威教授。先后承担了国家重点研发计划、国家自然科学基金等国家级科研项目 7 项、省级科研项目 4 项、横向和成果转化项目 10 多项。发表学术论文 80 多篇，其中 SCI/EI 收录 20 多篇。出版学术著作、教材 3 部。获授权发明专利 3 件。该团队主要参加的"优质稻谷保质减损储藏关键技术研究与应用"获得 2021 年度中国粮油学会科学技术奖一等奖。专利成果"控温储粮动静态隔热技术"已在中储粮、供销社、省级粮食储备系统推广应用，技术达到国际先进水平，取得了良好的社会效益和经济效益。

6. 郑州中粮科研设计院有限公司粮食仓储设施设备研发创新团队

该团队长期致力于粮食仓储物流技术装备研发和工程化应用开发。现有研究人员 75 人，其中研究员（包含正高级工程师）4 人、高级工程师 12 人，享受国务院政府特殊津贴专家 1 人，负责人为李杰研究员。先后承担并完成国家和省部级科研课题 270 多项，获国家科学技术进步奖一等奖 1 项、二等奖 3 项，获省部级科学技术进步奖 115 项，授权专利 190 多件，制修订国家及行业标准 40 多项。"十三五"期间，牵头承担了国家重点研发计划"现代食品加工及粮食收储运技术装备"专项里的粮食产后"全程不落地"

技术模式示范工程、"北粮南运"散粮集装箱高效保质运输技术及物流信息追溯支撑平台等项目。

二、粮食加工学科团队

1. 河南工业大学小麦加工与品质控制创新团队

该团队是科技部试点联盟"小麦产业技术创新战略联盟"理事长单位，国家及河南省小麦产业技术体系产后加工研发团队、河南省科技创新团队等。现有研究人员37人，其中博士31人、硕士6人、教授11人，首席专家为国际谷物科技协会（ICC）研究院Fellow、河南工业大学卞科教授。先后承担了"九五"至"十四五"国家重点研发计划项目、国家科技支撑计划、国家自然科学基金联合基金重点项目等国家级项目30多项，获授权国家发明专利50多件；主持制修订国家标准40多项；在国内外重要学术刊物上发表论文450多篇，其中SCI收录80多篇；出版教材、专著20多部。"高效节能小麦加工新技术"获国家科学技术进步奖二等奖、"小麦—规格"获中国标准创新贡献奖一等奖。获河南省科学技术进步奖一等奖、中国粮油学会科学技术奖一等奖、中国食品科学技术协会科技创新奖一等奖等10多项。建立了10多个校企联合实验室，研发的高效节能、清洁安全小麦加工新技术及小麦制粉智能粉师成套技术工艺等在国内70%以上的大中型小麦加工企业进行推广应用，实现吨粉产品节能15%以上，人工及运行成本节约30%以上。

2. 江南大学玉米淀粉精深加工技术创新团队

该团队致力于淀粉结构特点的理论基础研究、新型淀粉衍生物的开发和应用及传统玉米精深加工产品的绿色制造，在淀粉消化性调控、淀粉质食品改良与开发、淀粉基缓释材料研发、木材用淀粉胶制备、糖基转移酶高效定向转化和高浓度淀粉液化糖化技术等领域取得了突破和创新。现有研究人员8人，其中博士8人、教授4人、研究员1人、副研究员1人、助理研究员2人，首席专家为顾正彪教授。先后承担了"863计划"课题、国家"十一五"与"十二五"科技支撑计划课题、国家"十三五"与"十四五"重点研发计划项目、国家自然科学基金项目、省部级科研项目等40多项；技术成果服务于50多家企业，取得了较好的社会效益和经济效益；发表学术论文300多篇，其中SCI收录200多篇；授权发明专利90多件；制定了30多项淀粉产品质量方面的国家标准和13项食用变性淀粉产品国家安全标准。研究成果获得多项国家和省部级奖励，其中"环糊精葡萄糖基转移酶的制备与应用"项目获2012年教育部科学技术进步奖一等奖；"环境友好型木材用淀粉胶粘剂制备关键技术"项目获2013年教育部科学技术发明奖二等奖；"新型淀粉衍生物的创制于传统淀粉衍生物的绿色制造"项目获2014年度国家技术发明奖二等奖；"淀粉加工关键酶制剂的创制及工业化应用技术"项目获2019年国家技术发明奖二等奖；"淀粉结构精准设计及其产品创制"项目获2020年国家技术发明奖二等奖。

3. 南京财经大学粮食加工与营养健康创新团队

该团队围绕粮食功能因子开发与利用、粮食加工与营养价值提升、粮食营养品质保持与控制开展全链条应用基础创新研究。现有研究人员9人，其中教授2人、副教授3人、讲师4人，首席专家为鞠兴荣教授。先后主持完成了国家重点研发计划项目、国家自然科学基金项目、国家公益性行业为科技专项项目等国家和省部级项目30多项，授权国家发明专利35件，发表学术论文200多篇，制修订国家标准8项，出版专著2部，获得江苏省科学技术奖等省部级科技奖5项。

4. 中国农业大学杂粮加工研究团队

该团队拥有国家重点实验室、国家工程技术研究中心等20多个国家级科研平台。现有研究人员29人，其中博士16人、硕士13人、高级职称人员52人，团队负责人为沈群教授。先后主持"十一五""十二五""十三五"国家、省部级或企业项目40多项。获授权国家发明专利60多件；主持制修订国家和行业标准30多项；发表论文400多篇，其中SCI收录100多篇。荣获中国粮油学会科学技术奖一等奖1项，"重大杂粮主食品创制关键技术与产业化应用"获2016年度中国食品科学技术学会科技创新奖——技术进步奖一等奖；"燕麦加工链提质增效关键技术研究与应用"获2019年度内蒙古自治区科学技术进步奖一等奖；"优质高附加值化小米加工关键技术及产业化示范"获2015年度中华农业科技奖二等奖；"基于健康功效的青稞加工关键技术及产业化应用"于2022年获中国食品工业协会科学技术奖一等奖；"小米关键组分健康效应研究与产业化应用"于2022年获中国食品科学技术学会科学技术奖一等奖；"青稞产业化关键技术研究"于2019年获西藏自治区科学技术奖三等奖；"青稞健康功效机制及活性保持关键加工技术与应用"于2023年获青海省科学技术进步奖二等奖。

5. 中国农业科学院农产品加工所薯类食品科学与技术创新团队

该团队长期系统开展薯类采后保鲜减损、营养型薯类制品提质增效加工、副产物高值化利用等研究。现有研究人员37人，其中研究员3人、副研究员2人、助理研究员3人、博士后2人、研究生27人，首席科学家为孙红男博士。先后主持国家重点研发计划、亚洲合作资金、国家自然科学基金、公益性农业行业科研专项、现代农业产业技术体系等项目或课题70多项；获神农中华农业科技奖、中国农业科学院科学技术奖杰出科技创新奖等奖项19项；获授权发明专利58件、国际专利1件；成果评价9项；著作35部；论文265篇，其中SCI收录171篇；制定并颁布国家及行业标准3项，研发成果在32家企业推广应用，社会效益和经济效益显著。

6. 河南工业大学稻米加工技术理论与应用创新团队

该团队主要开展加工强度对稻米加工品质、食用品质、营养特性及安全储藏特性的影响规律研究，探究单籽粒加工机械力影响大米品质的机理，为揭示适度加工对大米品质的影响提供理论基础，构建了大米适度加工技术体系，合作开发了新型柔性精控分层碾磨装备和工艺技术。现有研究人员 13 人，其中教授 2 人、副高职称人员 3 人、讲师 6 人，负责人为安红周教授。先后主持完成了国家"九五""十三五"重点研发计划、广东省重点专项等有关糙米调质碾米、大米适度加工课题，以及企业合作项目，主持设计了日处理 600 吨、300 吨、200 吨稻谷大米生产线和新产品的开发。获得授权国家发明专利 10 多件，发表学术论文 60 多篇，制修订国家及行业标准 3 项，出版教材、专著 2 部，"稻谷六步鲜米精控技术创新体系开发及产业化"获得中国粮油学会科学技术奖特等奖。

三、油脂学科团队

1. 江南大学食用油营养与安全科技创新团队

该团队致力于解决食用油质量与安全问题，以油脂资源综合利用和深加工为主线，研究油脂营养、功能、安全领域基础理论和工程技术创新。现有研究人员 27 人，其中教授 9 人、副教授/副研究员 13 人、博士后/助理研究员 5 人，负责人为王兴国教授。先后承担国家项目 20 多项，出版专译著教材 16 部（册），发表论文 423 篇，其中 SCI 论文 205 篇，获授权发明专利 52 件，主持和参与制修订国家/行业标准 30 多项。获国家技术发明奖二等奖 1 项、国家科学技术进步奖二等奖 3 项、省部级奖励 8 项。

2. 河南工业大学脂质化学与品质控制创新团队

该团队专注于油脂加工与深加工、油脂抗氧化、脂质改性和产品质量安全领域的研究。现有研究人员 13 人，其中教授 5 人、副教授 3 人，负责人为毕艳兰教授。近年来，承担重要科研项目 60 多项，并与近百家企业展开技术合作，取得了显著的社会效益和经济效益；发表学术论文 500 多篇，出版教材和专著 10 部，获授权国家发明专利 20 多件，制（修）订国家及行业标准 10 多项。先后荣获国家科学技术进步奖二等奖 2 项，省部级及中国粮油学会科学技术奖等 10 多项。

3. 暨南大学油料生物炼制与营养创新团队

该团队长期致力于油脂生物加工与功能油脂、油料副产物绿色萃取与增值加工、食品乳液体系与高效递送系统领域的研究，依托广东省油料生物炼制与营养安全国际联合研究中心等 5 个省级平台和油料生物炼制与营养和油脂加工与安全两个国际联合实验室开展研究工作。现有研究人员 60 人，包括教授、副教授、博士后、科研助理和研究生等，负责人为汪勇教授。承担了多项国家和省级科研项目，发表核心期刊论文 200 多篇，其中 SCI 论文 160 多篇；参与出版英文专著 5 部，主编中文专著 2 部，出版科普书籍 1 部；申请发明专利 30 余件，其中 PCT 国际专利 6 件，授权发明专利 20 多件，授权美国专利 2 件。先后获得国家科学技术进步奖二等奖、中国粮油学会科学技术奖一等奖，广东省科学技术进步奖一等奖，广东省科学技术奖二等奖等奖励，被中国粮油学会油脂分会评为全国优秀科研团队。

4. 中国农业科学院植物蛋白结构与功能调控创新团队

该团队专注于粮油加工与营养健康领域的科学研究，是中国粮油学会花生食品分会、国家花生产业技术体系加工研究室、新疆油料产业技术体系的依托团队。现有研究人员47人，其中全国级杰出人才及国家级科技工作者6人，负责人为王强研究员。承担国家级项目50多项，获授权国际专利12件、国家发明专利95件，发表高水平论文340多篇。培养博士后、硕博士研究生、访问学者131名。先后荣获国家技术发明奖二等奖、国家科学技术进步奖二等奖、神农中华农业科技奖一等奖、ICC最高学术奖等国家及省部级奖15项，被农业农村部评为"全国农业科技创新优秀团队"。

5. 武汉轻工大学油脂及植物蛋白科技创新团队

该团队主要开展油料资源高值化利用、植物蛋白多肽的开发利用和微生物油脂研究。现有研究人员16人，其中教授3人、副教授3人、博士7人，负责人为高盼博士，首席专家为何东平教授。先后承担国家和省级项目15项，制修订国家及行业标准70项，获授权专利34件，其中发明专利18件，发表学术论文125篇。团队荣获8项省部级奖项，其中中国粮油学会科学技术奖一等奖3项，湖北省科学技术进步奖一等奖1项，2020年获中国粮油学会创新争先奖先进集体称号。

四、粮油质量安全学科团队

江南大学粮食质量安全生物快速检测技术创新团队

该团队一直从事食品安全检测理论和技术研究，致力于食品安全快速定量检测技术转化和产品开发。现有研究人员18人，其中高级职称人员6人、副高级职称人员4人、"万人计划"获得者4人、国家杰出青年基金获得者1人、"长江学者奖励计划"入选者1人，负责人为胥传来教授。在 *Nature*、*Nature Nanotechnology*、*Nature Catalysis* 等期刊上发表学术论文260多篇，率先在全国食品学科开设食品免疫学课程，编著中英文教材共4部。近年来，为行业开展技术培训2000多人次，制修订国家标准8项、粮油检验行业标准16项。荣获国家科学技术进步奖二等奖4项、中国专利奖银奖2项，以及亚太经合组织科学创新研究与教育奖、中国青年科技奖、中国青年女科学家奖等荣誉。

五、饲料加工学科团队

1. 河南工业大学饲料工程与质量安全创新团队

该团队的主要研究方向为饲料物理与生物加工新技术、饲料质量安全评价与控制新技术、饲料厂生产管理新技术。现有研究人员22人，其中博士16人、教授5人、副教授7人，负责人为王卫国教授和王金荣教授。团队承担了"十四五"国家重点研发项目子课题、国家自然科学基金项目、农业行业科技项目；主持制定国家标准、行业标准10多项，拥有河南省高校生物饲料工程技术中心，获得国家科学技术进步奖二等奖1项、国家一级学会科学技术奖一等奖3项。发表学术论文300多篇，其中SCI、EI论文50多篇。在饲料加工基础研究和应用技术研究、饲料安全与质量控制技术研究方面取得众多成果并实现推广应用。

2. 丰尚饲料机械与工程技术研究创新团队

该团队隶属江苏丰尚智能科技有限公司，研究方向为饲料加工新设备、饲料加工设备与工厂智能化技术研发。现有来自中国、美国、丹麦、德国4个研发中心的研究人员500多人，其中海外专家近30人、省级创新人才12人，负责人为王远建高级工程师。承担"十四五"国家重点研发计划课题2项、省部级科研项目10多项。公司自主研发的"微小颗粒挤压膨化加工技术""天然气烘干机""SWFP66×150锤片式粉碎机""虾料制粒机""PTZL5000真空喷涂机"等被省级鉴定专家委员会鉴定为国际领先水平。PTZL5000真空喷涂机获2021年"江苏省首台（套）重大装备"。先后荣获国家科学技术进步奖二等奖、中国机械工业科学技术奖一等奖、国家知识产权优势企业等荣誉，获批组建国家工业互联网二级标识解析平台、江苏省绿色智能化饲料加工装备重点实验室等省级研发平台。

3. 国家粮食和物资储备局科学研究院粮油饲料资源高效转化技术创新团队

该团队主要从事新型优质蛋白质饲料资源开发利用、饲料益生菌包被技术研究应用工作。现有研究人员23人，其中博士8人、研究员级高级职称人员8人，首席专家为李爱科研究员。承担了"九五"以来多项新型优质蛋白质饲料资源开发利用方面的重点科技支撑计划、科技攻关计划项目等，在国内外重要学术刊物上发表论文100多篇，授权国家发明专利14件，制修订国家行业标准12项。在饲用抗生素替代产品开发利用技术研究、新型多效生物蛋白饲料原料、益生菌包被发酵技术及产业化应用、微生物微胶囊规模生产等方面取得研究成果。"蛋白质饲料资源开发利用技术及应用"等2个项目获国家科学技术进步奖二等奖，获省部级科技类一等奖2项。

六、粮油信息与自动化学科团队

1. 河南工业大学粮食信息处理与控制创新团队

该团队以国家粮食安全中长期发展规划为指导，围绕保障粮食数量安全和质量安全的重大科技需求，依托学校计算机、电子信息、通信、粮油食品等特色优势学科，以粮食信息感知、传输、融合和分析中的基础问题为牵引，凝练粮食品质信号检测与处理、粮情信息感知与控制、粮食信息传输、粮食信息融合与决策支持4个研究方向。现有研究人员71人，其中博士65人、教授34人、副教授29人，负责人为张元教授。主持（承担）国家级项目28项；制修订国家标准、行业标准20项；获授权国家专利92件；发表学术论文150篇，其中SCI/EI90篇；培养硕博研究生205人。先后荣获省部级奖项30项。

2. 郑州华粮科技股份有限公司粮农行业技术研发与信息化创新团队

该团队长期致力于提升粮食行业在软件开发、系统集成、售后支持、电子商务、信息咨询等方面的专业化水平，不断提供高质量的研发产品和高水平的信息服务，依托单位为郑州华粮科技股份有限公司。现有各类人才170多人，本科及以上学历人员占总人数的90%以上，首席专家为胡东高级工程师。多年来为国家粮食和物资储备局、各省级粮食和物资储备局、中国储备粮管理集团有限公司等提供量身定制的专业信息化建设方案；承担国家粮食交易平台建设，打造数字粮库大数据云服务平台；依托单位为高新技术企业、软件企业及省级专精特新企业，拥有多项自主知识产权和多体系认证证书，并多次获得各级社会团体颁发的多个奖项。

七、粮油营养学科团队

该团队是中粮集团旗下国内首家以企业为主体的、针对中国人的营养需求和代谢机制进行系统性研究以实现国人健康诉求的研发团队。现有研发人员381人，博士占比15%，硕士及以上占比54%，负责人为郝小明高级工程师。先后承担国家重点研发计划39项、国际合作项目1项、"973计划"2项，"863计划"7项、科技支撑项目3项、农转资金计划1项、中国工程院项目2项、省部级项目41项，承担中粮集团内部项目500多项，累计申请专利804件，获授权专利389件；发表论文831篇，参与标准制修订33项，已经成为"十三五"国家粮油食品科技战略执行的主体。拥有国家副食品质量监督检验中心、国家粮食局粮油质检中心、天然产物国家标准样品定值实验室、国家能源局生物液体燃料研发（实验）中心、国家引才引智示范基地、营养健康与食品安全北京市重点实验室、老年营养食品研究北京市工程实验室等省部级研发平台。

索 引

B

标准体系　9，16，22~23，34~35，41，44，95~96，100~101，112~113，115，118~120，127，129，143，179，182

薄层干燥　11，148

C

锤片粉碎机　11，148

醇法浓缩蛋白　20，105

D

稻谷加工　4，6，15~16，25，35，73，77，83，88，90，92，96，98

F

发酵工艺　8，21，80，87，102，151，159

发酵面制品　15~16，19，73~75，77~81，84~87，89~92，94~95，97

发酵饲料　12，42，149，151，157，159

发展策略　44，70，96，115，143，171，183

发展趋势　5，7，9，33，36，42，47，68，72，74，93~94，112，128，140，141，142，156，168，180，183

法规标准　34，179，182

副产品高值化　110

G

甘油二酯食用油　105，108

个性化　14，24，42，44，96，110，173，175，179，182

功能特性　14，93，96~97，108，148，174~175

功能因子　26，32，81，178，216

功能油脂　8，40，102，113，175，217

供应链　10，27~28，36，41，45，47，59，94~95，98，132~133，136~137，139，141~142，144，162，164，170~172

国家战略　60，68，70，173，180

H

环保技术　12，56，138，151

J

挤压膨化设备　12，149

健康粮油产品　15，182

健康膳食　14，32，86，173，175，178

健康中国　22，26，43~44，88，112~113，174，176，180，182
结构脂质　4，9，101
精准适度加工　4，7，9，25，27，101~103，105，107，113，115，117
精准营养　7，32，47，82，84，96，101，113，117，156，173，179，181~183，
居民膳食　10，14，123，174~175，179~180，183

K

科技成果　25，34~35，45，67~68，84，93，112，176，179
科普　15，21，44，59，60~62，77，86，90，96，100，106~107，112，137，176，179~180，217
可持续发展　12，35，42，74，98，109，113，139，146，156，173，175，181，183

L

立轴超微粉碎机　12
粮食储藏　3，9，15，19，20，22，25，28，32，35，38~39，47，51，56~57，59~61，64~72，119，136，213~214
粮食供应链　10，36，47，132~133，139，141~144，170
粮食管理信息化　13，162，167，170
粮食加工　3~4，6，15~16，18~20，22，25，27，29，32，34~36，39~40，46，71~74，77，80，82~87，92~93，113，120，130，146，165，168，215~216
粮食物流　3，10~11，13，15~17，22，26，28，30~31，33，37，41~42，45，57，132~144，162，165~168
粮油加工信息和自动化　13，161，166，170
粮油食品　3~4，10，14，23~26，34，44，47，59，61，71~72，82，84，99，106，117，121~122，124，126，128，130，144，172~183，219~220
粮油收储信息和自动化　13，31，161，166，169
粮油物流信息和自动化　13，162，166，170
粮油营养成分　14，173，180
粮油营养健康　44，179~181
粮油营养学科　14，34，43，173~174，176，179~180，182
粮油质量安全　3，9~10，15，22，26，30，33，37，41，118~119，125~129，218
绿色储油　113

M

霉菌毒素脱除　151，157
米制品　17，29，39，73~76，79~80，84~90，92~97
面条制品　16，29，73~75，77~81，83~87，89~92，94~95，97
面制品　6，15~17，19~20，26，32，39，73~75，77~81，83~87，89~92，94~95，97，177，182
母乳替代脂　105

P

评价体系　10，30，39，44，57，80，87，105，143，173，180~181，183

Q

全混合日粮　150

R

人才培养 4~5, 22~25, 35, 51, 59~60, 75, 83~84, 92~93, 97~98, 105~106, 111, 115~116, 136, 143, 146, 154~155, 157, 164, 171, 180

人工合成淀粉 152

S

膳食模式 14, 32, 34, 173, 175, 178

膳食纤维 7, 14, 32, 82, 95, 108, 174~175, 177~178, 181, 183

食品专用油脂 8, 15, 29, 101~104

适度加工 4, 6~7, 9, 14, 17, 22, 25, 27, 39~40, 57, 73~75, 77, 79~80, 83~84, 87, 95, 101~105, 107, 113, 115~118, 120, 129, 173, 175, 177, 181, 216, 217

薯类加工 16, 20, 76, 78~80, 82~83, 85~86, 88, 90~91, 94~96, 99

水产膨化饲料 12, 147, 150, 158

饲料产品 11~12, 31, 42~43, 146~147, 149, 156~157

饲料加工 3, 5, 11~12, 15, 23, 26, 31, 33~34, 37, 42, 146~150, 154~158, 218~219

饲料加工工 5, 12, 31, 149, 154~155, 158

饲料加工工艺 12, 31, 149, 155, 158

饲料理化特性 147

饲料添加剂 11~12, 42, 146~147, 151~152, 154, 157

饲料资源开发 31, 151, 157, 219

W

物流技术 22, 26, 41, 72, 78, 132, 134~136, 143, 214

X

小麦加工 6, 15~16, 20, 21, 25, 29, 47, 73, 75, 79, 85, 89, 99, 215

小麦制粉 16, 29, 75, 77~78, 84~85, 89~90, 215

学科发展 3, 15, 47, 51, 56, 64, 73~74, 76, 92, 100, 115, 118, 125~126, 132, 135, 140, 146, 154, 158, 160, 163, 173, 179~180, 182

学科建设 3, 5, 35, 58~59, 67~68, 82, 92, 105, 111, 125, 128, 136, 164, 171, 176

学科教育 22, 59, 83, 105, 136, 164, 176

Y

研发方向 22, 136

研发重点 38, 68, 95, 97, 112~115, 142, 169

研究 4~15, 17~35, 38~42, 44~47, 51~53, 55~77, 79~106, 108~136, 138~144, 146~152, 154~161, 163~169, 171~184, 213~220

研究水平 5, 52, 74~76, 101, 111, 118, 161

营销和交易信息化 13, 162, 167, 170

营养配餐 40, 44, 115, 176, 182

油料蛋白加工技术 113~114

油料资源开发 113

油脂副产物利用 114

油脂加工技术　7~9，40，102，107，111~
　　113，177
油脂生物合成　115
油脂营养与健康　33，110，113
油脂质量与安全　113~114
油脂智能制造装备　113~114
油脂组学分析　40，115
玉米深加工　7，15~16，18，21，25，29，
　　73~76，78~81，83，85~87，89，90，
　　92，94，96~97
预制粮油食品　178

Z

杂粮加工　16，28~29，76，78~81，88，90~
　　91，93，96，99，216
战略需求　36，68，93~94，112，141，156~
　　157，168，180
植物基肉　8，21，101~102，106，114
制粒设备　12，149
智能化工厂　9，25，103，107
智能化饲料加工厂　147
中国油脂博物馆　21，23，100，107